PLC从入门到精通

周丽芳 杨美美 张化川 岂兴明 ◎ 编著

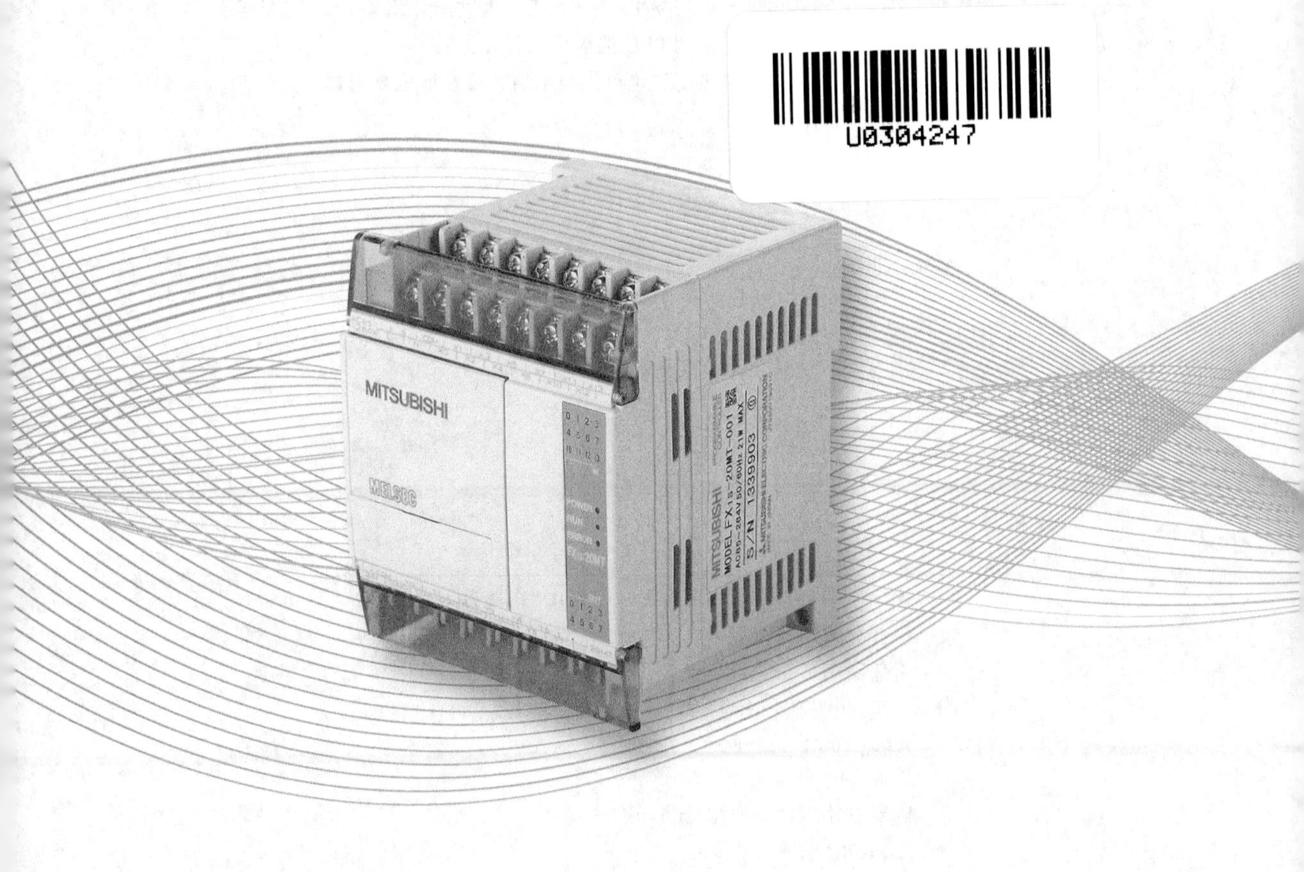

人 民 邮 电 出 版 社
北 京

图书在版编目（C I P）数据

PLC从入门到精通 / 周丽芳等编著. -- 北京 : 人民邮电出版社, 2019.4（2023.1重印）
ISBN 978-7-115-50871-3

Ⅰ. ①P… Ⅱ. ①周… Ⅲ. ①PLC技术 Ⅳ. ①TM571.61

中国版本图书馆CIP数据核字(2019)第069409号

内 容 提 要

本书由浅入深，依次介绍了可编程控制器（PLC）的基础知识和编程知识。其中基础知识主要讲解了PLC 的概述、PLC 的基本结构、组成及工作原理、进制及其转换、二进制运算、PLC 数据类型、脉冲信号、时序图和编程软元件等。编程知识部分以三菱 FX 系列 PLC 为例，介绍了 PLC 的编程语言、指令系统、编程软件，并通过 3 个实例介绍了三菱系列 PLC 的应用与开发方法。

本书适合广大初中级工控技术人员自学之用，也可供技术培训及在职人员进修学习使用。

◆ 编　著 周丽芳 杨美美 张化川 岂兴明
责任编辑 黄汉兵
责任印制 彭志环

◆ 人民邮电出版社出版发行 北京市丰台区成寿寺路 11 号
邮编 100164 电子邮件 315@ptpress.com.cn
网址 http://www.ptpress.com.cn
固安县铭成印刷有限公司印刷

◆ 开本：787×1092 1/16
印张：16.5 2019 年 4 月第 1 版
字数：396 千字 2023 年 1 月河北第 2 次印刷

定价：59.00 元

读者服务热线：(010)81055493 印装质量热线：(010)81055316
反盗版热线：(010)81055315

前　言

可编程控制器（PLC）以微处理器为核心，将微型计算机技术、自动化技术及通信技术有机地融为一体，是应用十分广泛的工业自动化控制装置。PLC 具有控制能力强、可靠性高、配置灵活、编程简单、使用方便、易于扩展等优点，不仅可以取代继电器控制系统，还可以对复杂的生产过程进行控制或应用于工厂自动化网络管理。PLC 技术已成为现代工业控制的四大支柱技术（PLC 技术、机器人技术、CAD/CAM 技术和数控技术）之一。因此，学习、掌握和应用 PLC 技术已成为工程技术人员的迫切需要。

本书从 PLC 技术初学者自学的角度出发，依次介绍 PLC 的基础知识和编程知识，本书以三菱 FX 系列 PLC 为例进行相应的介绍。编者在编写本书时力求文字精练，分析步骤详细、清晰，且图、文、表相结合，内容充实、通俗易懂。读者通过对本书的学习，可以全面、快速地掌握三菱系列 PLC 的应用方法。本书适合广大初中级工控技术人员自学时使用，也可供技术培训及在职人员进修学习使用。

全书分为基础与编程两大部分，共 9 章。

基础部分包括第 1 章～第 3 章。第 1 章对 PLC 进行概述，主要包括 PLC 的产生、定义、特点、主要功能、现状、发展趋势和分类等内容；第 2 章介绍 PLC 的基本结构、组成及工作原理；第 3 章对 PLC 编程的基础知识进行讲解，包括进制及其转换、二进制运算、PLC 数据类型、脉冲信号、时序图和编程软元件等。

编程部分包括第 4 章～第 9 章。第 4 章叙述 PLC 编程的语言，第 5 章详细介绍三菱 FX 系列 PLC 的指令系统，第 6 章叙述三菱 PLC 编程软件 FX-GP/WIN-C、GX Developer 和 GX Works2 的安装、使用方法，第 7 章分析如何应用 PLC 设计机器人码垛系统，第 8 和第 9 章分别介绍 PLC 在液体混合控制和工业电镀流水线控制系统中的应用。

本书由周丽芳、杨美美、张化川、岂兴明主编，参加编写及相关实验工作的还有重庆邮电大学的彭阳静、刘杰、何泓林、黄天，在此对他们的辛勤工作表示感谢。

由于编者的水平有限且编写时间仓促，书中如有疏漏之处欢迎广大读者提出宝贵的意见和建议。

编　者

目录

基础篇

编 程 篇

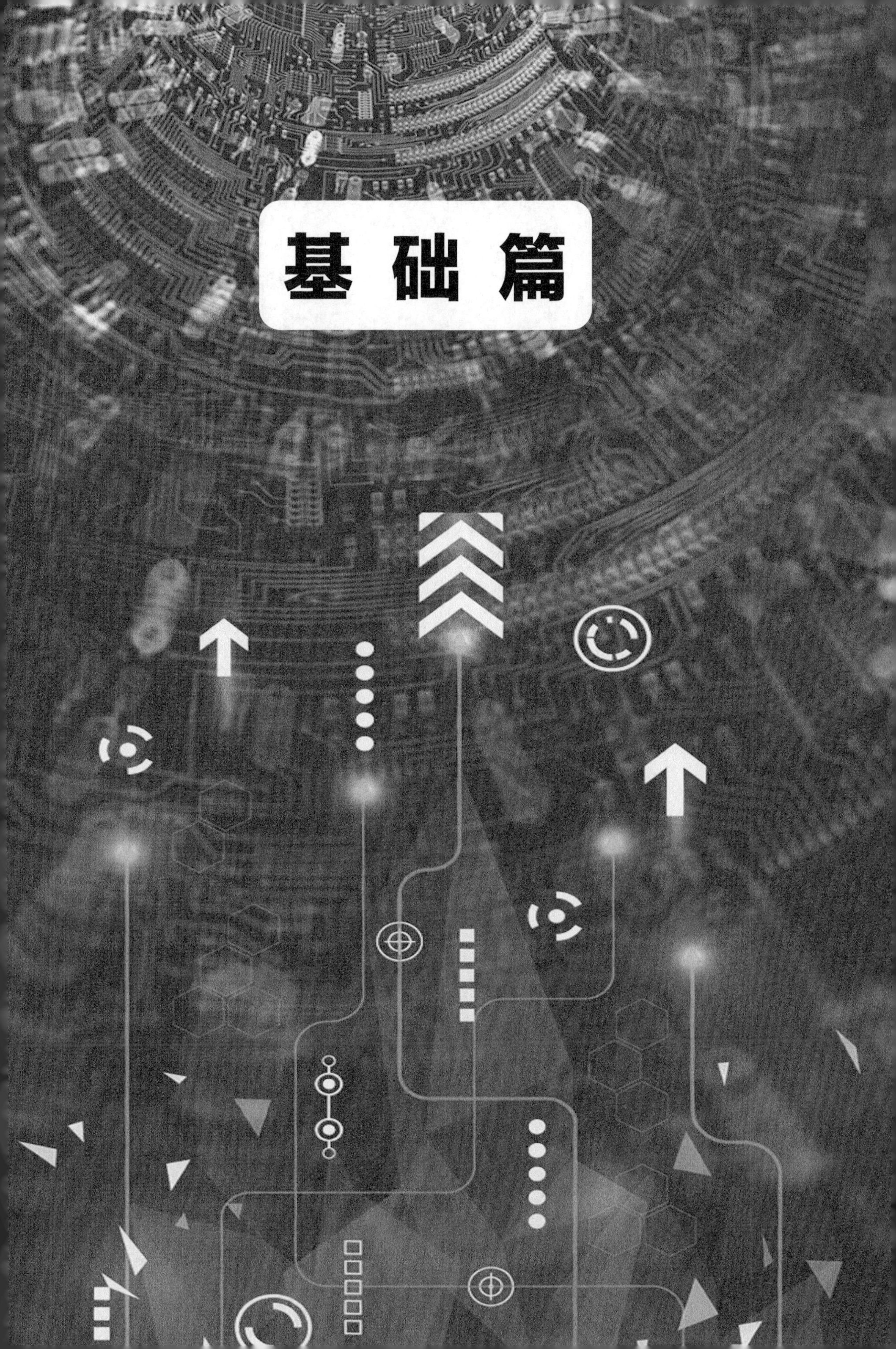

基础篇

第1章　可编程控制器概述

可编程控制器（Programmable Logical Controller，PLC），是随着现代社会生产的发展和社会进步，现代工业生产自动化水平的日益提高及微电子技术的飞速发展，在继电器控制的基础上产生的一种新型的工业控制装置。PLC 是一种可以应用到工业控制领域的、高可靠性的控制器。

本章主要介绍可编程控制器的产生、定义，可编程控制器的特点与主要功能，可编程控制器与继电器逻辑控制系统的比较，可编程控制器与其他通用控制器（DCS、PID、IPC）的比较，可编程控制器的现状等内容。本章的重点是可编程控制器的特点与主要功能，梯形图与继电器控制线路的联系和差别，可编程控制器与其他通用控制器的异同及适用范围，以及可编程控制器的发展趋势。

1.1　可编程控制器的产生和定义

1.1.1　可编程控制器的产生

一种新型的控制装置，一项先进的应用技术，总是根据工业生产的实际需要而产生的。在可编程控制器产生之前，以各种继电器为主要元件的电气控制线路承担着在生产过程中进行自动控制的艰巨任务，可能由成百上千只继电器构成复杂的控制系统，需要用成千上万根导线连接起来，安装这些继电器需要大量的继电器控制器，且占据大量的空间。当这些继电器运行时，又产生大量的噪声，消耗大量的电能。为保证控制系统的正常运行，需安排大量的电气技术人员进行维护，有时某个继电器的损坏，甚至某个继电器的触点接触不良，都会影响整个系统的正常运行。如果系统出现故障，要进行检查和排除故障又非常困难，全靠现场电气技术人员长期积累的经验。尤其是在生产工艺发生变化时，可能需要增加很多继电器或继电器控制柜，重新接线或改线的工作量极大，甚至可能需要重新设计控制系统。尽管如此，这种控制系统的功能也仅仅局限在能实现具有粗略定时、计数功能的顺序逻辑控制。因此，人们迫切需要一种新的工业控制装置来取代传统的继电器控制系统，使电气控制系统工作更可靠、更容易维修、更能适应经常变化的生产工艺要求。

1968年，美国通用汽车公司（General Motors Corporation，GM）为改造汽车生产设备的传统控制方式，解决因汽车不断改型而面临重新设计汽车装配线上各种继电器控制线路的问题，提出了著名的10条技术指标，并面向社会公开招标，要求制造商为其装配线提供一种新型的通用控制器，它应具有以下特点：

① 编程简单，可在现场方便地编辑及修改程序。

② 价格便宜，其性价比要高于继电器控制系统。

③ 体积要明显小于继电器控制箱。

④ 可靠性要明显高于继电器控制系统。

⑤ 具有数据通信功能。

⑥ 输入可以是AC 115V。

⑦ 输出为AC 115V，2A以上。

⑧ 硬件维护方便，最好是插件式结构。

⑨ 扩展时，原有系统只需做很小改动。

⑩ 用户程序存储器容量至少可以扩展到4KB。

在这种情况下，可编程控制器应运而生。1969年，美国数字设备公司（Digital Equipment Corporation，DEC）根据上述要求研制出世界上第一台可编程控制器，型号为PDP-14，并在GM公司的汽车生产线上首次应用成功，取得了显著的经济效益。当时人们把它称为可编程序逻辑控制器。可编程控制器的外观结构示意图如图1.1所示。

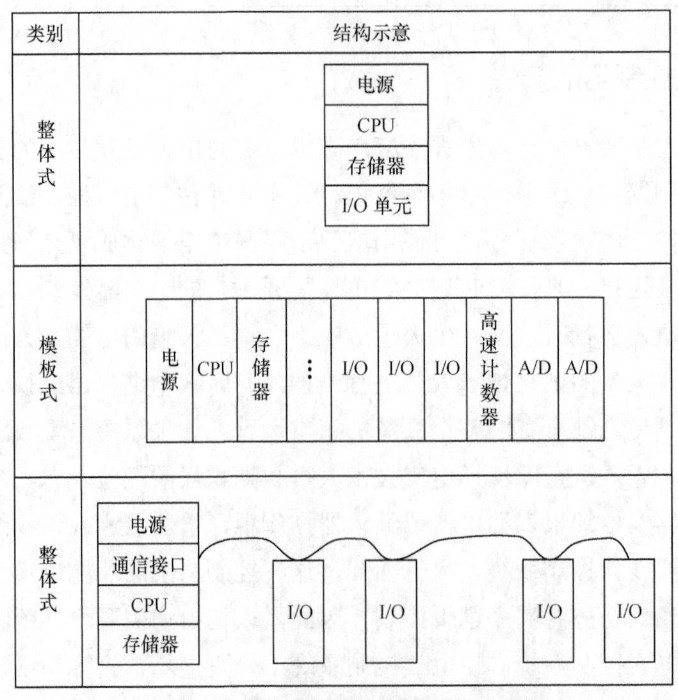

图1.1 可编程控制器的外观结构示意图

可编程控制器的出现，得到全球工程技术界的极大关注，各公司纷纷投入力量进行研制。1969年，美国歌德公司（GOULD）第一个把可编程控制器商品化，型号为084。1971年，日本从美国引进了这项新技术，研制出日本第一台可编程控制器，型号为DSC-8。1973～1974年，德国和法国也都相继研制出自己的可编程控制器，德国西门子公司（SIEMENS）于1973年研制出欧洲第一台可编程控制器，型号为SIMATICS4。我国从1974年开始研制可编程控制器，1977年可编程控制器开始应用于工业。可编程控制器从产生到现在，尽管时间很短，但由于其具有编程简单、可靠性高、使用方便、维护容易、价格适中等优点，因此得到了迅猛的发展，在冶金、机械、石油、化工、纺织、轻工、建筑、运输、电力等行业得到了广泛的应用。

1.1.2 可编程控制器的定义

1980年，美国电气制造商协会（National Electrical Manufacturers Association，NEMA）将可编程控制器正式命名为Programmable Controller，简称为PC。

关于可编程控制器的定义，因其仍在不断发展，所以国际上至今还未能对其作最后的定义。 1980年，NEMA将可编程控制器定义为：可编程控制器是一种带有指令存储器，数字的或模拟的输入/输出（I/O）接口，以位运算为主，能完成逻辑、顺序、定时、计数和算术运算等功能，用于控制机器或生产过程的自动控制装置。

1985年1月，国际电工委员会（International Electrotechnical Commission，IEC）在颁布可编程控制器标准草案第二稿时，又对可编程控制器作了明确定义：可编程控制器是一种数字运算操作的电子系统，专为在工业环境下应用而设计。它采用可编程序的存储器，用来在其内部存储执行逻辑运算和顺序控制、定时、计数和算术运算等操作的指令，并通过数字的或模拟的I/O接口，控制各种类型的机器设备或生产过程。可编程控制器有关设备的设计原则是它应易于与工业控制系统连成一个整体和具有扩充功能。

该定义强调了可编程控制器是“数字运算操作的电子系统”，它是一种计算机，且是“专为在工业环境下应用而设计”的工业控制计算机。

虽然可编程控制器的简称为PC，但它与近年来人们熟知的个人计算机（Personal Computer，PC）是完全不同的概念。为加以区分，国内外很多杂志及在工业现场的工程技术人员，仍然把可编程控制器称为PLC。因此，在后续章节，仍称可编程控制器为PLC。

1.2 可编程控制器的特点与主要功能

1.2.1 可编程控制器的一般特点

PLC的种类虽然千差万别，但为了在工业环境中使用，它们都有许多共同的特点。

1. 抗干扰能力强，可靠性极高

工业生产对电气控制设备的可靠性的要求非常高，即电气控制设备应具有很强的抗干扰能力，能在很恶劣的环境下（如温度高、湿度大、金属粉尘多、离高压设备近、有较强的高频电磁干扰等）长期连续可靠地工作，平均无故障时间（MTBF）长，故障修复时间短。而PLC是专为工业控制设计的，能适应工业现场的恶劣环境。可以说，没有任何一种工业控制设备能够达到PLC的可靠性。在PLC的设计和制造过程中，采取了选取高质量元器件及多层次抗干扰等措施，使PLC的平均无故障时间通常在5万小时以上，有些PLC的平均无故障时间可以达到几十万小时以上，如三菱公司的F1、F2系列的平均无故障时间可达到30万小时，有些高中档PLC的平均无故障时间还要高得多，这是其他电气设备根本做不到的。

绝大多数用户将可靠性作为选取控制装置的首要条件，因此，PLC在硬件和软件方面均采取了一系列的抗干扰措施。

在硬件方面，选用优质元器件，采用合理的系统结构，加固、简化安装，使它能抗振动冲击。对印制电路板的设计、加工及焊接都采取了极为严格的工艺措施。对于工业生产过程中最常见的瞬间强干扰，采取的措施主要是采用隔离和滤波技术。PLC的输入和输出电路一般用光耦合器传递信号，做到电浮空，完全切断了中央处理单元（Central Processing Unit，CPU）与外部电路电的联系，有效地抑制了外部干扰对PLC的影响。在PLC的电源电路和I/O接口中，还设置了多种滤波电路，除了采用常规的模拟滤波器（如LC滤波器和n型滤波器）外，还加上了数字滤波器，以消除和抑制高频干扰信号，同时也削弱了各种模板之间的相互干扰。用集成电压调整器对微处理器的+5V电源进行调整，以适应交流电网的波动、降低过电压和欠电压的影响。在PLC内部还采用了电磁屏蔽措施，对电源变压器、CPU、存储器、编程器等主要部件采用导电、导磁良好的材料进行屏蔽，以防外界干扰。

在软件方面，PLC也采取了很多特殊措施，如设置了“看门狗”（Watching Dog Timer，WDT），系统运行时对WDT定时刷新，一旦程序出现死循环，使之能立即跳出，重新启动并发出报警信号。另外，PLC中还设置了故障检测及诊断程序，用以检测系统硬件是否正常、用户程序是否正确，便于自动地做出相应的处理，如报警、封锁输出、保护数据等。当检测到故障时，PLC立即将现场信息存入存储器，由系统软件配合对存储器进行封闭，禁止对存储器的任何操作，以防存储信息被破坏。这样，一旦检测到外界环境正常后，便可恢复到故障发生前的状态，继续原来的程序工作。

这些有效的措施，保证了PLC的高可靠性。

2. 编程简单方便

PLC的设计是面向工业企业中一般电气工程技术人员的，它采用易于理解和易于掌握的梯形图语言，以及面向工业控制的简单指令。这种梯形图语言既继承了传统继电器控制线路的表达形式（如线圈、触点、常开、常闭），又考虑到工业企业中电气技术人员的读图习惯和微型计算机应用水平。因此，梯形图语言对于企业中熟悉继电器控制线路图的电气工程技术人员来说是非常亲切的。它形象、直观、简单、易学，尤其对于小型 PLC 而言，电气工程技术人员几乎不需要专门的计算机知识，只要进行几天甚至几小时的培训，就能基本掌握编程方法。因此，无论是在生产线的设计中，还是在传统设备的改造中，电气工程技术人员都特别愿意使用 PLC。

除了梯形图语言以外，PLC 还可以采用其他形式的编程语言，如 STL（语句表）语言、功能块图（FBD）、顺序功能图（SFC）及高级语言。

3. 使用方便

虽然 PLC 种类繁多，但是由于其产品的系列化和模板化，并且配有品种齐全的各种软件，因此用户可灵活地利用 PLC 构成各种规模和满足不同要求的控制系统。在硬件设计方面，用户只需确定 PLC 的硬件配置和 I/O 通道的外部接线即可。在 PLC 构成的控制系统中，只需在 PLC 的端子上接入相应的输入、输出信号即可，不需要诸如继电器之类的固体电子器件和大量繁杂的硬接线电路。在生产工艺流程改变，或生产线设备更新，或系统控制要求改变、需要变更控制系统的功能时，一般不必改变或很少改变 I/O 通道的外部接线，只要改变存储器中的控制程序即可，这在传统的继电器控制中是难以想象的。PLC 的 I/O 端子可直接与 AC 220V、DC 24V 等强电相连，并有较强的带负载能力。

在 PLC 运行过程中，PLC 的面板上（或显示器上）可以显示生产过程中用户感兴趣的各种状态和数据，使操作人员做到心中有数，即使在出现故障甚至发生事故时，也能及时处理。

4. 维护方便

PLC 的控制程序可通过编程器输入 PLC 的用户程序存储器中。编程器不仅能对 PLC 控制程序进行写入、读出、检测、修改，还能对 PLC 的工作进行监控，使 PLC 的操作及维护都很方便。另外，PLC 具有很强的自诊断能力，能随时检查出自身的故障，并显示给操作人员，如 I/O 通道的状态、随机存取存储器（Random Access Memory，RAM）的后备电池的状态、数据通信的异常、PLC 内部电路的异常等信息。正是通过 PLC 这种完善的诊断和显示能力，当 PLC 本机或外部的输入装置及执行机构发生故障时，操作人员能迅速检查、判断故障原因，确定故障位置，以便采取迅速有效的措施。如果是 PLC 本身故障，在维修时只需要更换插入式模板或其他易损件即可，既方便又减少了影响生产的时间。

维护方便也是 PLC 得以迅速发展和广泛应用的重要因素之一。有人曾预言，将来自动化工厂的电气工人，将一手拿着螺钉旋具，一手拿着编程器。

5. 设计、施工、调试周期短

用 PLC 完成一项控制工程时，由于其硬件、软件齐全，因此设计和施工可同时进行。PLC 用软件编程取代了继电器硬接线实现的控制功能，使控制柜的设计及安装接线工作量大为减少，缩短了施工周期。同时，用户程序大多可以在实验室里模拟调试，模拟调试好后再将 PLC 控制系统在生产现场进行联机统调，使调试方便、快速、安全，大大缩短了设计和投运周期。

6. 易于实现机电一体化

PLC 具有结构紧凑，体积小，质量小，可靠性高，抗振、防潮，耐热能力强的特点，使之易于安装在机器设备内部，制造出机电一体化产品。随着集成电路制造水平的不断提高，PLC 的体积将进一步缩小，而功能会进一步增强。PLC 与机械设备有机地结合起来，在数控机床和机器人的应用中会更加普遍，以 PLC 作为控制器的数控机床设备和机器人装置成为典型的机电一体化产品。

1.2.2 可编程控制器与继电器逻辑控制系统的比较

在 PLC 出现之前，继电器硬接线电路是逻辑控制、顺序控制的唯一执行者，它结构简单、价格低廉，一直被广泛应用。但它与 PLC 控制相比有许多缺点，见表 1.1。

表 1.1 PLC 与继电器逻辑控制系统的比较

比较项目	继电器逻辑控制系统	PLC
控制逻辑	接线逻辑，体积大，接线复杂，修改困难	存储逻辑，体积小，连线少，控制灵活，易于扩展
控制速度	通过触点的开闭实现控制作用，动作速度为几十毫秒，易出现触点抖动	由半导电路实现控制作用，每条指令执行时间为微秒级，不会出现触点抖动
限时控制	由时间继电器实现，精度差，易受环境、温度影响	用半导体集成电路实现，精度高，时间设置方便，不受环境、温度影响
触点数量	4～8 对，易磨损	任意多个，永不磨损
工作方式	并行工作	串行循环扫描
设计与施工	设计、施工、调试必须顺序进行，周期长，修改困难	在系统设计后，现场施工与程序设计可同时进行，周期短，调试、修改方便
可靠性与可维护性	寿命短，可靠性与可维护性差	寿命长，可靠性高，有自诊断功能，易于维护
价格	使用机械开关，继电器及接触器等，价格便宜	使用大规模集成电路，初期投资较高

1.2.3 可编程控制器与其他工业控制器的比较

自微型计算机诞生以后，工程技术人员一直努力将微型计算机技术应用到工业控制领域，因此在工业控制领域产生了几种有代表性的工业控制器：PLC、PID 控制器（又称 PID 调节器）、集散控制系统（Distributed Control System，DCS）、微型计算机和工业控制计算机（Industrial Personal Computer，IPC）。由于 PID 控制器一般只适用于过程控制中的模拟量控制，并且目前的 PLC 或 DCS 中均具有 PID 的功能。因此，这里只对 PLC 与通用的微型计算机、DCS、IPC 分别进行比较。

1. PLC与通用的微型计算机的比较

采用微电子技术制作的作为工业控制器的 PLC，它也是由 CPU、RAM、只读存储器（Read Only Memory，ROM）、I/O 接口等构成的，与微型计算机有相似的构造，但又不同于一般的微型计算机，特别是它采用了特殊的抗干扰技术，有着很强的接口能力，使它更能适用于工业控制。PLC 与微型计算机的比较见表 1.2。

表 1.2 PLC与微型计算机的比较

比较项目	PLC	微型计算机
应用范围	工业控制	科学计算、数据处理、通信等
使用环境	工业现场	具有一定温度、湿度的机房
输入/输出	控制强电设备，有光电隔离，有大量的 I/O 接口	与主机采用微电联系，没有光电隔离，没有专用的 I/O 接口
程序设计	一般为梯形图语言，易于学习和掌握	程序语言丰富，如汇编语言、FORTRAN、BASIC 及 COBOL 等。语句复杂，需专门计算机的硬件和软件知识
系统功能	自诊断监控等	配有较强的操作系统
工作方式	循环扫描方式及中断方式	中断方式
可靠性	极高、抗干扰能力强，长期运行	抗干扰能力差，不能长期运行
体积与结构	结构紧凑，体积小；外壳坚固，密封	结构松散，体积大，密封性差；键盘大，显示器大

2. PLC与DCS的比较

PLC 与 DCS 都是用于工业现场的自动控制设备，且都是以微型计算机为基础的，可以完成工业生产中大量的控制任务。但是，它们之间存在一些不同之处。

（1）发展基础不同

PLC 是由继电器逻辑控制系统发展而来的，所以它在开关量处理、顺序控制方面具有自己的绝对优势，发展初期主要侧重于顺序逻辑控制方面。DCS 是由仪表过程控制系统发展而来的，所以它在模拟量处理、回路调节方面具有一定的优势，发展初期主要侧重于回路调节功能。

（2）扩展方向不同

随着微型计算机的发展，PLC 在初期逻辑运算功能的基础上，增加了数值运算及回环调节功能。PLC 的运算速度不断提高，控制规模越来越大，并开始与网络或上位计算机相连，构成了以 PLC 为核心部件的 DCS。DCS 自 20 世纪 70 年代问世后，人们也逐渐地把顺序控制装置、数据采集装置、回路控制仪表、过程监控装置有机地结合在一起，构成了能满足各种不同控制要求的 DCS。

（3）由小型计算机构成的中小型 DCS 将被由 PLC 构成的 DCS 所替代

PLC 与 DCS 从各自的基础出发，在发展过程中互相渗透，互为补偿，两者的功能越来越接近。目前，很多工业生产过程既可以用 PLC 实现控制，也可以用 DCS 实现控制。但是，由于 PLC 是专为工业环境下应用而设计的，其可靠性要比一般的小型计算机高得多，因此以 PLC 为控制器的 DCS 必将逐步占领以小型计算机为控制器的中小型 DCS 市场。

3. PLC 与 IPC 的比较

PLC 与 IPC 都是用来进行工业控制的，但是 IPC 与 PLC 相比，仍有一些不同。

（1）硬件方面

IPC 是由通用微型计算机推广应用发展起来的，通常由微型计算机生产厂家开发、生产，在硬件方面具有标准化总线结构，各种机型间兼容性强。而 PLC 则是针对工业顺序控制、由电气控制厂家研制、发展起来的，其硬件结构专用，各个厂家产品不通用，标准化程度较差。但是，PLC 的信号采集和控制输出的功率强，可不必再加信号变换和功率驱动环节，而直接和现场的测量信号及执行机构对接；在结构上，PLC 采取整体密封模板组合形式；在工艺上，对印制电路板、插座、机架都有严密的处理；在电路上，又有一系列的抗干扰措施。因此，PLC 的可靠性更能满足工业现场环境下的要求。

（2）软件方面

IPC 可借用通用微型计算机丰富的软件资源，能较好地适应算法复杂性高、实时性强的控制任务。PLC 在顺序控制的基础上，增加了 PID 等控制算法，编程采用梯形图语言，易于被熟悉电气控制线路而不太熟悉微型计算机软件的电气工程技术人员所掌握。但是，一些微型计算机的通用软件不能直接在 PLC 上应用，还要经过二次开发。

任何一种控制设备都有其最适合的应用领域。熟悉和了解 PLC 与通用微型计算机、DCS、IPC 的异同，将有助于根据控制任务和应用环境来恰当地选用最合适的控制设备，更好地发挥其效用。

1.2.4 可编程控制器的主要功能

PLC 是采用微电子技术来完成各种控制功能的自动化设备，可以在现场输入信号的作用下，按照预先输入的程序，控制现场执行机构按照一定规律进行动作。其主要功能体现在以下几个方面。

1. 顺序逻辑控制

这是 PLC 最基本、最广泛的应用领域，用来取代继电器控制系统，实现逻辑控制和顺序控制。它既可用于单机控制或多机控制，又可用于自动化生产线的控制。PLC 根据操作按钮、限位开关及其他现场给出的指令信号和传感器信号，控制机械运动部件进行相应的操作。

2. 运动控制

在机械加工行业，PLC 与计算机数控（Computerized Numerical Control，CNC）集成在一起，用以完成机床的运动控制。很多 PLC 制造厂家已提供了步进电动机或伺服电动机的单轴或多轴位置控制模板。在多数情况下，PLC 把描述目标位置的数据送给模板，模板移动一轴或数轴到目标位置。当每个轴移动时，位置控制模板保持适当的速度和加速度，确保运动平滑。目前，PLC 已用于控制无心磨削、冲压，复杂零件分段冲裁、滚削、磨削等。

3. 定时控制

PLC 为用户提供了一定数量的定时器，并设置了定时器指令，一般每个定时器可实现 0.1～999.9s 或 0.01～99.99s 的定时控制，也可按一定方式进行定时时间的扩展。PLC 定时器的定时精度高，定时设定方便、灵活。同时，PLC 还提供了高精度的时钟脉冲，用于实现准确的实时控制。

4. 计数控制

PLC 为用户提供的计数器分为普通计数器、可逆计数器、高速计数器等，用来完成不同用途的计数控制。当计数器的当前计数值等于计数器的设定值，或在某一数值范围时，发出控制命令。计数器的计数值可以在运行中被读出，也可以在运行中进行修改。

5. 步进控制

PLC 为用户提供了一定数量的移位寄存器，用移位寄存器可方便地完成步进控制功能。利用移位寄存器可以实现在一道工序完成之后，自动进行下一道工序；一个工作周期结束后，自动进入下一个工作周期。有些 PLC 还专门设有步进控制指令，使步进控制更为方便。

6. 数据处理

大部分 PLC 具有不同程度的数据处理功能，如 F2 系列、C 系列、S5 系列 PLC 等，能完成数据运算（加、减、乘、除、乘方、开方等）、逻辑运算（字与、字或、字异或、求反等）、移位、数据比较和传送及数值的转换等操作。

7. 模/数和数/模转换

在过程控制或闭环控制系统中，存在温度、压力、流量、速度、位移、电流、电压等连续变化的物理量（或称模拟量）。过去，由于 PLC 擅长于逻辑运算控制，对于这些模拟量主要靠仪表控制（如果回路数较少）或 DCS 控制（如果回路数较多）。目前，不但大中型 PLC 具有模拟量处理功能，甚至很多小型 PLC（如 C 系 P 型机）也具有模拟量处理功能，而且编程和使用都很方便。

8. 通信及联网

目前，绝大多数 PLC 具备了通信能力，能够在 PLC 与计算机之间进行同位连接及上位连接。通过这些通信技术，使 PLC 更容易构成工厂自动化（Factory Automation，FA）系统。也可与打印机、监视器等外部设备相连，记录和监视有关数据。

1.3 可编程控制器的应用与发展趋势

1.3.1 可编程控制器的市场现状

1. 国际市场

PLC 是“专为工业环境下应用而设计”的工业控制计算机，其具有很强的抗干扰能力，很高的可靠性，大量的能在恶劣环境下工作的 I/O 接口，伴随着新产品、新技术的不断涌现，始终保持着旺盛的市场生命力。

在全世界约 200 家 PLC 生产厂商中，控制整个市场 60%以上份额的公司只有 6 家，即美国的罗克韦尔公司、通用电气公司公司，法国的施耐德公司，日本的三菱公司和欧姆龙公司和德国的西门子公司。

从市场份额指标来看，第一位是西门子公司，约占有 30%的市场份额；第二位是罗克韦尔公司，约占有 18%的市场份额；第三位是施耐德公司，约占有 12%的市场份额。剩下的市场份额被包括欧姆龙公司在内的近 200 家 PLC 厂商占领。

按市场占有率排序，一流厂商主要有四大厂商：西门子公司、罗克韦尔公司、施耐德公司和三菱公司，二流厂商主要有三大厂商：欧姆龙公司、松下和富士，三流厂商主要有长虹、台达等。

2. 国内市场

我国对 PLC 的研制始于 1974 年，当时上海、北京、西安等一些科研院校都在研制，但是始终未能走出实验室，更未能投入工业化生产。20 世纪 80 年代中期，我国又掀起了研制 PLC 热潮，目前全国有 30 多个生产厂家，但生产的产品大多为 128 个开关量 I/O 点以下的小型机，年产量超过 1 000 台的只有几家。

国内的 PLC 市场同工业发达国家相比，目前还处于初级阶段。尽管在对外开放政策的推动下，我国引进国外先进设备和技术，如宝钢的一、二期工程（引进了 500 多套）、秦皇岛煤码头、平朔煤矿、咸阳显像管厂等，都是我国较早引进和应用可编程控制器的企业。

目前的国内市场几乎被国外的 PLC 产品占领。在大中型 PLC 中，绝大部分是国外产品，主要以罗克韦尔公司、通用电气公司公司、施耐德公司、三菱公司的产品为主；而小型 PLC 则是三菱公司、欧姆龙公司和西门子公司的产品占据主要地位。

1.3.2 可编程控制器的应用范围

PLC 作为一种通用的工业控制器，可用于所有的工业领域。当前国内外已广泛地将 PLC 应用到机械、汽车、冶金、石油、化工、轻工、纺织、交通、电力、电信、采矿、建材、食品、造纸、军工、家电等领域，并且取得了相当可观的技术经济效益。

下面列举 PLC 的部分应用实例。

① 电力工业：输煤系统控制、锅炉燃烧管理、灰渣和飞灰处理系统、汽轮机和锅炉的启停程序控制、化学补给水、冷凝水和废水的程序控制、锅炉缺水报警控制、水塔水位远程控制等。

② 机械工业：数控机床、自动装卸机、移送机械控制、工业用机器人控制、自动仓库控制、铸造控制、热处理、输送带控制、自动电镀生产线程序控制等。

③ 汽车工业：移送机械控制、自动焊接控制、装配生产线控制、铸造控制、喷漆流水

线控制等。

④ 钢铁工业：加热炉控制，高炉上料、配料控制，钢板卷取控制，飞剪控制，料场进料、出料自动分配控制，包装和搬运控制，翻砂造型控制等。

⑤ 化学工业：化学反应槽批量控制、化学水净化处理、自动配料、化工流程控制、气囊硫化机控制、煤气燃烧控制、V 带单鼓成型机控制等。

⑥ 食品工业：发酵罐过程控制、配比控制、净洗控制、包装机控制、搅拌控制等。

⑦ 造纸工业：纸浆搅拌控制、抄纸机控制、卷取机控制等。

⑧ 轻工业：玻璃瓶厂炉子配料及自动制瓶控制、注塑机程序控制、搪瓷喷花、制鞋生产线控制、啤酒贴标机控制等。

⑨ 纺织业：手套机程序控制、落纱机控制、高温高压染缸群控、羊毛衫针织横机程控等。

⑩ 建材工业：水泥生产工艺控制、水泥配料及水泥包装等。

⑪ 公用事业：大楼电梯控制，大楼防灾机械控制，剧场、舞台灯光控制，隧道排气控制，新闻转播控制等。

通过以上介绍可以看到，PLC 应用的发展速度之快，应用范围之广。PLC 控制技术代表了当今电气控制技术的世界先进水平，它已与 CAD/CAM 技术、工业机器人并列为工业自动化的三大支柱。

1.3.3　可编程控制器的发展趋势

随着 PLC 技术的推广、应用，PLC 将进一步向以下几个方向发展。

1. 系列化、模板化

每个生产 PLC 的厂家都有自己的系列化产品，同一系列的产品指令向上兼容，扩展设备容量，以满足新机型的推广和使用要求。要形成自己的系列化产品，以便与其他 PLC 生产厂家竞争，就必然要开发各种模板，使系统的构成更加灵活、方便。一般的 PLC 可分为主模板、扩展模板、I/O 模板及各种智能模板等，每种模板的体积都较小，相互连接方便，使用更简单，通用性更强。

2. 小型机功能强化

自 PLC 出现以来，小型机的发展速度大大高于中大型 PLC。随着微电子技术的进一步发展，PLC 的结构必将更为紧凑，体积更小，而安装和使用更为方便。有的小型机只有手掌大小，很容易用其制成机电一体化产品。有的小型机的 I/O 可以以点为单位由用户配置、更换或维修。很多小型机不仅有开关量 I/O，还有模拟量 I/O、高速计数器、高速直接输出、PWM 输出等。小型机一般有通信功能，可联网运行。

3. 中大型机高速度、高功能、大容量

随着自动化水平的不断提高，对中大型机处理数据的速度要求也越来越高。在三菱公司 AnA 系列的 32 位微处理器 M887788 中，一块芯片上实现了 PLC 的全部功能，它将扫描时间缩短为每条基本指令 0.15μs。欧姆龙公司的 CV 系列，每条基本指令的扫描时间为 0.125ps，而西门子公司的 T1555 采用了多微处理器，每条基本指令的扫描时间为 0.068 1s。在存储器的容量上，欧姆龙公司的 CV 系列 PLC 的用户存储器容量为 64kB，数据存储器容量为 24kB，文件存储器容量为 1MB。

所谓高功能是指具有函数运算和浮点运算，数据处理和文字处理，队列、矩阵运算，PID 运算及超前、滞后补偿，多段斜坡曲线生成，处方、配方、批处理，菜单组合的报警模板，故障搜索、自诊断等功能。

美国罗克韦尔公司的 ControlView 软件，支持 Windows NT 操作系统，能以彩色图形动态模拟工厂的运行情况，允许用户用 C 语言开发程序。

4. 低成本

随着新型器件的不断涌现，主要部件成本的不断下降，在大幅度提高 PLC 功能的同时，也大幅度降低了 PLC 的成本。同时，价格的不断降低，也使 PLC 真正成为继电器的替代物。

5. 多功能

PLC 的功能进一步加强，以适应各种控制需要。同时，计算、处理功能的进一步完善，使 PLC 可以代替计算机进行管理、监控。智能 I/O 组件也将进一步发展，用来完成各种专门的任务，如位置控制、温度控制、中断控制、PID 调节、远程通信、音响输出等。

1.4 可编程控制器的分类

1.4.1 可编程控制器国外品牌

1. 西门子公司的可编程控制器

西门子公司生产的 PLC 在我国的应用相当广泛，在冶金、化工、印刷等领域都有应用。西门子公司的 PLC 产品包括 LOGO、S7-200、S7-1200、S7-300、S7-400 等。西门子 S7 系列 PLC 体积小、速度快、标准化程度高，具有网络通信能力，功能更强，可靠性高。S7 系列 PLC 产品可分为微型 PLC（如 S7-200），小规模性能要求的 PLC（如 S7-300）和中、高性能要求的 PLC（如 S7-400）等。

西门子公司的主流产品：SIMATIC S7-200、SIMATIC S7-300、SIMATIC S7-400。

2. 罗克韦尔公司的可编程控制器

罗克韦尔公司的 PLC 产品介绍如下。

① SLC 500 系列属于小型模块化 PLC 产品。

② MicroLogix 1500 属于高级的小型 PLC 产品。

③ PLC-5 系列属于大中型 PLC 产品。

3. 立石公司的可编程控制器

小型 PLC：CPM1A、CPM2A、CPM3A 等。

中型 PLC：C200H、CJ1、CJ1M、CQM1H。

大型 PLC：CS1、DS1D、CV、CVM1、CVM1D。

4. 三菱公司的可编程控制器

三菱公司是世界上著名的 PLC 制造商。近年来，面临国际 PLC 市场的激烈竞争，三菱陆续推出了一些新产品，这些新产品具有复杂的模拟量处理能力和网络系统处理能力，其结构更为紧凑，价格更为低廉。以下主要介绍三菱新一代 PLC 控制系统的一些特点。

（1）逻辑顺序控制系统

这是 PLC 的最基本应用，可以处理各种开关量输入和晶体管、继电器、双向晶闸管输出。三菱 FX_2 主机本身还具有 8 路中断输入和 6 路高速计数输入功能，软件上具有 64 位矩阵输入指令、七段码输出指令、脉冲编码器速度检测指令、PWM 输出指令。另外，用户还可对其应用程序进行三级加密。

（2）位置控制系统

根据位置控制执行机构的不同，PLC 控制系统一般可分为三类。

① 双速电动机类，位置检测传感器一般为光电脉冲编码器，PLC 发出正转、反转、高速、低速、停止信号，对于简单系统可选 FX_2 机型，它可同时与 2 台编码器直接相连；对于复杂系统可选配 F-20CM 位置控制单元，它可在 10 组不同的位置控制参数下，控制一台电动机在 40 个位置点准确停车。

② 步进电动机类，PLC 发出脉冲量给步进电动机驱动器，再由其驱动步进电动机。一般此种功能模块仅在大中型 PLC 中出现，而三菱小型 PLC 上亦有位控单元 F2-30GM，并专为其配有小键盘显示板，若配合 2 台 F2-30GM，则系统可以完成 *X-Y* 轴的平面应用位置控制功能。该系统已在高精度磨床系统上得到应用。

③ 伺服电动机

三菱大中型 PLC 特别为调速系统配备了模拟量输出位置控制模块。

（3）模拟量处理系统

三菱 PLC 大中小型均具有模拟量输入、输出功能和热电偶，以及热电阻输入模块。

1.4.2　可编程控制器国内品牌

1. 和利时公司的可编程控制器

小型 PLC：LM 系列。

大型 PLC：LK 系列。

2. 台达公司的可编程控制器

中型 PLC：AH500 系列。

大型 PLC：DVP-ES2/EX2/ES2-C 系列。

1.5 本章小结

PLC 是“专为在工业环境下应用而设计”的工业控制计算机，是标准的通用工业控制器，它集 3C 技术（Computer、Control、Communication）于一体，功能强大，可靠性高，编程简单，使用方便，维护容易，应用广泛，是当代工业生产自动化的三大支柱之一。

① PLC 的产生是计算机技术与继电器控制技术相结合的产物，是社会发展和技术进步的必然结果。

② 从控制规模上，PLC 可分为大型、中型和小型，并有向微型和巨型 PLC 发展之势。

③ 4 种通用控制器（PLC、DCS、PID、IPC）都有自己最适合的应用领域。要了解每种控制器的特点，根据控制任务和应用环境来恰当地选择合适的控制设备，以便更好地发挥其作用。

④ PLC 总的发展趋势是高功能、高速度、高集成度、大容量，小体积，低成本，通信组网能力强。

1.6 习题与思考

1. 可编程控制器是如何产生的？
2. 可编程控制器如何分类？
3. 列举可编程控制器可能应用的场合。
4. 说明当代可编程控制器的发展趋势。

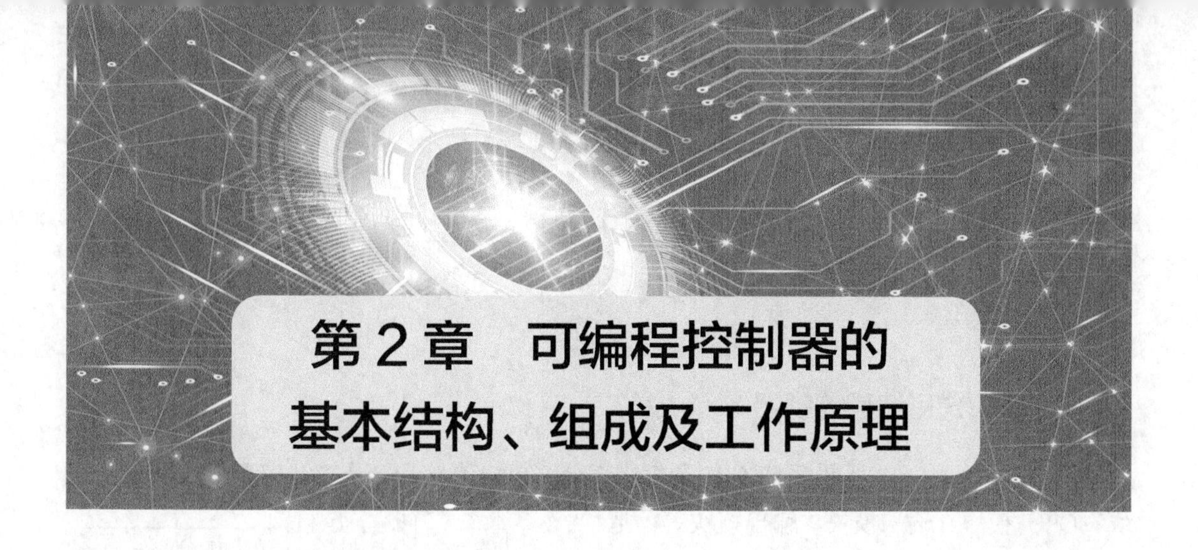

第 2 章　可编程控制器的基本结构、组成及工作原理

2.1　可编程控制器的基本结构

PLC 的硬件主要由 CPU、存储器、输入单元、输出单元、通信接口、扩展接口电源等部分组成。其中，CPU 是 PLC 的核心，输入单元与输出单元是连接现场输入设备和输出设备与 CPU 之间的接口电路，通信接口用于与编程器、上位计算机等外部设备连接。从结构上分，PLC 可分为整体式和模块式两种。

2.1.1　整体式可编程控制器

整体式又称单元式或箱体式，指 CPU 模块、I/O 模块和电源装在一个箱状机壳内的结构形式。整体式 PLC 提供多种不同 I/O 点数的基本单元和扩展单元供用户选用，基本单元内有 CPU 模块、I/O 模块和电源，基本单元之间用扁平电缆连接，扩展单元内只有 I/O 模块和电源。各单元输入点与输出点的比例一般是固定的，另外，有的 PLC 有全输入型和全输出型的扩展单元。选择不同的基本单元和扩展单元，可以满足用户的不同要求。

整体式 PLC 一般配备许多专用的特殊功能单元，如模拟量 I/O 单元、位置控制单元、数据 I/O 单元等，使 PLC 的功能得到扩展。整体式 PLC 包括 CPU 板、I/O 板、显示面板、内存块、电源等，这些元素组合成一个不可拆卸的整体。对于整体式 PLC，所有部件都装在同一机壳内，其组成框图如图 2.1 所示。

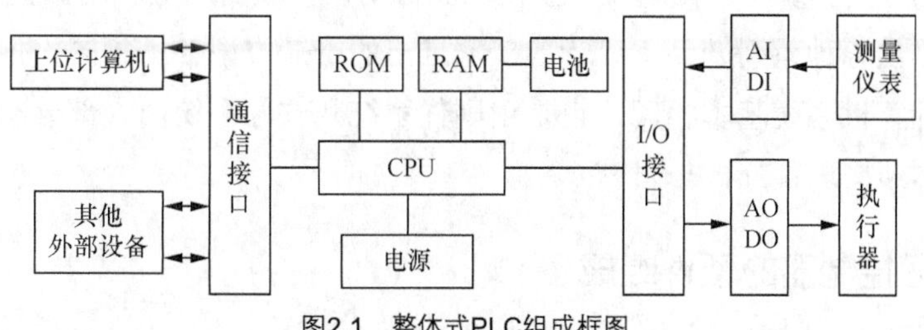

图2.1　整体式PLC组成框图

这种结构的 PLC 将电源、CPU、I/O 部件等集中配置在一起，装在一个箱体内，通

常称为主机。整体式结构的 PLC 具有结构紧凑，体积小，质量小，价格较低等特点，但主机的 I/O 点数固定，使用上不太灵活。小型 PLC 通常使用这种结构，适用于比较简单的控制场合。

2.1.2 模块式可编程控制器

模块式又称积木式，即把 PLC 的各组成部分以模块的形式分开的结构形式，如电源模块、CPU 模块、输入模块、输出模块等，把这些模块插在底板上，组装在一个机架内，如图 2.2 所示。大中型可编程控制器通常采用模块式结构。模块式 PLC 用搭积木的方式组成系统，整个系统由框架和模块组成。模块插在模块插座上，模块插座焊在框架中的总线连接板上，PLC 厂家备有不同槽数的框架供用户选用，如果一个框架无法容纳所选用的模块，可以增设一个或数个扩展框架，各扩展框架之间用 I/O 扩展电缆相连。有的 PLC 没有框架，各种模块安装在基板上。对于模块式 PLC 用户可以选用不同档次的 CPU 模块，品种繁多的 I/O 模块和特殊功能模块，对硬件配置的选择余地较大，维修时更换模块也很方便。这种结构的 PLC 配置灵活、装配方便、便于扩展，但结构较复杂，价格较高。大型 PLC 通常采用这种结构，适用于比较复杂的控制场合。

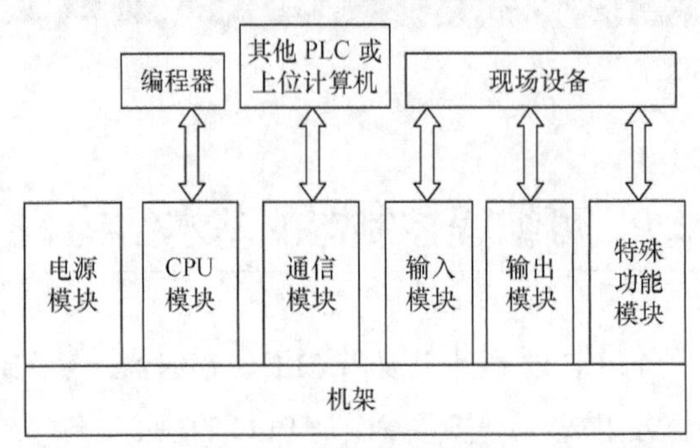

图2.2 模块式PLC示意图

2.2 可编程控制器的组成

作为微型计算机技术和继电器常规控制概念相结合的产物，PLC 是在程序控制器、1 位微处理器控制器和微型计算机控制器的基础上发展起来的新型控制器。从广义上讲，PLC 是一种计算机系统，只不过它比一般的计算机具有更强的与工业工程相连接的 I/O 接口，具有更适合用于控制要求的编程语言，更适应于工业环境的抗干扰性能。因此，PLC 是一种工业控制用的专用计算机。随着 PLC 在工业自动化领域的广泛应用，世界各地的 PLC 生产厂家相继推出各种系列产品。尽管各厂家推出的产品类型各不相同，但是它的实际组成与一般微型计算机系统基本相同，也是由硬件系统和软件系统两大部分组成的。下面，我们对它的基本结构进行分析与研究。

2.2.1 可编程控制器的硬件组成

PLC 的硬件系统由主机、I/O 扩展机及外部设备组成。

1. 主机

PLC 的主机由 CPU、存储器、I/O 单元、I/O 扩展总线接口、外部设备接口及电源等部分组成。各部分之间通过由电源总线、控制总线、地址总线和数据总线构成的内部系统总线进行连接。

（1）CPU

CPU 是 PLC 的核心部分，它包括微处理器和控制电路。微处理器是 PLC 的运算控制中心，由它实现逻辑运算、数学运算，协调控制系统内部各个部分的工作。它的工作是按照系统程序所赋予的任务进行的。PLC 常用的微处理器主要有通用微处理器、单片机或双极型位片式微处理器。在 PLC 系统中，CPU 模块相当于人的大脑，它不断地采集输入信号，执行用户程序，刷新系统的输入。

（2）存储器（Memory）

存储器是 PLC 存放系统程序、用户程序和运行数据的单元。它包括只读存储器（ROM）和随机存取存储器（RAM）。ROM 在使用过程中只能取出不能存储，而 RAM 在使用过程中能随时取出和存储。ROM 按其编程方式可分为 ROM、PROM、EPROM、EEPROM 等。RAM 有两种类型：静态 RAM（SRAM）和动态 RAM（DRAM）。

（3）I/O 单元（Input/Output Unit）

输入（Input）单元和输出（Output）单元简称为 I/O 单元，它们是系统的眼、耳、手、脚，是联系外部现场和 CPU 模块的桥梁。输入单元用于接收和采集输入信号，输入信号有两类：一类是从按钮、选择开关、数字拨码开关、限位开关、接近开关、光电开关、压力继电器等提供的开关量输入信号；另一类是由电位器、热电偶、测速发电机、各种变送器提供的连续变化的模拟量输入信号，这类信号的电压一般较高，如 DC 24V 和 AC 220V。从外部引入的尖锐电压和干扰噪声可能损坏 CPU 模块中的元器件，或使 PLC 不能正常工作。因此，在 I/O 模块中，用光耦合器、光电晶闸管、小型继电器等器件来隔离外部输入电路和负载。I/O 模块除了传递信号外，还有电平转换与隔离的作用。I/O 单元是 PLC 与工业过程控制现场之间的连接部件。通过输入单元，PLC 得到生成过程的各种参数；通过输出单元，PLC 把运算处理器的结果送至工业过程现场的执行机构实现控制。由于 I/O 单元与工业过程现场的各种信号直接相连，这就要求它有很好的信号适应能力和抗干扰能力。因此，在输入单元和输出单元中，一般均配有电平转换、光电隔离和阻容滤波电路，以实现外部现场的各种信号与系统内部信号的统一，进而实现信号的匹配和信号的正确传递。

2. I/O 扩展机

I/O 扩展机是 PLC I/O 单元的扩展部件。当用户所需的 I/O 点数或类型超出主机上 I/O 单元所允许的点数或类型时，可以通过加接 I/O 扩展机来解决。I/O 扩展机与主机的 I/O 扩展接口相连，有两种类型：简单型和智能型。

（1）简单型

简单型I/O扩展机本身不带CPU，对外部现场信号的输入、输出处理过程完全由主机的CPU管理，依赖主机的扫描过程。通常，它通过并行接口与主机通信，并安装在主机旁边，在小型PLC的I/O扩展时常采用这种类型的扩展机。

（2）智能型

智能型I/O扩展机本身带有CPU，它对生产过程现场信号的输入、输出处理由本身携带的CPU管理，而不依赖于主机的扫描过程。通常，它采用串行通信接口与主机通信，可以远离主机安装，多用于大中型PLC的输入、输出扩展。

3. 外部设备

PLC的外部设备主要是编程器、彩色图形显示器、打印机等。

2.2.2 可编程控制器的软件组成

PLC除了硬件系统外，还需要软件系统的支持，它们相辅相成，缺一不可，共同构成PLC。PLC的软件系统由系统程序（系统软件）和用户程序（应用软件）两大部分组成。

1. 系统程序

系统程序由PLC制造厂商编制，固化在PROM或EPROM中，安装在PLC上，随产品提供给用户。系统程序包括系统管理程序、用户指令解释程序和供系统调用的标准程序模块等。

（1）系统管理程序

它的主要功能为时间分配的运行管理、存储空间分配的管理、系统自检程序等。

（2）用户指令解释程序

它的功能是将用户用各种编程语言（梯形图、语句表等）编制的应用程序翻译成CPU能执行的机器指令。

（3）供系统调用的标准程序模块

它是由许多独立的程序块组成的，完成包括输入、输出、特殊运算等的不同功能。

2. 用户程序

用户程序是根据生产过程控制的要求，由用户使用制造厂商提供的编程语言自行编制的应用程序。用户程序包括开关量逻辑控制程序、模拟量运算程序、闭环控制程序和操作站系统应用程序等。

（1）开关量逻辑控制程序

它是PLC用户程序中最重要的一部分，一般采用梯形图、助记符或功能表图等编程语言编制，不同PLC制造厂商提供的编程语言有不同的形式，至今还没有一种能全部兼容的编程语言。

（2）模拟量运算程序和闭环控制程序

通常，它是在大中型PLC上实施的程序，由用户根据需要按PLC提供的软件和硬件功能进行编制。编程语言一般采用高级语言或汇编语言。

（3）操作站系统应用程序

它是大型 PLC 系统经过通信联网后，由用户为进行信息交换和管理而编制的程序。它包括各类画面的操作显示程序，一般采用高级语言实现，一些制造厂商也提供了人机界面的有关软件，用户可以根据制造厂商提供的软件使用说明进行操作站的系统画面组态和编制相应的应用程序。

2.2.3　可编程控制器的常用外部设备

PLC 是一种专门为在工业环境下应用而设计的数字运算操作的电子装置，并且在使用中，外部设备是 PLC 系统不可分割的一部分，常用的外部设备分别是编程设备、监控设备、存储设备、I/O 设备。

1. 编程设备

简单的编程设备为简易编程器，这种设备大多数只接受助记符编程，个别的也可用图形编程（如日本东芝公司的 EX 型编程器）。复杂一点的编程设备有图形编程器，可用梯形图语言编程。有的还有专用的计算机，可用其他高级语言编程。编程器除了用于编程，还可对系统做一些设定，以确定 PLC 控制方式，或工作方式。编程器还可监控 PLC 及 PLC 所控制的系统的工作状况，以进行 PLC 用户程序的调试。

2. 监控设备

小的监控设备有数据监视器，可监视数据；大的监控设备可能有图形监视器，可通过画面监视数据。除了不能改变 PLC 的用户程序外，编程器能实现的用监控设备都能实现。对于 PLC 来说，这种外部设备的种类已越来越丰富。

3. 存储设备

存储设备用于永久性的存储用户数据，使用户程序不丢失。这些设备有存储卡、存储磁带、磁盘等。而为了实现外部设备存储，相应的 PLC 中应有存卡器、磁带机、磁盘驱动器或 ROM 写入器，以及相应的接口部件。各种 PLC 大多有这方面的配套设施。

4. I/O 设备

I/O 设备用以接收信号或输出信号，便于与 PLC 进行人机对话。输入设备有条码读入器、输入模拟量的电位器等。输出设备有打印机等，编程器、监控设备虽也可对 PLC 输入信息，从 PLC 输出信息，但 I/O 设备可更方便地实现人机对话，且可在现场条件下实现，并便于使用。随着技术进步，这种设备将更加丰富。

2.2.4　可编程控制器的通信方式

1. 可编程控制器控制网络的“周期 I/O 方式”通信

PLC 的远程 I/O 链路就是一种 PLC 控制网络，在远程 I/O 链路中采用“周期 I/O 方式”

交换数据。远程I/O链路按主从方式工作，PLC带的远程I/O主单元在远程I/O链路中担任主站，其他远程I/O单元皆为从站。在主站中设立一个“远程I/O缓冲区”，采用信箱结构，划分为 *n* 个分信箱与每个从站一一对应，每个分信箱再分为两格，一格负责发送，称为发送分格；一格负责接收，称为接收分格；主站中负责通信的处理器采用周期扫描方式，按顺序与各从站交换数据，把与其对应的分信箱中发送分格的数据发送到从站，再从从站中读取数据放入与其对应的分信箱的接收分格中。这样周而复始，使主站中的“远程I/O缓冲区”得到周期性的刷新。

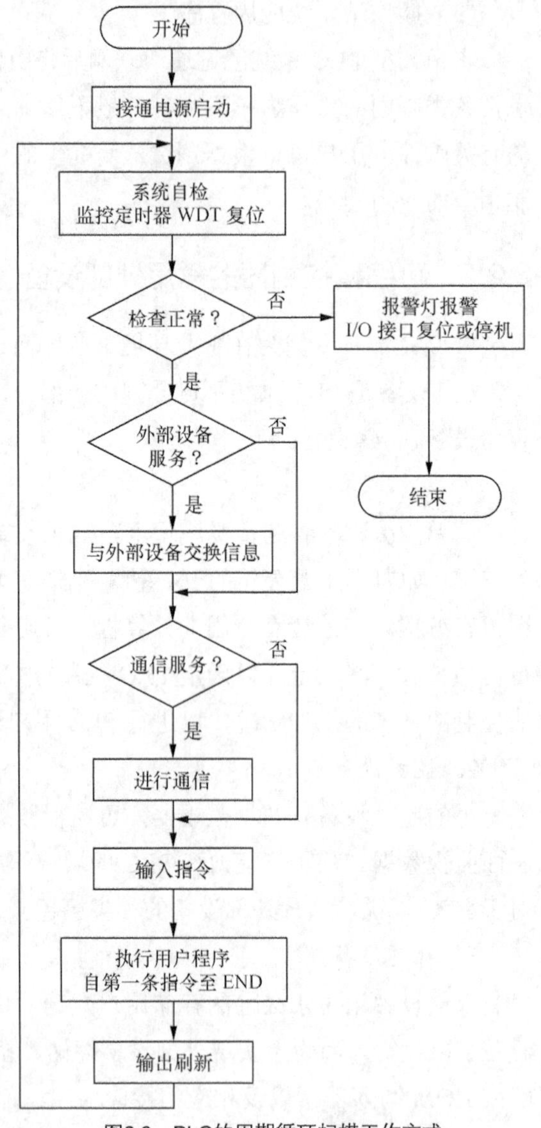

图2.3　PLC的周期循环扫描工作方式

如图2.3所示，在主站中PLC的CPU负责用户程序的扫描，它按照循环扫描方式进行处理，每个周期都有一段时间集中进行I/O处理，这时CPU对本地I/O单元及“远程I/O缓冲区”进行读写操作。PLC的CPU对用户程序的周期性扫描，与PLC负责通信的处理器对各远程I/O单元的周期性扫描是异步进行的。

尽管PLC的CPU没有直接对远程I/O单元进行操作，但是由于“远程I/O缓冲区”获得周期性刷新，PLC的CPU对“远程I/O缓冲区”的读写操作，就相当于直接访问了远程I/O单元。

主站中负责通信的处理器采用周期扫描方式与各从站交换数据，使主站中“远程I/O缓冲区”得到周期性刷新，这样一种通信方式既涉及周期又涉及I/O，因而被称为“周期I/O方式”。这种通信方式要占用PLC的I/O区，因此，只适用于少量数据的通信。从表面看来，远程I/O链路的通信就好像是PLC直接对远程I/O单元进行读写操作，简单、方便。

2. 可编程控制器控制网络的“全局I/O方式”通信

“全局I/O方式”是一种串行共享存储区的通信方式，它主要用于带有链接区的PLC之间的通信。

如图2.4所示，在PLC网络中的每台PLC的I/O区中划出一个块来作为链接区。相同编号的发送区与接收区大小相同，占用相同的地址段，一个为发送区，其他皆为接收区，采用广播方式通信。PLC 把 1 号发送区的数据在 PLC 网络上广播，PLC 2、PLC 3 收听到后把它接收下来存入各自的 1 号接收区中。PLC 2 把 2 号发送区数据在 PLC 网络上广播，PLC 1、PLC 3 把它接收下来存入各自的 2 号接收区中。PLC 3 把 3 号发送区数据在 PLC 网络上广播，PLC 1、PLC 2 把它接收下来存入各自的 3 号接收区中。显然，通过上述广播通信过程，PLC 1、PLC 2、PLC 3 的各链接区中数据是相同的，这个过程称为等值化过程。通过等值化的通信使 PLC 网络中的每台 PLC 的链接区中的数据保持一致。每个 PLC 中既包含自己送出去的数据，又包含其他 PLC 送来的数据。由于每台 PLC 的链接区大小一样，占用的地址段相同，因此每台 PLC 只要访问自己的链接区，就等于访问其他 PLC 的链接区，也就相当于与其他 PLC 交换了数据。这样，链接区就变成了名副其实的共享存储区，共享存储区成为各 PLC 交换数据的中介。

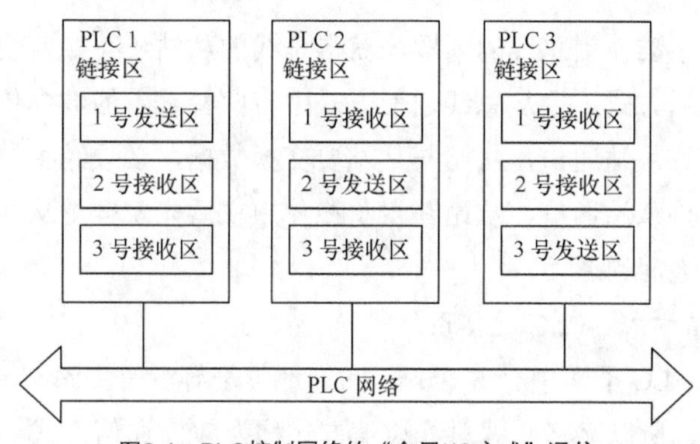

图2.4 PLC控制网络的“全局I/O方式”通信

当然，这里的共享存储区与并行总线的共享存储区在结构上存在差别，它把物理上分布在各站的链接区，通过等值化通信使其好像重叠在一起，在逻辑上变成一个存储区，且大小与一个链接区一样。这种共享存储区称为串行共享存储区。

链接区可以采用异步方式刷新（等值化），也可以采用同步方式刷新。异步方式刷新与 PLC 中用户程序无关，由各 PLC 所带的通信处理器按顺序进行广播通信，周而复始，使其所有链接区保持等值化。同步方式刷新是当用户程序对链接区发送指令时才启动一次刷新，这种方式只有当链接区的发送区数据变化时才刷新（等值化）。

“全局 I/O 方式”中的链接区是从 PLC 的 I/O 区划分出来的，经过等值化通信变成所有 PLC 共享（全局共享），因此称为“全局 I/O 方式”。这种方式下，PLC 直接用读写指令对链接区进行读写操作，简单、方便、快速，但应注意在一台 PLC 中对某地址的写操作，在其他 PLC 中对同一地址只能进行读操作。与“周期 I/O 方式”一样，“全局 I/O 方式”也要占用 PLC 的 I/O 区，因而只适用于少量数据的通信。

3. 主从总线通信方式（PLC 通信网络）

主从总线通信方式是在 PLC 通信网络上采用的一种通信方式。在总线结构的 PLC 子网上有 N 个站，其中只有一个主站，其他皆是从站，因此主从总线通信方式又称 1:N 通信方式。

主从总线通信方式采用集中式存取控制技术分配总线使用权，通常采用轮询表法。轮询表是一张从机号排列顺序表，该表配置在主站中，主站按照轮询表的排列顺序对从站进行询问，看它是否要使用总线，从而达到分配总线使用权的目的。

为了保证实时性，要求轮询表包含每个从站号不能少于一次，这样在周期轮询时，每个从站在一个周期中至少有一次机会取得总线使用权，从而保证了每个站的基本实时性。对于实时性要求比较高的站，可以在轮询表中让其从机号多出现几次，这样就用静态的方式，赋予该站较高的通信优先权。在有些主从总线中，轮询表法与中断法结合使用，让紧急任务可以打断正常的周期轮询而插入，获得优先服务，这就是用动态方式赋予某项紧急任务以较高优先权。

存取控制只解决了谁使用总线的问题，获得总线的从站还有如何使用总线的问题，即采用什么样的数据传送方式。主从总线通信方式中有两种基本的数据传送方式，一种是只允许主从通信，不允许从站通信，从站与从站要交换数据，必须经主站中转；另一种是既允许主从通信，又允许从站通信，从站获得总线使用权后先安排主从通信，再安排自己与其他从站（即从站）之间的通信。

4. 令牌总线通信方式（PLC 通信网络）

在总线结构上的 PLC 子网中有 N 个站，它们地位平等没有主站与从站之分，也可以说 N 个站都可以是主站，所以又将令牌总线通信方式称为 N:N 通信方式。

N:N 通信方式采用令牌总线存取控制技术，在物理总线上组成一个逻辑环，让一个令牌在逻辑环中按一定方向依次流动，获得令牌的站就取得了总线使用权。令牌总线存取控制方式限定每个站的令牌持有时间，保证在令牌循环一周时每个站都有机会获得总线使用权，并提供优先级服务，因此令牌总线存取控制方式具有较好的实时性。

取得令牌的站采用什么样的数据传送方式对实时性影响非常明显。如果采用无应答数据传送方式，则取得令牌的站可以立即向目的站发送数据，发送结束，通信过程也就完成了。如果采用有应答数据传送方式，则取得令牌的站向目的站发送完数据后并不算通信完成，必须等目的站获得令牌并把应答帧发给发送站后，整个通信过程才结束。这样一来响应时间明显增长，而使实时性下降。

有些令牌总线型 PLC 网络的数据传送方式固定为一种，有些则可由用户选择。

5. 浮动主站通信方式（PLC 通信网络）

浮动主站通信方式又称 N:M 通信方式，它适用于总线结构的 PLC 网络。设在总线上有 M 个站，其中 N 个为主站，其余为从站。首先把 N 个主站组成逻辑环，通过令牌在逻辑环中依次流动，在 N 个主站之间分配总线使用权，这就是浮动主站的含义。获得总线使用权的主站再按照主从方式来确定在自己的令牌持有时间内与哪些站通信。一般在主站中配置有一张轮询表，可按照轮询表上排列的其他主站号及从站号进行轮询。获得令牌的主站对于用户随机提出的通信任务可按优先级安排在轮询之前或之后进行。

获得总线使用权的主站可以采用多种数据传送方式与目的站的通信，其中以无应答无连接方式速度最快。

6. 令牌环通信方式（PLC 通信网络）

有少量的 PLC 网络采用环形拓扑结构，其存取控制采用令牌法，具有较好的实时性。如图 2.5 所示，其表示了令牌环工作的过程。其中，令牌在物理环中按箭头指向，一站接一站地传送，获得令牌的站才有权发送数据。设 B 站要向 D 站发送数据。当令牌传送到 B 站时，B 站首先把令牌变为暂停证，然后把等待发送数据按一定格式加在暂停证后面，最后加上令牌一起发往 C 站。此帧信息经 C 站中转后到达 D 站，D 站首先把自己的本站地址与帧格式中目的地址相比较，发现两者相同，表明此帧信息是发给 D 站的，然后对此帧信息做差错校验，并把校验结果以肯定应答或否定应答填在 ACK 段中。同时，把此帧信息复制下来，再把带有应答的帧继续向下传送，经 A 站中转到达 B 站。B 站用自己的本站地址与帧中源地址相比较，发现两者相同，表明此帧是自己发出的，再检查 ACK 若为否定应答，则要组织重发；若为肯定应答，则把此帧从环上吸收掉，只剩下令牌在环中继续流动。

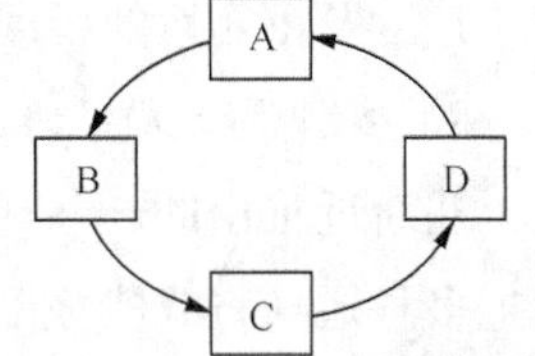

图2.5　令牌环工作过程示意图

由上述信息可知，帧格式的最后为一令牌，因而当某站获得此令牌后也同样可发送数据，把此令牌变为暂停证，后面带上发送的帧，再加上令牌，这时的帧格式就变成两个暂停证、两帧，再加令牌，其传送过程与一帧相似，这里不再重复。从上述传送过程可见，令牌环通信方式采用的是有应答数据传送方式。

7. CSMA/CD 通信方式

CSMA/CD（Carrier Sense Multiple Access/Collision Detection，载波监听多点接入/碰撞检测）通信方式是一种随机通信方式，适用于总线结构的 PLC 网络，总线上各站地位平等，没有主从之分。采用 CSMA/CD 存取控制方式，此控制方式可用通俗的语言描述为“先听后讲，边讲边听”。所谓“先听后讲”是指要求使用总线的各站，在发送数据之前必须先监听，看看总线是否空闲，确认总线空闲后再向总线发送数据。“先听后讲”并不能完全避免冲突，如果仍发生了冲突，则不能等到差错校验时再发现，这样对通信资源浪费太严重，而要采用“边讲边听”。发送数据的站，一边发送，一边监听，如果发现冲突，则立即停止发送，并发出阻塞音，通知网络上其他站发生了冲突，冲突双方采用取随机数代入指数函数的退避算法来决定重新上网时间，解决冲突，如图 2.6 所示。

CSMA/CD 通信方式不能保证在一定时间周期内，PLC 网络上每个站都可获得总线使用权，但不能用静态方式赋予某些站以较高优先权，也不能用动态方式赋予某些紧急通信任务以较高优先权，因此，这是一种不能保证实时性的通信方式。但是，它采用随机方式，方法本身简单，而且“见缝插针”，只要总线空闲就抢着上网，通信资源利用率高，因而在PLC网络中CSMA/CD通信方式适合用于上层生产管理子网。

CSMA/CD 通信方式的数据传送方式可以选用有连接、无连接、有应答、无应答及广播通信中的每一种，可按对通信速度及可靠性的要求取舍。

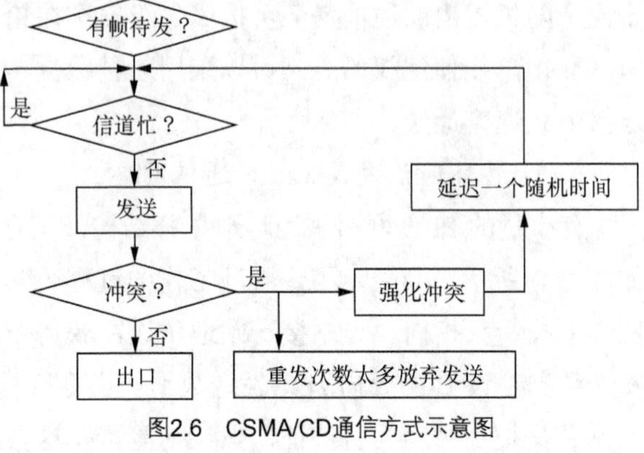

图2.6　CSMA/CD通信方式示意图

8. 多种通信方式的集成

在新近推出的一些现场总线中，常常把多种通信方式集成配置在某一级子网上。从通信方法上看，都是一些原来常用的，但如何自动地从一种通信方式切换到另一种，如何按优先级调度，则是多种通信方式集成的关键。

2.3　可编程控制器的基本工作原理

2.3.1　可编程控制器控制系统的等效工作电路

在介绍 PLC 等效电路之前，通过一个实例来认识一下 PLC 的控制原理。图 2.7 为一个简单继电器控制电路。KT 是时间继电器；KM1、KM2 是两个接触器，分别控制电动机 M1、M2 的运转；SB1 为启动按钮，SB2 为停止按钮。控制功能如下：按下 SB1，电动机 M1 开始运转，过 10s 后，电动机 M2 开始运转；按下 SB2，电动机 M1、M2 同时停止。

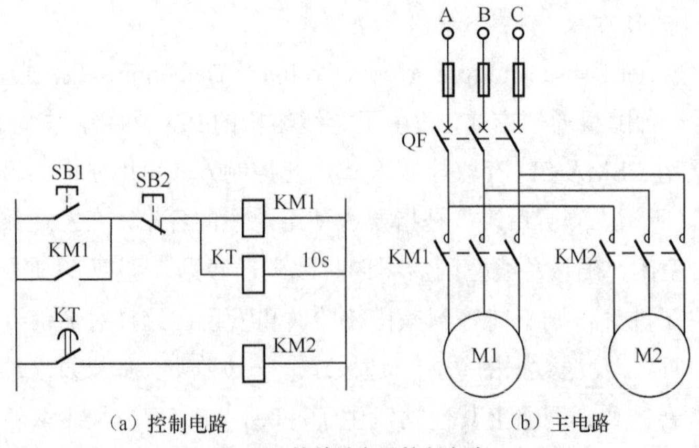

（a）控制电路　　（b）主电路

图2.7　简单继电器控制电路

图 2.7 所示的继电器控制原理如下：在控制电路中，当按下 SB1 时，KM1、KT 的线圈同时通电，KM1 的一个常开触点闭合并自锁，M1 开始运转；KT 线圈通电后开始延时，10s 后 KT 的延时常开触点闭合，KM2 线圈通电，M2 开始运转。当按下 SB2 时，KM1、

KT 的线圈同时断电，KM2 线圈也断电，M1、M2 随之停转。现在用 PLC 实现上述控制功能，图 2.8 为 PLC 控制的接线图。PLC 控制系统的主电路和继电器控制系统完全相同。在小型 PLC 的面板上，有一排输入和输出端子，输入端子和输出端子各有自己的公共接线端子 COM，输入端子的编号为 00000，00001，……，输出端至编号为 01000，01001，……。将启动按钮 SB1、停止按钮 SB2 接到输入端子上，输入公共端子 COM 上接 DC 24V 的输入电源；接触器 KM1、KM2 的线圈接到输出端子上，输出公共端子 COM 上接 AC 220V 的负载驱动电源。

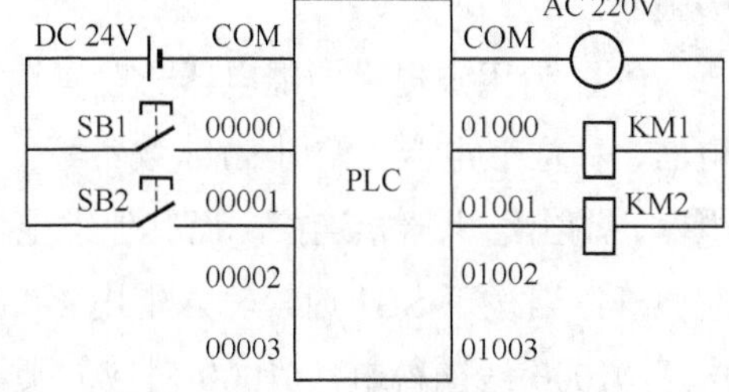

图2.8　PLC控制的接线图

PLC 控制系统的等效电路由 3 个部分组成。

① 输入控制部分。该部分接收操作指令（如启动按钮、停止按钮等）和被控对象的各种状态信息（如行程开关、接近开关等）。PLC 的每一个输入点对应一个内部输入继电器，当输入点与输入 COM 端接通时，输入继电器线圈通电，它的常开触点闭合、常闭触点断开；当输入点与输入 COM 端断开时，输入继电器线圈断电，它的常开触点断开、常闭触点闭合。

② 控制部分。这一部分是用户编制的控制程序，通常用梯形图表示，如图 2.9 所示。控制程序放在 PLC 的用户程序存储器中。系统运行时，PLC 依次读取用户程序存储器中的程序语句，对它的内容进行解释并执行，又将输出的结果送到 PLC 的输出端子，以控制外部负载的工作。

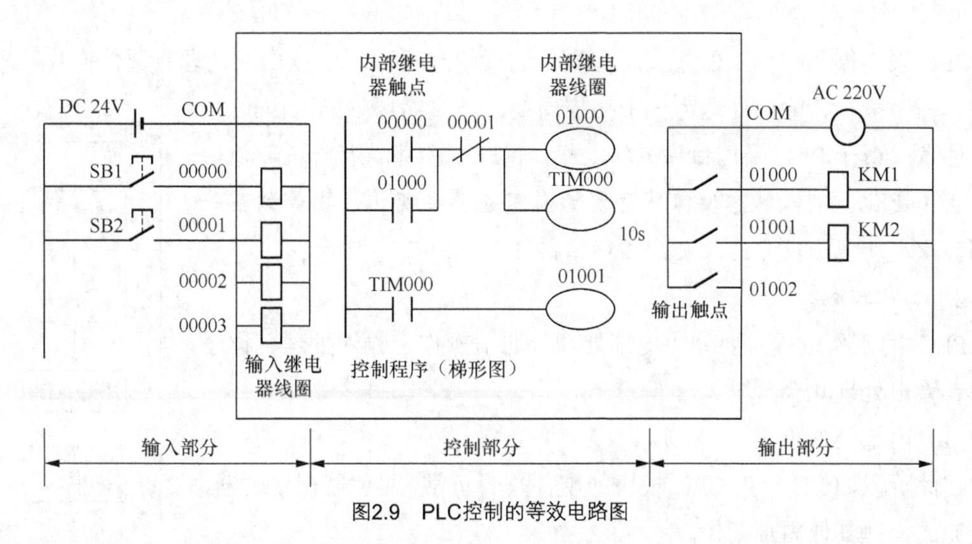

图2.9　PLC控制的等效电路图

③ 输出部分。该部分根据程序执行的结果直接驱动负载。在 PLC 内部有多个输出继电器，每个输出继电器对应一个硬触点，当程序执行的结果使输出继电器线圈通电时，对应的硬输出触点闭合，控制外部负载的动作。例如，图 2.9 的输出触点 01000、01001，分

别连接接触器 KM1、KM2 的线圈，控制两个线圈通电或断电。

梯形图是从继电器控制电路原理图演变而来的。PLC 内部的继电器并不是实际的硬继电器，每个内部继电器都是 PLC 内部存储单元，因此，称为“软继电器”。梯形图是由这些“软继电器”组成的控制电路，它们并不是真正的物理连接，而是逻辑关系的连接，称为“软连接”。当存储单元某位状态为 1 时，相当于某个继电器线圈得电；当该位状态为 0 时，相当于该继电器线圈断电。“软继电器”的常开触点、常闭触点在程序中的使用次数不受限制。

PLC 为用户提供的继电器一般有输入继电器、输出继电器、辅助继电器、特殊功能继电器、移位继电器、定时器/计数器等。其中，输入继电器、输出继电器一般与外部输入继电器、输出继电器相连接，而其他继电器与外部设备没有直接联系。下面说明图 2.9 的控制原理：当按下 SB1 时，输入继电器 00000 的线圈通电，00000 常闭触点闭合，使输出继电器 01000 线圈得电，01000 对应的硬输出触点闭合，KM1 得电，M1 开始运转。同时，01000 的一个常开触点闭合并自锁，时间继电器 TIM000 的线圈通电开始延时，10s 后 TIM000 的常开触点闭合，输出继电器 01001 的线圈得电，01001 对应的硬输出触点闭合，KM2 得电，M2 开始运转。当按下 SB2 时，输入继电器 00001 的线圈通电，00001 的常闭触点断开，01000、TIM000 的线圈均断电，01001 的线圈也断电，01000、01001 的两个硬输出触点随之断开，KM1、KM2 断电，M1、M2 停转。

2.3.2 可编程控制器的工作方式、工作过程及工作模式

1. 工作方式

PLC 采用循环扫描工作方式。在处于运行状态时，PLC 以内部处理、通信操作、输入处理、程序执行、输出处理为一个扫描周期，一直循环扫描工作。

注意：由于 PLC 采用扫描工作过程，因此在程序执行阶段即使输入发生了变化，输入状态映像寄存器的内容也不会变化，要等到下一周期的输入处理阶段才能改变。循环扫描过程如图 2.10 所示。

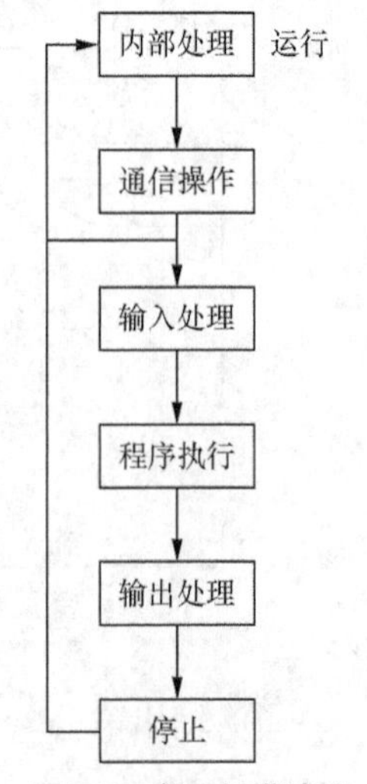

图2.10 循环扫描过程

2. 工作过程

PLC 的工作过程主要分为内部处理、通信操作、输入处理、程序执行、输出处理几个阶段。

（1）内部处理阶段

在此阶段，PLC 检查 CPU 模块的硬件是否正常，复位监视定时器，以及完成一些其他内部工作。

（2）通信操作阶段

在此阶段，PLC 进行与一些智能模块通信，响应编程器输入的命令，更新编程器的显示内容等工作。

（3）输入处理阶段

输入处理又称输入采样。在此阶段，PLC 顺序读入所有输入端子的通断状态，并将读入的信息存入内存所对应的寄存器中。在此阶段输入映像寄存器被刷新，之后进入程序执行阶段。

（4）程序执行阶段

在此阶段，PLC 根据梯形图程序扫描原则，按先左后右，先上后下的步序，逐句扫描，执行程序。但遇到程序跳转指令时，根据跳转条件是否满足来决定程序的跳转地址。若用户程序涉及输入、输出状态，则 PLC 从输入映像寄存器中读出上一阶段采入的对应输入端子状态，从输出映像寄存器读出对应映像寄存器的当前状态。根据用户程序进行逻辑运算，并将运算结果存入有关的元件寄存器中。

（5）输出处理阶段

程序执行完毕后，在输出处理阶段，PLC 将输出映像寄存器，即元件映像寄存器中的 Y 寄存器的状态转存到输出锁存器，通过隔离电路，驱动功率放大电路，使输出端子向外界输出控制信号，驱动外部负载。

3. 工作模式

（1）运行工作模式

当处于运行工作模式时，PLC 要进行内部处理、通信服务、输入处理、程序处理、输出处理，然后按上述过程循环扫描工作。

在运行工作模式下，PLC 通过反复执行反映控制要求的用户程序来实现控制功能。为了使 PLC 的输出及时地响应随时可能变化的输入信号，用户程序不是只执行一次，而是不断地重复执行，直至 PLC 停机或切换到停止工作模式。

注意： PLC 的这种周而复始的循环工作方式称为扫描工作方式。

（2）停止工作模式

当处于停止工作模式时，PLC 只进行内部处理和通信服务等工作。

2.3.3 可编程控制器对输入/输出的处理规则

任何一种继电器控制系统都是由 3 个部分组成的，即输入部分、逻辑部分、输出部分，其中，输入部分是指各类按钮、开关等；逻辑部分是指由各种继电器及其触点组成的实现一定逻辑功能的控制电路；输出部分是指各种电磁阀线圈，接通电动机的各种接触器，以及信号指示灯等执行电气元件。图 2.11 是一种简单的继电器控制系统。

图 2.11 中 X1、X2 是两个按钮，Y1、Y2 是两个继电器，T1 是时间继电器。其工作过程如下：当 X1、X2 任何一个按钮按下时，线圈 Y1 接通，Y1 的常开触点闭合，红灯亮。此时，时间继电器 T1 同时接通并开始延时，当延时到 2s 后，线圈 Y2 接通，Y2 的常开触点闭合，绿灯亮。

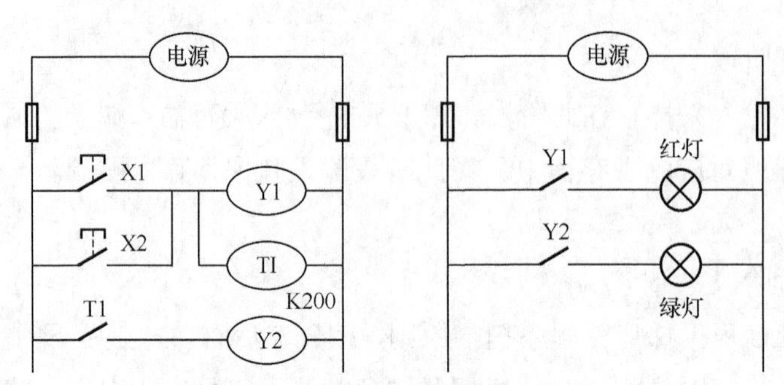

图2.11　一种简单的继电器控制系统

从上面这个例子可以知道，继电器控制系统是根据各种输入条件去执行逻辑控制电路的，这些逻辑控制电路是根据控制对象的需要以某种固定的线路连接好的，所以不能灵活变更。

和继电器控制系统类似，PLC 控制系统也由输入部分、逻辑部分和输出部分组成，如图 2.12 所示。

图2.12　PLC控制系统的组成

在 PLC 控制系统中，各部分的主要作用如下。

① 输入部分：收集并保存被控对象实际运行的数据信息（被控对象上的各种开关量信息或操作命令等）。

② 逻辑部分：处理输入部分取得的信息，并按照被控对象的实际动作要求做出正确的反应。

③ 输出部分：提供正在被控制的装置中，哪几个设备需要实施操作处理。

用户程序通过编程器或其他输入设备输入并存放在 PLC 的用户存储器中。当 PLC 开始运行时，CPU 根据系统监控程序的规定顺序，通过扫描，完成各输入点的状态采集或输入数据采集、用户程序的执行、各输出点状态更新、编程器输入响应和显示更新及 CPU 自检等功能。

PLC 扫描既可按固定的程序进行，又可按用户程序规定的可变顺序进行。

PLC 采用集中采样、集中输出的工作方式，减少了外界的干扰。

PLC 在输入/输出的处理方面必须遵守以下原则：

① 输入映像寄存器的数据，取决于输入端子板上各输入端子在上一个周期间的接通、断开状态。

② 程序如何执行取决于用户所编程序和输入映像寄存器、输出映像寄存器的内容。

③ 输出映像寄存器的数据取决于输出指令的执行结果。

④ 输出锁存器中的数据取决于上一次输出刷新期间输出映像寄存器中的数据。

⑤ 输出端子的接通、断开状态，由输出锁存器决定。

2.3.4 可编程控制器的扫描周期

PLC 的工作过程框图如图 2.13 所示。PLC 在每次执行用户程序之前，都先执行故障自诊断程序，以及复位、监视、定时等内部固定程序，若自诊断正常，则继续向下扫描，PLC 检查是否有与编程器、计算机等的通信请求。如果有与编程器、计算机等的通信请求，则进行相应处理。当 PLC 处于停止（STOP）状态时，只循环进行图 2.13 中所示的前两个阶段。而在 PLC 处于运行（RUN）状态时，PLC 在内部处理、通信操作、输入扫描、程序执行、输出处理 5 个阶段循环工作。每完成一次以上 5 个阶段所需要的时间称为一个扫描周期。

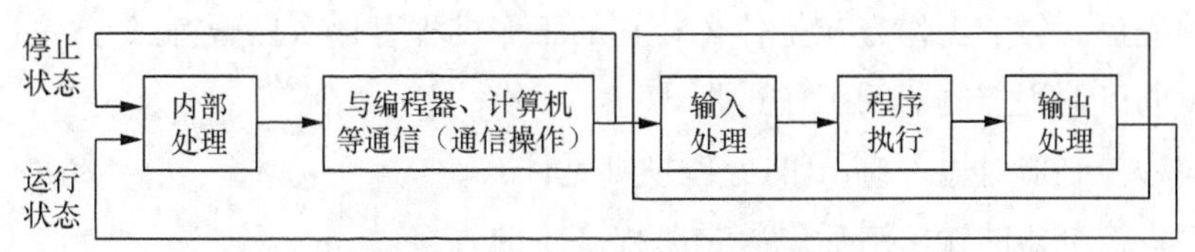

图2.13　PLC的工作过程框图

扫描周期是 PLC 的一个重要指标，小型 PLC 的扫描周期一般为十几毫秒到几十毫秒。PLC 扫描周期的长短取决于扫描速度和用户程序的长短。对于一般工业设备而言，毫秒级的扫描周期通常是允许的，PLC 对输入的短暂滞后也是允许的。但对某些 I/O 快速响应的设备，则应采取相应的处理措施，如选择高速 CPU，提高扫描速度；选择快速响应模块、高速计数模块及不同的中断处理等措施减少滞后时间。对于用户来说，要提高编程能力，尽可能优化程序；在编写大型设备的控制程序时，应尽量减少程序长度，如选择分支或跳步程序等，都可以减少用户程序执行时间。

2.4 本章小结

PLC 的组成与通用计算机基本相同，但是它的工作过程与通用计算机有很大差异。

① PLC 的基本组成：CPU、存储器、输入/输出（I/O）接口。

② PLC 为了适应恶劣的工业环境，满足各种控制任务，有大量的各种形式的 I/O 接口，并且采取了电气隔离技术。

③ 周期性循环扫描和集中批处理是 PLC 工作过程最突出的特点，在分析和设计 PLC 的应用程序时，必须考虑这个特点。

④ 输入处理阶段扫描到的输入信号存储在输入映像寄存器，每条输出指令执行的结果存储在输出映像寄存器。执行用户程序时所需要的 I/O 信号，是从输入映像寄存器和输出映像寄存器中读出的。

⑤ 采用不同的 I/O 控制方式，将影响 PLC 控制系统的响应速度。为减少响应滞后时间，要正确安排语句顺序。

2.5 习题与思考

1．可编程控制器由哪几部分组成？各部分的作用及功能是什么？

2．可编程控制器的数字量输出有几种输出形式？各有什么特点？都适用于什么场合？

3．什么是扫描周期？它主要受什么影响？

4．可编程控制器控制系统的等效工作电路由哪几部分组成？试与继电器控制系统进行比较。

5．可编程控制器的工作方式是什么？它的工作过程有什么显著特点？

6．试说明可编程控制器的工作过程。

7．可编程控制器对输入/输出的处理规则是什么？

8．可编程控制器的输出滞后现象是怎样产生的？

9．试举例说明由于用户程序指令语句安排不当可使响应滞后时间为3个扫描周期。

第 3 章　编程基础知识引入

本章介绍计算机中数和码的表示方法，它们之间的转换关系，以及二进制编码、二进制数的运算方法等。另外，本章还介绍一些计算机中常用的基本技术术语和运算法则。通过学习本章，读者应了解几种基本进制数码的特点，并掌握其运算规律。这些都是编程的重要基础知识。

3.1　进制概述

通常表示一个数时，每个数字表示的量不仅取决于数字本身，还取决于其所在的位置，这种表示方法称为位置表示法。在位置表示法中，对每一个数位赋予一定的位值，称为权。每个数位上的数字所表示的就是这个数字和权的乘积。相邻两位中，高位的权与低位的权之比如果是一个常数，则此常数称为基数，用 X 表示。数 $a_{n-1}\cdots a_1a_0a_{-1}\cdots a_{-m}$ 所表示的量 N 为

$$N=a_{n-1}\times X^{n-1}+\cdots+a_1\times X^1+a_0\times X^0+a_{-1}\times X^{-1}+\cdots+a_{-m}\times X^{-m}$$

式中，从 $a_0\times X^0$ 起向左是数的整数部分，向右是数的小数部分；a_i（$n-1\geqslant i\geqslant -m$）表示各位数上的数字，称为系数，它可以在 0，1，…，$X-1$ 共 X 种数中任意取值；m 和 n 为幂指数，均为正整数。由于相邻高位的权与低位的权相比是一个常数，因此在这种位置计数法中，基数（或称底数）X 的取值不同，便得到不同进制的表达式。

3.1.1　十进制

十进制是人们在日常生产生活中最常用的数制。当 $X=10$ 时，对应十进制数的表达式为

$$(N)_{10}=\sum_{i=-m}^{n-1}a_i\times 10^i \tag{3-1}$$

其特点如下：系数 a_i 只能在 0～9 这 10 个数字中取值；每个数位上的权是 10 的某次幂；在加、减运算中，采用“逢十进一”“借一当十”的规则。例如：

$$(1\,234.56)_{10}=1\times10^3+2\times10^2+3\times10^1+4\times10^0+5\times10^{-1}+6\times10^{-2}$$

3.1.2　二进制

由于计算机是由数字电路组成的，因此二进制是计算机中最常用的数制。当 $X=2$ 时，

对应二进制数的表达式为

$$(N)_2 = \sum_{i=-m}^{n-1} a_i \times 2^i \tag{3-2}$$

二进制的特点：系数 a_i 只能在 0 和 1 这两个数字中取值，每个数位上的权是 2 的某次幂；在加、减运算中，采用“逢二进一”“借一当二”的规则。例如：将二进制数 1101.01 转换为对应的十进制，转换公式为

$$(1101.01)_2=1\times2^3+1\times2^2+0\times2^1+1\times2^0+0\times2^{-1}+1\times2^{-2}$$

二进制中，各数位上的系数只有 0 和 1 两种取值，用电路实现时最为方便，因而它是电子计算机内部采用的计数制。以后还可以看到，除了物理实现方便以外，二进制计数制的运算也特别简单。

3.1.3 八进制与十六进制

由于 1 位八进制数对应 3 位二进制数，1 位十六进制数对应 4 位二进制数，因此当二进制数列很长时，可以用八进制数或十六进制数来表示。当 $X=8$ 时，对应八进制数的表达式为

$$(N)_8 = \sum_{i=-m}^{n-1} a_i \times 8^i \tag{3-3}$$

八进制的特点如下：系数 a_i 只能在 0～7 这 8 个数字中取值；每个数位上的权是 8 的某次幂；在加、减运算中，采用“逢八进一”“借一当八”的规则。例如：将八进制数 127.53 转换为对应的十进制，转换公式为

$$(127.53)_8 = 1\times8^2+2\times8^1+7\times8^0+5\times8^{-1}+3\times8^{-2}$$

同理，当 $X=16$ 时，其十六进制数的表达式为

$$(N)_{16} = \sum_{i=-m}^{n-1} a_i \times 16^i \tag{3-4}$$

十六进制的特点如下：系数 a_i 只能在 0～15 这 16 个数字中取值（其中 0～9 这 10 个数字借用十进制中的数码，10～15 这 6 个数用 A、B、C、D、E、F 表示）；每个数位上的权是 16 的某次幂；在加、减法运算中，采用“逢十六进一”“借一当十六”的规则。例如：将十六进制数 32AF.EB 转换为对应的十进制，转换公式为

$$(32AF.EB)_{16} = 3\times16^3+2\times16^2+10\times16^1+15\times16^0+14\times16^{-1}+11\times16^{-2}$$

八进制和十六进制在人们书写计算机程序时被广泛采用。

表 3.1 为十进制、二进制、八进制、十六进制数码对照表，其中 B 是 Binary 的缩写，表示该数为二进制数；Q 表示该数为八进制数（Octal 的缩写为字母 O，为区别于数字 0 而写为 Q）；H 是 Hexadecimal 的缩写，表示该数是十六进制数；十进制数后面可采用符号 D（Decimal），也可不写符号。

表 3.1　十进制、二进制、八进制、十六进制数码对照表

十进制	二进制	八进制	十六进制
0	0000B	0Q	0H
1	0001B	1Q	1H
2	0010B	2Q	2H
3	0011B	3Q	3H
4	0100B	4Q	4H
5	0101B	5Q	5H
6	0110B	6Q	6H
7	0111B	7Q	7H
8	1000B	10Q	8H
9	1001B	11Q	9H
10	1010B	12Q	AH
11	1011B	13Q	BH
12	1100B	14Q	CH
13	1101B	15Q	DH
14	1110B	16Q	EH
15	1111B	17Q	FH

3.1.4　BCD 码

二进制编码的十进制数（Binary Coded Decimal，BCD），是指用二进制编码来表示十进制数据。由于实际应用中一般计算问题的原始数据大多数是十进制数，而十进制数又不能直接输入计算机中参与运算，因此必须用二进制数为它编码（也就是 BCD 码）后方能输入计算机。输入计算机的 BCD 码或经十-二进制转换程序变为二进制数后参与运算，或直接由计算机进行二-十进制运算（即 BCD 码运算）。计算机进行 BCD 码运算时仍要用二进制逻辑来实现，不过要设法使它符合十进制运算规则。用二进制数为十进制数编码时，每一位十进制数需要用 4 位二进制数表示。4 位二进制数能编出 16 个码，其中 6 个码是多余的，应该放弃不用。而这种多余性便产生了多种不同的 BCD 码。在选择 BCD 码时，应使该 BCD 码便于十进制运算、校正错误，以及求补和与二进制数相互转换。

最常用的 BCD 码是 4 位二进制数的权从高到低分别为 8、4、2、1 的 BCD 码，称为 8421BCD 码，见表 3.2。它所表示的数值规律与二进制计数制相同，容易理解和使用，也很直观。例如，若 BCD 码为 1001000101010011.00100100B，则很容易写出相应的十进制数为 9 153.24。

表 3.2　8421BCD 编码表

十进制	8421BCD 码	十进制	8421BCD 码
0	0000B	4	0100B
1	0001B	5	0101B
2	0010B	6	0110B
3	0011B	7	0111B

续表

十进制	8421BCD 码	十进制	8421BCD 码
8	1000B	12	00010010B
9	1001B	13	00010011B
10	00010000B	14	00010100B
11	00010001B	15	00010101B

3.2 二进制运算

3.2.1 有符号数

数有正有负，在计算机中该如何表示呢?计算机中所能表示的数或其他信息都是数字化的，当然对数的符号也要数字化，即用数字 0 或 1 来表示数的正、负，这样就可以将符号和数一起进行存储和参加运算。通常的做法是，约定数的最高位为符号位，若该位为 0，则表示正数；若该位为 1，则表示负数。

例如在表 3.3 中，用 8 位二进制表示+20 和−20 分别为 00010100 和 10010100，其中第一位为符号位。这种在计算机中使用的、连同数符一同数字化了的数，称为机器数，而机器数所表示的真实数值称为真值。

表 3.3　　真值、机器数对照表

真值	机器数
+0010100	00010100
−0010100	10010100

也就是说，在机器数中用 0 或 1 取代了真值的正、负号。

计算机中对带符号数有原码、补码和反码 3 种表示形式。其中，常用的是前两种，因为原码表示方法直观，而补码有时会使运算比较简单。

3.2.2 原码、补码与反码

1. *原码*

用原码表示机器数比较直观。如前所述，用最高位表示数符，数符为 0，则表示正数；数符为 1，则表示负数。数值部分用二进制绝对值表示。这种表示方法就是原码表示方法。

表 3.4 为十进制、二进制真值及其原码对照表。

表 3.4　　十进制、二进制真值及其原码对照表

十进制	二进制真值	原码
87	+1010111	01010111
−87	−1010111	11010111
127	+1111111	01111111

续表

十进制	二进制真值	原码
−127	−1111111	11111111
0	+0000000	00000000
−0	−0000000	10000000

采用原码时，与二进制真值之间的转换很方便，但作减法时不方便，而且有两种方法表示 0，即+0 和−0。因此，引进了补码。

2. 补码

利用补码表示机器数便于进行加、减法运算，因此，在计算机中广泛采用。

补码规则：正数的补码和其原码相同；负数的补码是除符号位外将它的原码逐位取反（即 0 变为 1，1 变为 0），最后在末位加 1，见表 3.5。

表 3.5　十进制、二进制真值、原码、补码对照表

十进制	二进制真值	原码	补码
86	+1010110	01010110	01010110
−86	−1010110	11010110	10101010
127	+1111111	01111111	01111111
−127	−1111111	11111111	10000001
15	+0001111	00001111	00001111
−15	−0001111	10001111	11110001

根据补码规则，可以很容易地将真值转换成补码；反之，如何将补码转换为真值呢？一个补码，若符号位为 0，则符号位后的二进制数码序列就是真值且为正；若符号位为 1，则应将符号位后的二进制数码序列按位取反，并在末位加 1，结果是真值，且为负，即$((X)_{补})_{补}=(X)_{原}$。

【例 3.1】

$(X)_{补}=00010001$，$(X)_{原}=00010001$，真值＝＋10001。

$(X)_{补}=10010000$，则$(X)_{原}=11101111+1=11110000$，真值＝−1110000。

3. 反码

反码用得较少，这里仅作简单介绍。

原码变反码规则：正数的反码和其原码相同；负数的反码是除符号位外，其余各位逐位取反，见表 3.6。

表 3.6　二进制、原码、反码对照表

二进制真值	原码	反码
+1010111	01010111	01010111
−1010111	11010111	10101000
+1111111	01111111	01111111
−1111111	11111111	10000000

3.2.3 数的定点表示与浮点表示

当所需处理的数含有小数部分时，就出现了如何表示小数点的问题。在计算机中并不用某个二进制位来表示小数点，而是规定小数点的位置。根据小数点的位置是否固定，数有定点和浮点两种表示方法。

1. 数的定点表示

如果将计算机中数的小数点位置固定不变，就是定点表示。

（1）定点整数

定点整数将小数点固定在数的最低位之后。定点纯整数存储格式如图 3.1 所示。

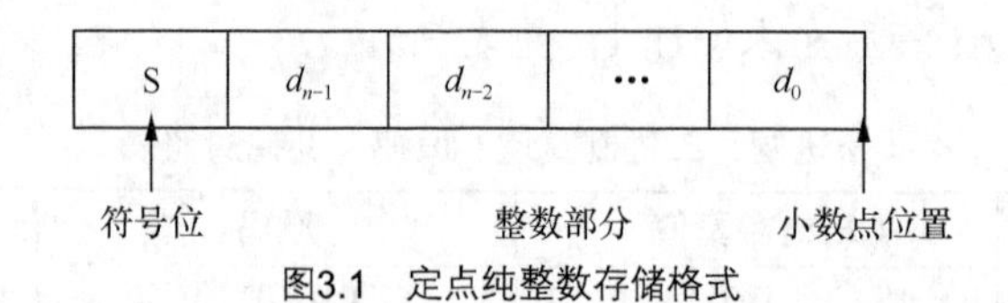

图3.1 定点纯整数存储格式

例如，常用 2 字节（16 位）存储一个整数，用补码、定点表示，见表 3.7。

表 3.7 定点纯整数存储格式

二进制补码	十进制真值
0111111111111111	$2^{15}-1$＝32 767（最大正数）
0111111111111110	32 766
…	…
0000000000000001	1（最小非零正数）
0000000000000000	0
1111111111111111	−1（绝对值最小负数）
…	…
1000000000000001	−32 767
1000000000000000	-2^{15}＝−32 768（绝对值最大负数）

如果用 n 位二进制位存放一个定点补码整数，则其表示范围为$-2^{n-1}\sim2^{n-1}-1$。

（2）定点小数

定点小数将小数点固定在符号位之后，最高数值位之前。定点纯小数存储格式如图 3.2 所示。

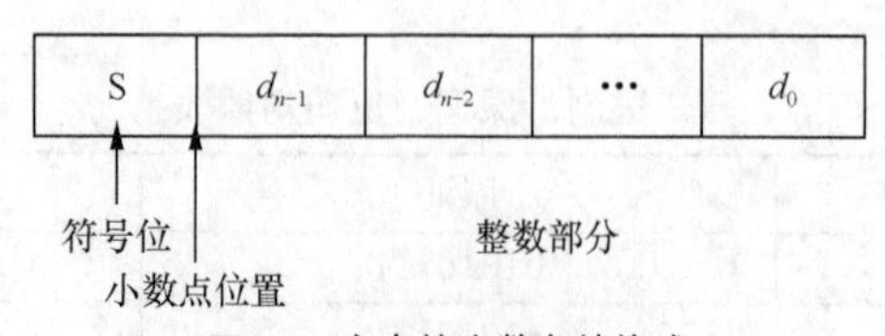

图3.2 定点纯小数存储格式

若用 n 位二进制存放一个定点补码纯小数，则表示范围为$-1\sim(1-2^{-(n-1)})$。

2. 数的浮点表示

如果要处理的数既有整数部分，又有小数部分，则采用定点表示方法就会引起一些麻烦和困难。为此，计算机中还使用浮点表示方法（即小数点位置不固定，是浮动的）。

数的浮点表示分为阶码和尾数两部分。浮点数存储格式如图 3.3 所示。

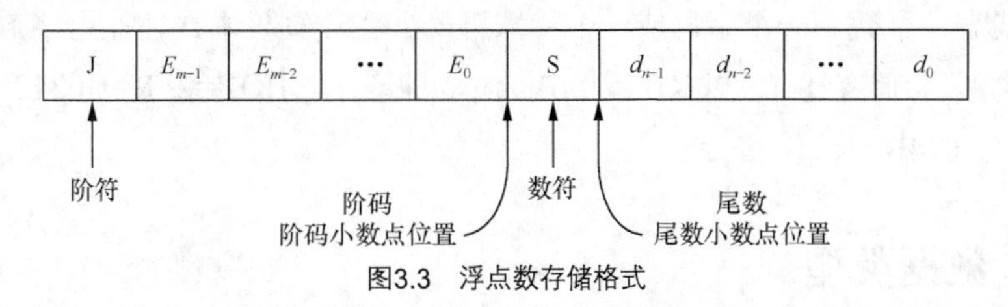

图3.3　浮点数存储格式

其中，J 是阶符，即指数部分的符号位，E_{m-1}，…，E_0 为阶码，表示幂次，基数通常取 2；S 是尾数部分的符号位，d_{n-1}，…，d_0 为尾数部分。假设阶码为 E，尾数为 d，基数为 2，则这种格式存储的数 X 为

$$X = \pm d \times 2^{\pm E}$$（正、负号是阶符、数符的正、负）

实际应用中，阶码用补码（或移码）、定点整数表示；尾数用补码（或原码）、定点小数表示。为了保证不损失有效数字，常对尾数进行规格化处理，即保证尾数部分最高位是 1，大小通过阶码进行调整。

例如，某机器用 32 位表示一个浮点数，阶码部分 8 位，其中阶符占一位，阶码为补码；尾数部分占 24 位，其中数符占一位，规格化补码；基数为 2。要存放 256.5 这个数的浮点格式为

00001001010000000010000000000000

即$(256.5)_{10} = (0.1000\ 0000\ 01)_2 \times 2^9$

根据这一浮点格式，还可以知道该格式所能表示的数的范围如下。

最大正数：$(1-2^{-23}) \times 2^{127}$。

最小负数：$-(1-2^{-23}) \times 2^{127}$。

最小正数：$2^{-1} \times 2^{-128} = 2^{-129}$。

最大负数：$-2^{-1} \times 2^{-128} = -2^{-129}$。

3.3　位和字

在计算机中，二进制数中的每个 0 和 1 是信息的最小单位，称为二进制位。位是构成信息的最小单位。

1 位二进制数（用 0，1）可表示 $2^1=2$ 个信息，2 位二进制数（用 00，01，10，11）可表示 $2^2=4$ 个信息等。二进制数每增加 1 位，可表示的信息个数便增加 1 倍。

计算机在存储、传送或操作时，作为一个单位的一组二进制位称为一个计算机字。每

个字所包含的位数称为字长。由于字长是计算机一次可处理的二进制数的位数，因此它与计算机处理数据的速度有关，是衡量计算机性能的一个重要因素。计算机的字长越长，其性能越高。

一个字（Word）总是由整数个字节（Byte，B）构成的。每8位二进制位称为一字节。一字节可以代表一个数、一个字母或一个特殊符号。在计算机中，往往用字节数来表示存储器的存储容量。存储容量可以以KB或MB为单位来表示。$1KB=2^{10}B=1024B$，$1MB=2^{10}\times 2^{10}B=1\,024\times 1\,024B$。

3.4 PLC数据类型

1. 位元件

FX系列PLC有4种基本编程元件，为了分辨各种编程元件，给它们分别指定了专用的字母符号，具体如下。

X：输入继电器，用于直接输入PLC物理信号。

Y：输出继电器，用于从PLC直接输出物理信号。

M（辅助继电器）和S（状态继电器）：PLC内部的运算标志。

上述的各种元件称为位（bit）元件，它们只有两种不同的状态，即ON和OFF，可以分别用二进制数1和0来表示这两种状态。

2. 字元件

8个连续的位组成1字节，16个连续的位组成一个字，32个连续的位组成一个双字（Double Word）。定时器和计数器的当前值和设定值均为一个有符号的字，最高位（第15位）为符号位，正数的符号位为0，负数的符号位为1。有符号字可表示的最大正整数为32 767。

3. 常数

常数*K*用来表示十进制常数，16位常数的范围为−32 768～+32 767，32位常数的范围为−2 147 483 648～+2 147 483 647。

常数*H*用来表示十六进制常数，16位常数的范围为0～FFFF，32位常数的范围为0～FFFFFFF。

3.5 脉冲信号和时序图

1. 脉冲信号

脉冲信号是相对于连续信号在整个信号周期内短时间发生的信号，大部分信号周期内没有信号。现在脉冲信号一般指数字信号，一个信号周期内的一半时间（甚至更长时间）

有信号。计算机内的信号就是脉冲信号。

在电子技术中，脉冲信号是按一定电压幅度、一定时间间隔连续发出的。

脉冲信号之间的时间间隔称为周期，而将在单位时间（如 1s）内所产生的脉冲个数称为频率。

频率是描述周期性循环信号（包括脉冲信号）在单位时间内所出现的脉冲数量多少的计量名称。频率的标准计量单位是 Hz（赫兹，简称赫）。计算机中的系统时钟就是一个典型的频率相当精确和稳定的脉冲信号发生器。频率在数学表达式中用“*f*”表示，其常用的单位有 Hz、kHz（千赫）、MHz（兆赫）、GHz（吉赫）。其中，1GHz=1 000MHz，1MHz=1 000kHz，1kHz=1 000Hz。计算脉冲信号周期的时间单位是 s（秒）、ms（毫秒）、μs（微秒）、ns（纳秒），其中，1s=1 000ms，1ms=1 000μs，1μs=1 000ns。

2. 时序图

时序图是一种根据输入信号与输出信号的时序关系，通过“波形”的形式表达控制要求的一种方法。对于单纯的电气控制动作要求，通过时序图可以明确各输入信号与输出信号间的相互关系与动作的次序，为 PLC 程序设计提供依据。

图 3.4 是某机床冷却电动机的手动“启动/停止”控制方案图。机床冷却控制的要求：按下按钮，如果原来冷却电动机处在停止状态，则启动；如果原来冷却电动机处在工作状态，则停止。

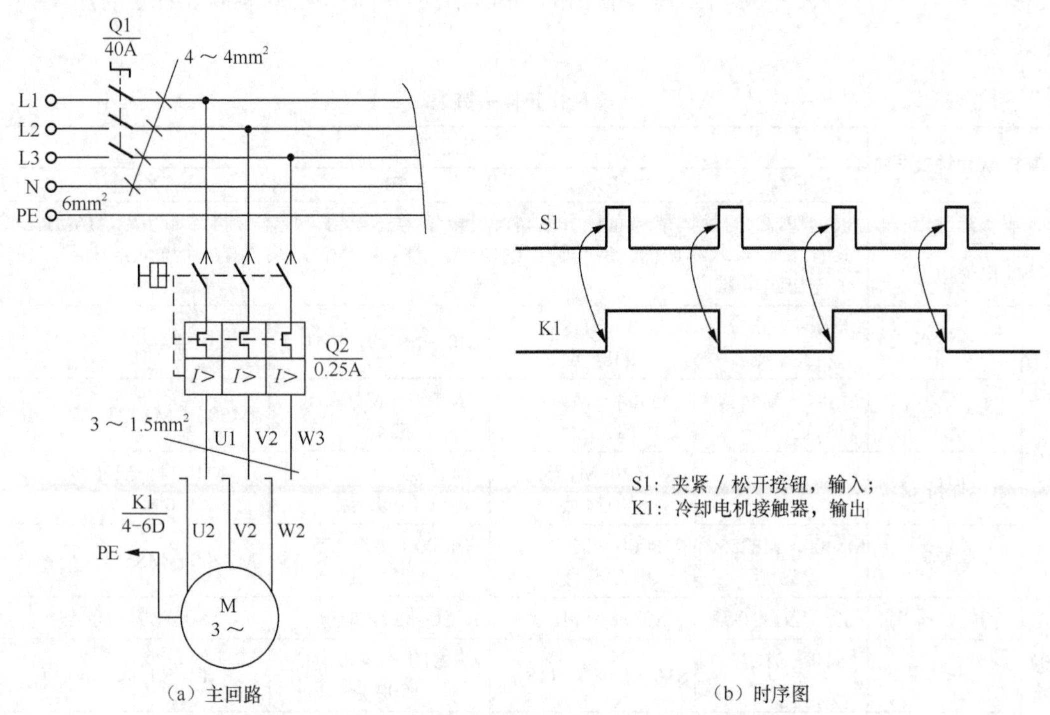

（a）主回路　　（b）时序图

图3.4　某机床冷却电动机的手动“启动/停止”控制方案图

在冷却控制方案中，图 3.4（a）为主回路，图 3.4（b）为对应的时序图。图 3.4（b）中的 S1 为根据控制要求设计、安装在操作面板上的冷却“启动/停止”按钮，K1 是控制冷却电动机主回路需要的接触器。根据控制要求，可以达到指令信号 S1 与 K1 要求的控制时序关系应如图 3.4（b）所示。

3.6 编程软元件

3.6.1 编程软元件总览

PLC 内部有许多具有不同功能的元件，实际上这些元件是由电子电路和存储器组成的。例如，输入继电器 X 由输入电路和输入映像寄存器组成；输出继电器 Y 由输出电路和输出映像寄存器组成；定时器 T、计数器 C、辅助继电器 M、状态继电器 S、数据寄存器 D、变址寄存器 V/Z 等都是由存储器组成的。为了把它们与通常的硬元件区分开，往往把这些元件称为软元件，它们是等效概念、抽象模拟的元件，并非实际的物理元件。在工作过程中，只注重软元件的功能，因此按软元件的功能取名，如输入继电器 X、输出继电器 Y 等，而且每个软元件都有确定的地址编号，这对编程十分重要。

需要特别指出的是，不同厂家甚至同一厂家的不同型号的 PLC，其软元件的数量和种类都不一样。例如，FX 系列 PLC 根据使用的 CPU 不同，所适用的编程软元件也有所差异，见表 3.8。

表 3.8　编程软元件一览表

<table>
<tr><th colspan="2" rowspan="2">编程软元件类别</th><th colspan="4">PLC 型号</th></tr>
<tr><th>FX1S</th><th>FX1N</th><th>FX2N</th><th>FX3U/4C</th></tr>
<tr><td colspan="2">输入继电器</td><td colspan="4" rowspan="2">根据 PLC 的具体型号而有所不同，可以参考三菱相关技术资料，如 FX2N-16MR，共有 8 个输入继电器，8 个输出继电器；FX2N-32MR，共有 16 个输入继电器，16 个输出继电器</td></tr>
<tr><td colspan="2">输出继电器</td></tr>
<tr><td rowspan="4">内部继电器</td><td>一般用</td><td>M0～M383，384 点</td><td>M0～M383，384 点</td><td>M0～M499，500 点</td><td>M0～M499，500 点</td></tr>
<tr><td>停电保持用</td><td>M384～M511，128 点</td><td>M384～M511，128 点</td><td>M500～M1023，524 点</td><td>M500～M1023，524 点</td></tr>
<tr><td>停电保持专用</td><td>—</td><td>M512～M1535，1024 点</td><td>M1024～M3071，2048 点</td><td>M1024～M7679，6 656 点</td></tr>
<tr><td>特殊用</td><td>M8000～M8255，256 点</td><td>M8000～M8255，256 点</td><td>M8000～M8255，256 点</td><td>M8000～M8511，512 点</td></tr>
<tr><td rowspan="3">状态继电器</td><td>初始状态用</td><td>S0～S9，10 点</td><td>S0～S9，10 点</td><td>S0～S9，10 点</td><td>S0～S9，10 点</td></tr>
<tr><td>一般用</td><td>S10～S127，118 点</td><td>S10～S127，118 点</td><td>S10～S499，500 点</td><td>S10～S499，500 点</td></tr>
<tr><td>保持用</td><td>所有点停电保持（S0～S127）</td><td>S128～S999，872 点</td><td>S500～S899，400 点</td><td>S500～S899，400 点</td></tr>
</table>

续表

编程软元件类别		PLC 型号			
		FX$_{1S}$	FX$_{1N}$	FX$_{2N}$	FX$_{3U/4C}$
	停电保持专用	—	—	—	S1000～S4095，3 096 点
	信号指示用	—	—	S900～S999，100 点	S900～S999，100 点
定时器	100ms	T0～T62，63 点	T0～T199，200 点	T0～T199，200 点	T0～T199，200 点
	10ms	如果 M8028 为 ON，T32～T62 即转变为该类型定时器	T200～T245，46 点	T200～T245，250 点	T200～T245，250 点
	1ms	T63，1 点	—	—	T256～T511，256 点
	1ms 累积型	—	T246～T249，4 点	T246～T249，4 点	T246～T249，4 点
	100ms 累积型	—	T250～T255，6 点	T250～T255，6 点	T250～T255，6 点
计数器	16 位增计数	C0～C31，32 点	C0～C199，200 点	C0～C199，200 点	C0～C199，200 点
	32 位高速计数	C235～C255，8 点	C200～C234，35 点	C200～C234，35 点	C200～C234，35 点
	32 位双向高速计数	—	C235～C255，8 点	C235～C255，8 点	C235～C255，8 点
数据寄存器	16 位一般用	D0～D127，128 点	D0～D127，128 点	D0～D199，200 点	D0～D199，200 点
	16 位停电保持用	D128～D225，128 点	D128～D225，128 点 D256～D7999，7 744 点	D200～D511，312 点 D512～D7999，7 488 点	D200～D511，312 点 D512～D7999，7 488 点
	16 位特殊用	D8000～D8255，256 点	D8000～D8255，256 点	D8000～D8195，106 点	D8000～D8511，512 点
	16 位变址	V0～V7，Z0～Z7，16 点	V0～V7，Z0～Z7，16 点	V0～V7，Z0～Z7，16 点	V0～V7，Z0～Z7，16 点
指针	JUMP、CALI 分支用	P0～P63，64 点	P0～P127，128 点	P0～P127，128 点	P0～P4095，4 096 点
	输入中断、定时器中断	10□□～15□□，16 点（仅输入中断）	10□□～15□□，16 点（仅输入中断）	10□□～18□□，9 点	10□□～18□□，9 点
	计数器中断	—	—	1010～1060，50 点	1010～1060，6 点
嵌套	主控用	N0～N7，8 点	N0～N7，8 点	N0～N7，8 点	N0～N7，8 点
常数	十进制数（*K*）	16 位：−32 768～+32 767 32 位：−2 147 483 648～+2 147 483 647	16 位：−32 768～+32 767 32 位：−2 147 483 648～+2 147 483 647	16 位：−32 768～+32 767 32 位：−2 147 483 648～+2 147 483 647	16 位：−32 768～+32 767 32 位；−2 147 483 648～+2 147 483 647
	十六进制数（*H*）	16 位：0～FFFF 32 位：0～FFFFFFFF	16 位：0～FFFF 32 位：0～FFFFFFFF	16 位：0～FFFF 32 位：0～FFFFFFFF	16 位：0～FFFF 32 位：0～FFFFFFFF

续表

编程软元件类别		PLC 型号			
		FX_{1S}	FX_{1N}	FX_{2N}	$FX_{3U/4C}$
常数	实数（*E*）	—	—	—	32 位（可以用小数或指数形式表示）：$-1.0\times2^{125}\sim-1.0\times2^{-125}$，0，$1.0\times2^{125}\sim1.0\times2^{-125}$
	字符串（""）	—	—	—	用""框起来的字符进行指定，指数上的常数中，最多可以使用到半角的 32 个字符

3.6.2 编程软元件说明

1. 继电器类

（1）输入继电器 X

PLC 输入接口的一个接线点对应一个输入继电器。输入继电器是接收外部信号的窗口，在梯形图和指令表中都不能看到和使用输入继电器的线圈，只能看到和使用其常开触点或常闭触点，在程序中用字母 X 表示。

（2）输出继电器 Y

PLC 输出接口的一个接线点对应一个输出继电器。输出继电器是唯一具有外部触点的继电器，用字母 Y 表示。输出继电器可以通过外部触点接通该输出口上连接的负载或执行器件。输出继电器的内部常开触点或常闭触点可以作为其他元件的工作条件，并可以无限制地使用。

（3）内部继电器 M

内部继电器是编写程序过程中的辅助器件，用字母 M 表示。这类器件的线圈与输出继电器的线圈一样，由 PLC 内的各种编程软元件的触点驱动，在程序中，内部继电器的常开触点和常闭触点可无限制地使用，但是不能直接连接外部负载。内部继电器可分为一般用、停电保持用和特殊用 3 类，其中停电保持用包括停电保持专用和停电保持用两种。

一般用内部继电器也就是人们常说的通用型内部继电器，它用于逻辑运算的中间状态存储及信号类型的变换。

停电保持用内部继电器具有停电保持的功能，它利用 PLC 内装的备用电池或 EEPROM 进行停电保持，当停电后重新运行时，能再现停电前的状态。

特殊用内部继电器是指具有特定功能的内部继电器，根据使用方式可以分为只读特殊内部继电器和可读写可驱动线圈型特殊内部继电器两类。前者为状态标志或专用控制元件，如 M8000，运行监控；M8002，初始脉冲；M8011，10ms 时钟脉冲等。后者在用户驱动线圈后，PLC 可进行特定的动作，如 M8030，使电池 LED 灯熄灭；M8033，PLC 停止时输出保持；M8036，强制运行等。PLC 的特殊内部继电器的含义及用法可以参见三菱公司《FX_{1S}、FX_{1N}、FX_{2N}、FX_{3UC} 编程手册》。

（4）状态继电器 S

状态继电器是用于步进梯形图的编程软元件，用字母 S 表示。状态继电器经常与步进梯形图指令 STL 结合使用，状态继电器和内部继电器一样，常开触点和常闭触点在程序中可以无限次使用。在一般 PLC 程序中，状态继电器也可以像内部继电器一样使用。

2. 定时计数类

（1）定时器 T

定时器是定时指令的基本编程软元件，相当于继电器控制电路中的时间继电器。它由一个设置值寄存器（字）、一个当前值寄存器（字）和无数个触点（位）组成。

在程序编写过程中，常用常数 *K* 或数据寄存器 D 的内容作为设定值。在 PLC 内部，常用的定时器有 1ms 定时器、10ms 定时器和 100ms 定时器 3 种，这 3 种定时器的具体分配根据 PLC 的型号不同有所区别。

当定时器的线圈被驱动时，定时器以增计数方式对 PLC 内的时钟脉冲进行累积计时。若当前值寄存器内的累积值和设置值寄存器中设置的值相等，则定时器触点动作。当定时器线圈失电时，其触点断开。

如图 3.5 所示，如果 T200 的驱动件 X22 为 ON，并持续到 T200 的当前值与设定值相等，则 T200 动作，并将 Y1 置 1；当 X22 断开时，Y1 也断开。如果 T200 的线圈驱动触点 X22 为 1 的保存时间小于设定值（图中设置为 3s），则输出 Y0 不能动作。

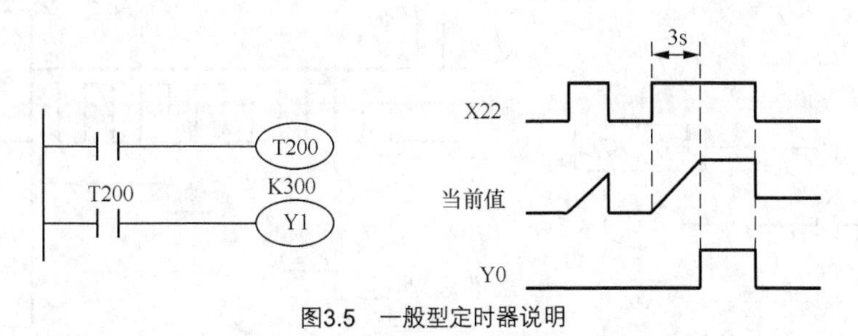

图3.5 一般型定时器说明

在常用的定时器中，定时值不可以累积。在 FX 系列 PLC 中，还有一种定时值可以累积的定时器，其特点是当执行条件满足的时间达不到定时器设定值时断开，当前定时器可保留。累积型定时器应用实例如图 3.6 所示。

如图 3.6（a）所示，如果 T250 的驱动条件 X22 为 ON，当定时器值与设定值相等时，T250 动作，并将 Y1 置 1。如图 3.6（b）所示，如果定时过程中 X22 断开或 PLC 停电，则在下次 X22 重新为 ON 时，当前计时值继续增加，直到定时时间到。累积型定时器要通过其他触点，如 X21 执行定时器复位操作进行复位。

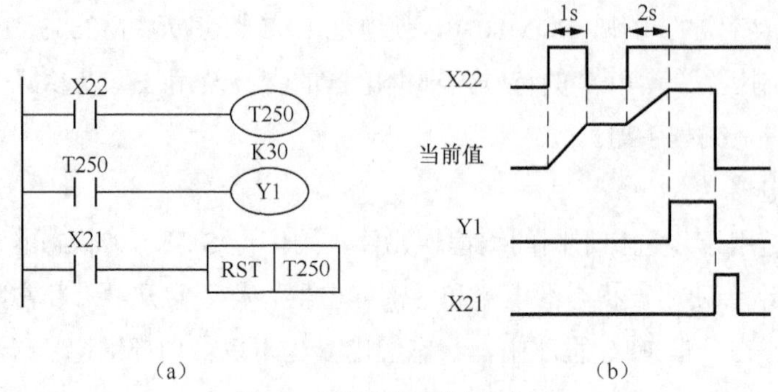

图3.6 累积型定时器应用实例

（2）一般计数器 C

计数器用于对 PLC 内部编程软元件的信号进行计数，当计数值达到设定值时，其触点动作。一般计数器可分为 16 位增计数器和 32 位计数器两类。

16 位增计数器的计数设定范围为 1～32 767（十进制常数），其设定值可由常数 *K* 或数据寄存器进行设置。16 位增计数器共有 200 点，其中，C00～C99 为普通型，C100～C199 为停电保持型。当计数过程中出现停电时，普通型计数器的计数值被清除，计数器触点复位，而停电保持型计数器的计数值开始累加。

如图 3.7 所示，当 X0 断开时，计数输入 X1 每接通一次，计数器 C0 就计一次数，其计数当前值增加 1，当计数当前值等于设定值 5 时，其触点动作，之后即使 X1 再接通，计数器 C0 的当前值也不会改变。当 X0 接通时，计数器 C0 复位，输出触点也立即复位。

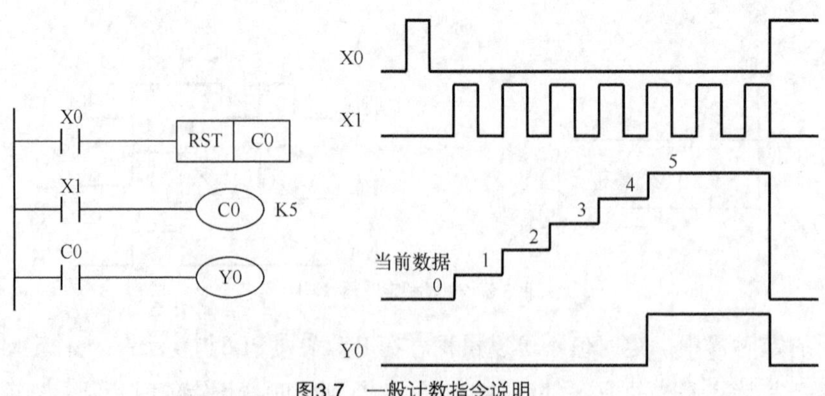

图3.7 一般计数指令说明

32 位计数器的计数设定范围为−2 147 483 648～+2 147 483 647（十进制常数），其设定值可由常数 *K* 或数据寄存器进行设置。普通型 32 位计数器共有 20 点，其地址编号为 C200～C219。停电保持型 32 位计数器有 15 点，其地址编号为 C220～C234。32 位计数器可以有增、减两种计数方式，并用特殊内部继电器 M8200～M8234 控制，当 M82××（××表示 00～34 的数）为 ON 时，对应的计数器 C2××按增/减计数方式计数。

【例 3.2】如图 3.8 所示，当 X2 断开时，计数输入 X1 每接通一次，计数器 C200 就进行一次加 1 计数；当计数到 5 时，X2 接通，计数输入 X1 每接通一次，计数器 C200 就进行一次减 1 计数；直至计数到-7 时，X2 断开，计数输入 X1 每接通一次，计数器 C200 就又开始进行一次加 1 计数；当 C200 计到–4 时，X0 接通，计数器复位，输出触点也立即复位；之后即使 X1 再接通，计数器 C200 的当前值也不会发生改变，输出值也不变。

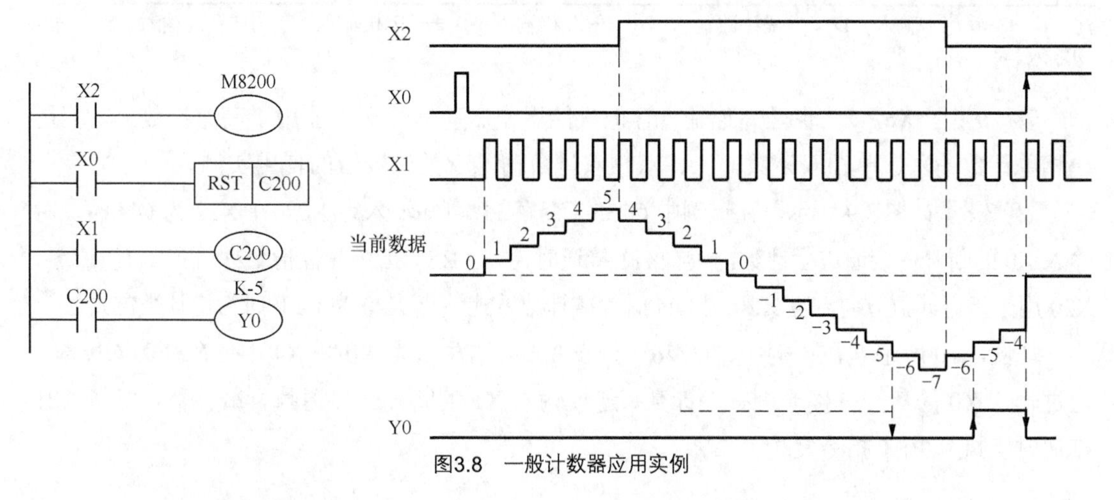

图3.8　一般计数器应用实例

（3）内置高速计数器

一般计数器不但可以对来自输入端的信号进行计数，而且可以对 PLC 内部其他元件 Y、M、S、T、C 的触点信号进行计数。但是，高速计数器只能对输入端的信号进行计数，并且输入信号的开关频率可以高达几千赫。此外，高速计数器还可用输入端直接进行复位或置位。

高速计数器均为 32 位双向计数器，其增/减计数方式由指定的特殊内部继电器或由指定的输入端进行选择。

在 FX 系列 PLC 中，高速计数器的地址编号为 C235～C255 共 21 点，但只能使用其中的 8 点。高速计数器根据不同的增/减计数切换方式，可分为单相计数输入、单相双计数输入、双相双计数输入 3 类。高速计数器的分类及计数器与 PLC 输入端子之间的约定见表 3.9。

表 3.9　　高速计数器的分类及计数器与 PLC 输入端子之间的约定

输入	单相计数输入							单相双计数输入							双相双计数输入						
	○235	○236	○237	○238	○239	○240	○241	○242	○243	○244	○245	○246	○247	○248	○249	○250	○251	○252	○253	○254	○255
X0	U/D						U/D			U/D		U	U		U		A	A		A	
X1		U/D					R			R		D	D		D		B	B		B	
X2			U/D					U/D			U/D		R		R			R		R	
X3				U/D				R	U/D	R				U		U			A		A
X4					U/D				R					D		D			B		B

续表

输入	单相计数输入							单相双计数输入							双相双计数输入						
	C235	C236	C237	C238	C239	C240	C241	C242	C243	C244	C245	C246	C247	C248	C249	C250	C251	C252	C253	C254	C255
X5						U/D								R		R			R		R
X6										S					S					S	
X7											S					S					S

注：U——增计数输入；D——减计数输入；A——A 相输入；B——B 相输入；R——复位输入；S——启动输入。

表 3.9 中，X6、X7 也是高速输入，但只能用作启动信号而不能用于高速计数。以下是单相单计数输入、单相双计数输入、双相双计数输入 3 类计数器的使用实例。

【例 3.3】如图 3.9 所示，在该例中 C235（查表 3.2 可知输入为 X0）在 X22 为 ON 时，对输入 X0 的断开→接通进行计数，但当 X21 接通时，执行 RST 指令复位把 C235 的当前值清零。X20 用于指定计数方向，当 X20 为 ON 时为减计数方式，当 X20 为 OFF 时为增计数方式。

如图 3.10 所示，在该例中，C246（查表 3.2 可知输入为 X0 和 X1）在 X22 为 ON 时，通过输入 X0 的断开→接通进行增计数，通过输入 X1 的断开→接通执行减计数，但当 X21 接通时，执行 RST 指令复位。

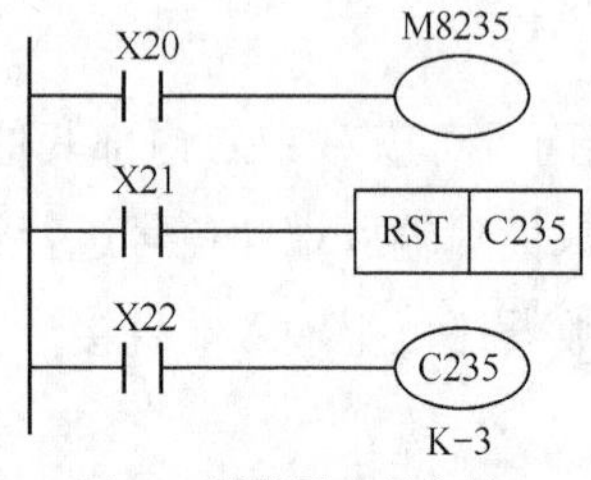

图3.9 计数器应用实例1

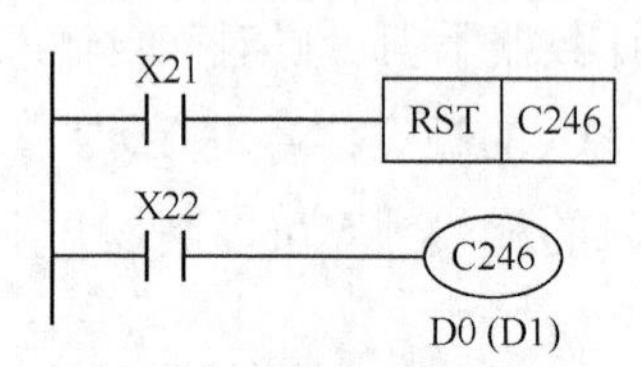

图3.10 计数器应用实例2

如图 3.11 所示，在该例中当 X22 为 ON 时，C251（查表 3.2 可知输入为 X0 和 X1，且 X0 对应 A 相，X1 对应 B 相）通过中断对输入 X0（A 相）、X1（B 相）的动作计数；当 X21 为 ON 时，执行 RST 指令复位；如果当前值超过设定值，则 Y1 为 ON，反之 Y1 为 OFF；通过 Y2 的状态可选择计数的增/减方式。

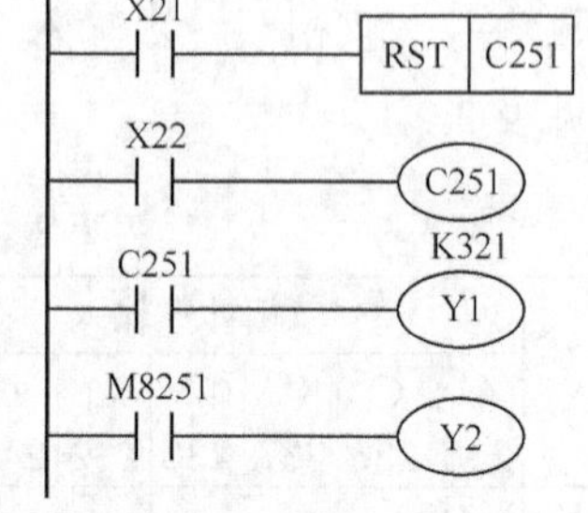

图3.11 计数器应用实例3

3. 寄存器类

（1）数据寄存器 D

数据寄存器是用来存储数值数据的编程软元件，用字母 D 表示。例如，D0 表示一个 16 位的数据寄存器，其中，最高位表示正、负符号，一个 16 位的数据寄存器处理的数值范围为 −32 768～+32 767。将两个相邻数据寄存器组合，可存储 32 位的数值数据。当进行 32 位数据操作时，只要指定低位的编号即可，例如 D0。而高位则为继其之后的编号 D1 自动占有，由（D1、D0）表示 32 位数据寄存器的编号。在程序中可以利用数据寄存器设置定时器与计数器的值，也可以用它来改变计数器的当前值，见表3.10。数据寄存器通常可以分为一般用、停电保持用和特殊用3类。

表3.10 寄存器赋值表

程序	作用
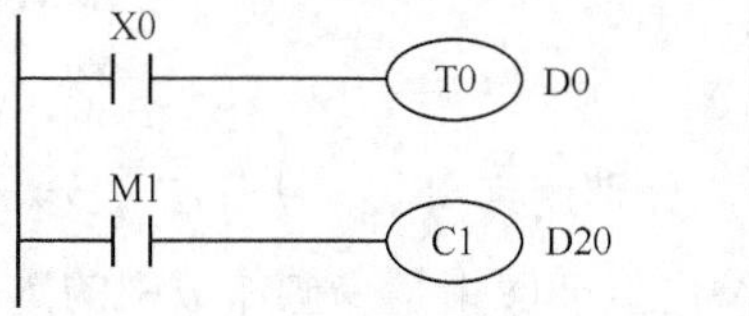 X0 —┤├— (T0) D0；M1 —┤├— (C1) D20	将D0、D20中的值分别作为定时器和计数器的设定值
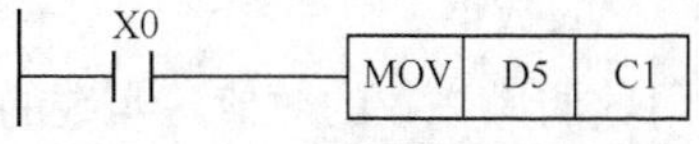 X0 —┤├— [MOV D5 C1]	计算器C1的当前值被改变为D5的值
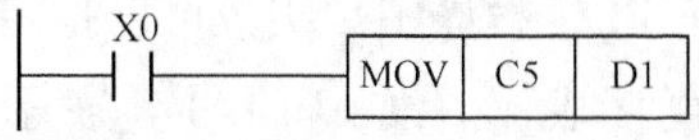 X0 —┤├— [MOV C5 D1]	将计数器C5的当前值读到D1中
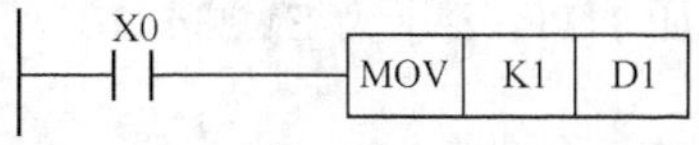 X0 —┤├— [MOV K1 D1]	给D1赋值，D1=K1
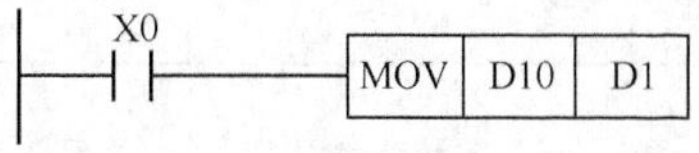 X0 —┤├— [MOV D10 D1]	给D1赋值，D1=D10

（2）文件寄存器

文件寄存器是一种专用的数据寄存器，主要用于存储大容量的数据。其数量由CPU的监控软件决定，但可以通过扩充存储卡的方法加以扩充。在使用过程中，可以通过FNC15（BMOV）指令将文件寄存器中的数据读到通用数据寄存器中。

（3）变址寄存器V、Z

变址寄存器与普通的数据寄存器相同，也是用来进行数值数据的读入、写出的16位数据寄存器，用字母V和Z表示。这种变址寄存器除了和普通的数据寄存器有相同的功能外，在应用指令中，还可以与其他编程软元件或数值组合使用，并实现改变编程软元件或数值内容的目的。此外，也可以用变址寄存器来变更常数值。

例如：V0=K5，当执行D20V0时，被执行的编程软元件编号为D25。

4. 嵌套指针类

（1）嵌套级N

嵌套级是用来指定嵌套的级数的编程元软件，用字母N表示。该指令与主控指令MC和MCR配合使用，在FX系列PLC中，该指令的使用范围为N0～N7。

（2）指针P、I

指针与应用指令一起使用，可用来改变程序运行流向，它可分为分支用指针和中断用指针两类。分支用指针用字母P表示，根据PLC型号的不同，可使用的点数有所不同，FX

系列 PLC 中，规定 P63 用于程序结束跳转，指针常与指令 FNC00（CJ）、FNC01（CALL）、END 等配合使用。

中断用指针用字母 I 表示，根据 PLC 型号的不同，可使用的点数有所不同。中断用指针根据功能可以分为输入中断用、定时器中断用和计数器中断用 3 种类型，分别用于输入信号、定时器信号和计数器信号的中断。

5. 常数 *K*、*H*、*E*

常数是程序进行数值处理时必不可少的编程软元件，分别用字母 *K*、*H* 和 *E* 表示。其中，*K* 表示十进制整数，可用于指定定时器或计数器的设定值或应用指令操作数中的数值；*H* 是十六进制数的表示符号，主要用于指定应用指令的操作数的数值。

实数 *E* 常在 FX_{3U} 系列 PLC 中使用，主要用于指定应用数的操作数的数值，实数的指定范围为-1.0×2^{128}～-1.0×2^{-128}，0，1.0×2^{-128}～1.0×2^{128}。在 PLC 程序中，实数可以指定普通表示和指数表示两种。普通表示时就将设定的数值直接表示，如 10.123 4 表示为 E10.123 4。指数表示时设定的数值以（数值）$\times10^n$ 指定，如 1 234 表示为 E1.234$\times10^3$。

3.7 基本逻辑门电路

逻辑门电路是一种具有一个或多个输入端，一个输出端，并符合一定规律性因果关系的开关电路。

当输入信号之间满足某一特定关系时，逻辑门电路才输出信号。这好像是只有在满足一定条件时才能打开的一扇门一样，故称为逻辑门电路，又称逻辑电路，简称门电路。因为它符合某种因果关系，所以又把门电路的作用称为逻辑功能。

门电路在自动控制、自动检测装置中有着广泛的应用，是数字电路和计算机中的基本单元。基本的门电路有 3 个：与门、或门、非门。另外，还有与非门、或非门等门电路。它可以由开关组成，也可以由二极管、晶体管和电阻组成，还可以用数字集成电路的方式组成。随着半导体技术的飞速发展，现在数字电路绝大部分已采用数字集成电路。

1. 与门

实现“与”运算的逻辑电路称为与门电路。用开关构成的简单与门电路如图 3.12 所示，两个开关分别用 *A* 和 *B* 表示为输入信号，输出信号用 *F* 表示。从图 3.12 中可以看出，开关 *A*、*B* 与指示灯 *F* 串联，当开关 *A*、*B* 同时合上时，指示灯 *F* 就亮；而当 *A*、*B* 中任何一个开关断开时，指示灯 *F* 就灭。这时称输入信号（开关 *A*、*B*）与输出信号 *F*（指示灯的状态）间的关系为“与”的关系，记为 $F=A\cdot B$。将开关接通、灯亮，定义为“1”状态；开关断开、灯灭，定义为“0”状态。按上述方法规定的条件，可以列出与门电路的真值表，见表 3.11。

表 3.11　　与门的真值表

A	B	$F=A\cdot B$
0	0	0
0	1	0
1	0	0
1	1	1

由表 3.11 可以看出，A、B 之间的关系和普通数学中的乘法运算有相似之处，即

$$0\times0=0，0\times1=0，1\times0=0，1\times1=1$$

所以，上述运算称为“逻辑乘”或“逻辑与”运算，用于表示该运算的式子即为与门电路的逻辑表达式，即 $F=A\cdot B$。与门电路的逻辑符号如图 3.13 所示。

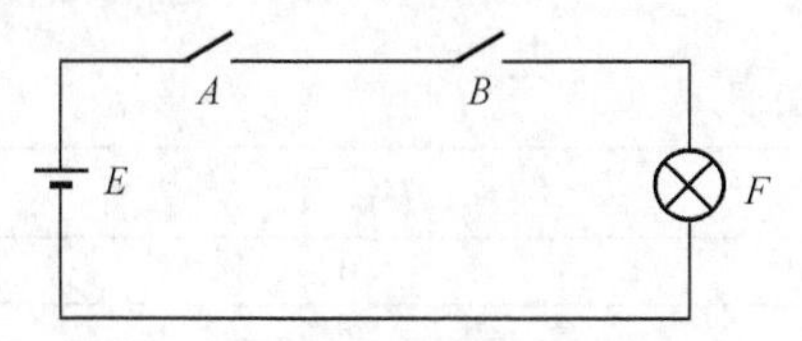

图3.12　用开关构成的简单与门电路

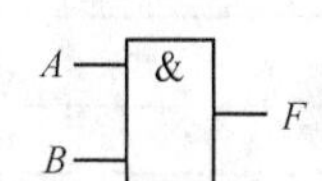

图3.13　与门电路的逻辑符号

2. 或门

实现“或”运算的逻辑电路称为或门电路。由开关构成简单的或门电路如图 3.14 所示，两个开关分别用 A 和 B 表示为输入信号，输出信号用 F 表示。从图 3.14 中可以看出，开关 A、B 并联后与指示灯 F 串联，当开关 A、B 有一个合上时，指示灯 F 就亮；当 A、B 全部断开时，指示灯 F 才灭。这时称输入信号（开关 A、B）与输出信号 F（指示灯的状态）间的关系为“或”的逻辑关系，记为 $F=A+B$。将开关接通、灯亮，定义为“1”状态；开关断开、灯灭，定义为“0”状态。其输入信号与输出信号的关系可用表 3.12 表示。

表 3.12　　或门的真值表

A	B	$F=A+B$
0	0	0
0	1	1
1	0	1
1	1	1

由表 3.12 可以看出，A、B 之间的关系和普通数学中的加法运算有相似之处，即

$$0+0=0，0+1=1，1+0=1，1+1=1$$

所以，上述运算称为“逻辑加”或“逻辑或”运算，用于表示该运算的式子即为或门电路的逻辑表达式，即 $F=A+B$。或门电路的逻辑符号如图 3.15 所示。

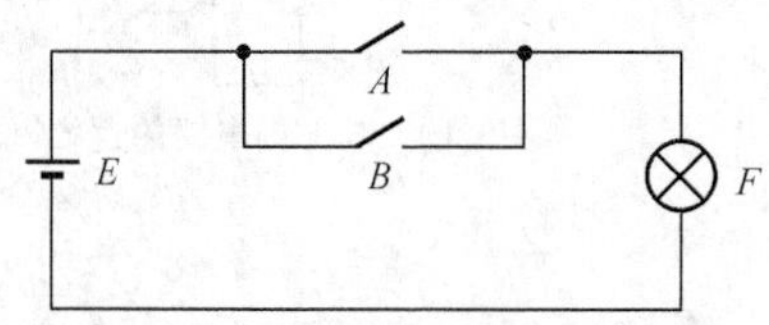

图3.14　由开关构成的简单或门电路

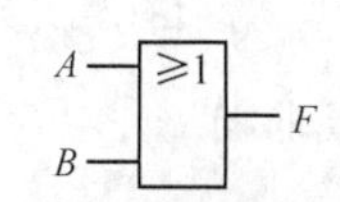

图3.15　或门电路的逻辑符号

3. 非门

实现“非”运算的逻辑电路称为非门电路，由开关构成的简单非门电路如图 3.16 所示。在图 3.16 中，当开关 A 合上时，指示灯 F 就灭；当开关 A 断开时，指示灯 F 就亮。其逻辑关系为若 A=1，则 F=0；若 A=0，则 F=1。其逻辑表达式为 $F=\overline{A}$。非门电路的真值表见表 3.13。非门电路的逻辑符号如图 3.17 所示。

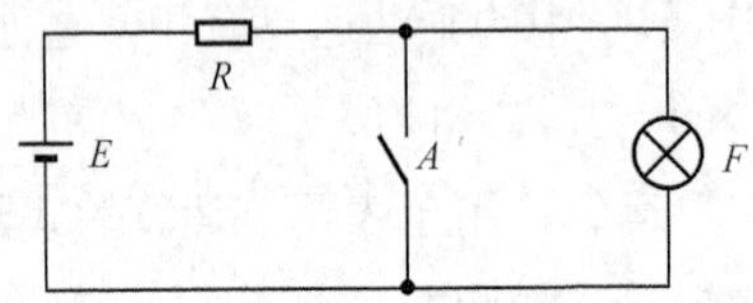

图3.16　由开关构成的简单非门电路

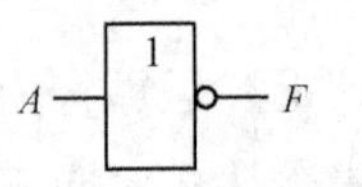

图3.17　非门电路的逻辑符号

表 3.13　非门的真值表

A	$F=\overline{A}$
1	0
0	1

4. 与非门电路

由开关构成的简单与非门电路如图 3.18 所示。另外，与非门也可以由一个与门和一个非门直接组合而成。由图 3.18 可知，两个开关只要有一个是断开的，指示灯 F 就亮，只有两个开关全部闭合时，指示灯 F 才会熄灭，这种逻辑关系称为“与非”逻辑关系。其真值表见表 3.14。与非门的逻辑表达式为 $F=\overline{A \cdot B}$。与非门电路的逻辑符号如图 3.19 所示。

表 3.14　与非门的真值表

A	B	$F=\overline{A \cdot B}$
0	0	1
1	0	1
0	1	1
1	1	0

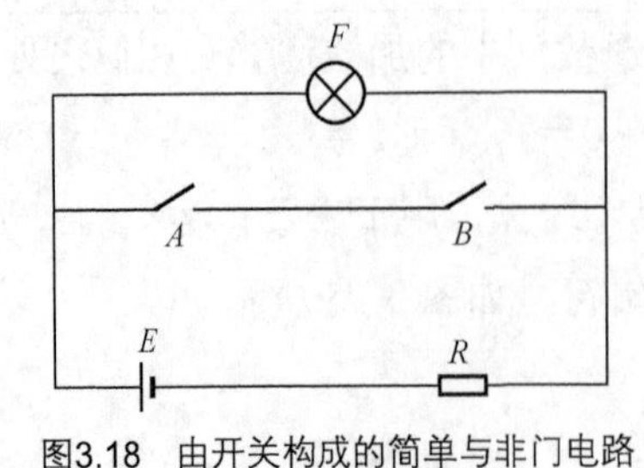

图3.18　由开关构成的简单与非门电路

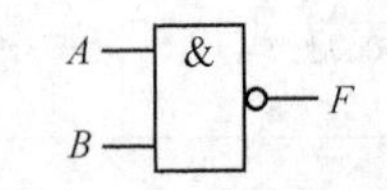

图3.19　与非门电路的逻辑符号

5. 或非门

由开关构成的简单或非门电路如图 3.20 所示。另外，或非门也可以由一个或门和一个非门直接组合而成。由图 3.20 可知，两个开关只要有一个是闭合的，指示灯 F 就熄灭，只有两个开关全部断开时，指示灯 F 才会亮，这种逻辑关系称为“或非”逻辑关系，其真值表见表 3.15。或非门的逻辑表达式为 $F=\overline{A+B}$。或非门电路的逻辑符号如图 3.21 所示。

表 3.15　或非门的真值表

A	B	$F=\overline{A+B}$
0	0	1
1	0	0
0	1	0
1	1	0

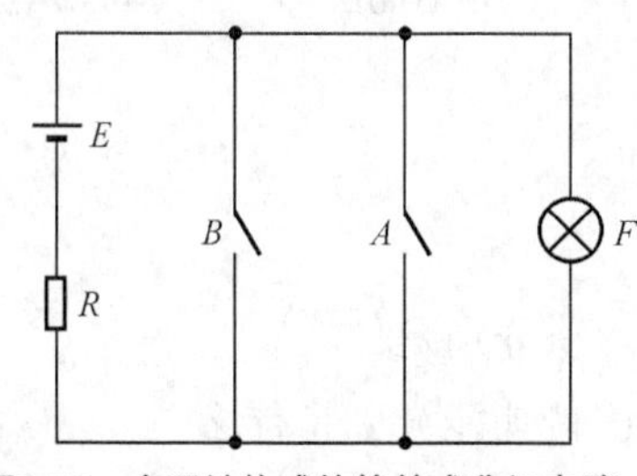

图3.20　由开关构成的简单或非门电路

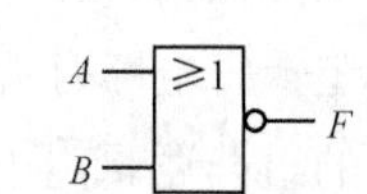

图3.21　或非门电路的逻辑符号

以上重点介绍了由开关构成的各种门电路的原理。

3.8　本章小结

本章首先介绍了不同进制数之间的差异与联系，以及在机器中，数以怎样的形式表示；然后详细介绍了机器操作二进制进行运算的过程。其次对编程软元件进行了说明，它是用程序表达控制过程中事物和事物之间逻辑或控制关系必须借助的 PLC 内部元器件，是后续编程工作的基础。FX 系列 PLC 根据使用的 CPU 不同，所适用的编程软元件不同，书中分别进行了介绍。本章最后对基本逻辑门电路（与门、或门、非门、与非门和或非门）进行了介绍。

3.9　习题与思考

1．常用的计数体制有哪几种？

2．写出下列机器数的真值：

（1）01101110　　（2）10001101　　（3）01011001　　（4）11001110

3．写出下列二进制数的原码、反码和补码（设字长为 8 位）。

（1）+010111　　（2）+101011　　（3）−101000　　（4）−111111

4．当下列各二进制数分别代表原码、反码和补码时，其等效的十进制数值为多少?

（1）00001110　　（2）11111111　　（3）10000000　　（4）10000001

5．已知 x_1=+0010100，y_1=+0100001，x_2=−0010100，y_2=−0100001，试计算下列各式（字长 8 位）。

（1）$(x_1+y_1)_{补}$　　（2）$(x_1-y_1)_{补}$　　（3）$(x_2-y_2)_{补}$　　（4）$(x_2+y_2)_{补}$

6．用补码来完成下列计算，并判断有无溢出产生（字长 8 位）。

（1）85+60　　（2）−85+60　　（3）85−60　　（4）−85−60

7．试将下列各数转换成 BCD 码。

（1）$(30)_{10}$　　（2）$(127)_{10}$　　（3）00100010B　　（4）74H

8．FX 系列 PLC 的编程软元件有哪些?

9．说明通用继电器和电池后备继电器的区别。

10．说明定时器的工作原理。

11．基本逻辑门电路有哪几种？它们的逻辑功能分别是什么？

12．常用的组合逻辑门电路有哪些？它们的逻辑功能分别是什么？

编程篇

第 4 章　可编程控制器的编程语言

本章主要介绍梯形图（Ladder Diagram，LD）、功能块图（Function Block Diagram，FBD）、顺序功能图（Sequential Function Chart，SFC）、指令表（Instruction List，IL）和结构化文本（Structured Text，ST）这 5 种 PLC 的编程语言。大型 PLC 控制系统一般支持这 5 种标准编程语言或类似的编程语言。这 5 种语言，各有优缺点，其中，梯形图语言使用较为广泛。另外，本章最后还简单介绍了 PLC 中的国际标准语言。

4.1　梯形图语言

4.1.1　梯形图概述

梯形图语言是一种图形化的语言，是若干图形符号的组合。不同厂家的 PLC 有自己的一套梯形图符号。这种编程语言具有继电器控制电路形象、直观的优点，熟悉继电器控制技术的人员很容易掌握。因此，各种机型的 PLC 都把梯形图作为第一编程语言。梯形图语言源自继电器电气原理图，是一种基于梯级的图形符号布尔语言。它通过连线把 PLC 指令的梯形图符号连接在一起，以表达所调用 PLC 指令及其前后顺序关系。

用梯形图符号编写的 PLC 程序，很像电气原理图，较易为电气工作人员理解。目前，它已成为 PLC 程序设计的基本语言。但是，用梯形图指令编程，要使用图形编程器（或带有图形程序设计功能的简易编程器），或用个人计算机，并配置相应的编程设计软件。

4.1.2　编程要点

梯形图的连线有两种：一种为母线，又称电源线，画在梯形图两边，用于梯形图指令间的整体连接；另一种为内部小横线与小竖线，用于梯形图指令间的局部连接。

有了内部横、竖线，可把若干个梯形图指令连成一个指令组，有的厂家将其称为梯级（Rung，有的称为 Network）。它是一组前后连贯，能代表一个完整的逻辑含义的梯形图指令集，是设计梯形图程序的最基本单位。

有了母线，可把各个梯级连接成连通的整体（但有的厂家母线不是连通的）。最左方的竖线为左母线，最右方的竖线为右母线。为了方便，右母线可省略。这样的图形类似于梯子，梯形图因此而得名。

注意：梯形图的左母线好像电气原理图的电源线一样，一般不直接与输出类指令（相当于电气原理图的负载）相连，中间总要有能建立逻辑元件的一些指令（相当于电气原理图的控制元件）。但有的PLC也允许直接与输出类指令相连。

梯形图程序表达的指令顺序一般为先上后下，先左后右，即图上方、左方的梯形图指令先执行，而下方、右方的梯形图指令后执行。但用它表达的顺序关系，不如用助记符表达得清楚，易出现歧义。图形过分复杂时，还容易出错。所以，有的PLC程序不能用梯形图表达时，最终还要用助记符表达。

总之，梯形图语言与电气原理图相对应，与原有继电器逻辑控制技术相一致，易于被电气技术人员使用。与原有的继电器逻辑控制技术不同的是，梯形图中的能流（Power Flow）不是实际意义的电流，内部的继电器也不是实际存在的继电器，因此，应用时，需与原有继电器逻辑控制技术的有关概念相区别。

注意：尽管都是梯形图，但各个厂家PLC梯形图的画法还是有差别的。特别是在对功能指令（用于实现数据操作）的表达上差别更大。

对于梯形图指令，必须了解它们的几个共同点：

① 梯形图指令支持上升沿微分@条件、下降沿微分%条件、立即刷新!，以及复合条件上升沿时1周期逻辑开始且每次刷新指定条件（如!@LD）和下降沿时1周期逻辑开始且每次刷新指定条件（如%@LD）。

② 梯形图指令的执行结果不影响标志位。

③ 梯形图指令最多只有一个操作数（AND/AND NOT 和 OR/OR NOT 没有操作数），梯形图指令的操作区域是一样的，均可以取自CIO、WR、HR、AR、T/C、TR和IR。

如图4.1所示，梯形图由左母线、触点、连接线、应用指令、输出线圈、右母线组成。程序由多电路构成。电路是指切断母线时可以分割的单位，由以LD/LD NOT指令为前端的电路块构成。电路在梯形图里电路也叫梯级，在CX-P梯形图编辑器里一个梯级（电路）占用一条电路。图4.1中的3个虚线框就是3个电路。

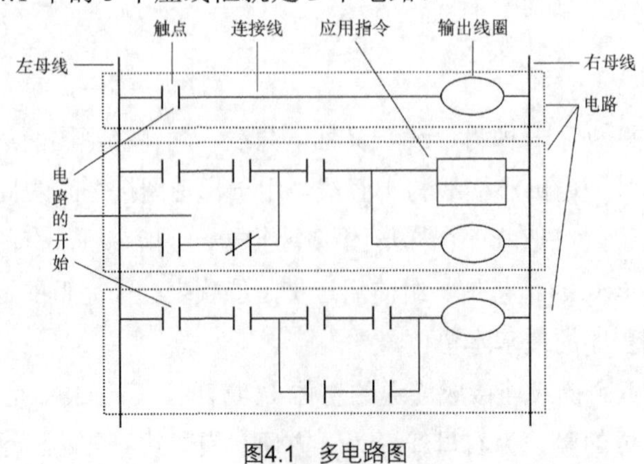

图4.1 多电路图

4.1.3　程序的简化

在梯形图编程中，某些指令的先后次序调整，从实现的动作上看并无区别，但是，当它转换为指令表以后，其指令有所不同，占用的存储器容量也有区别。在编程时，应尽可能调整指令，使程序简化、执行过程简单。

1. 并联支路的调整

并联支路的设计应考虑逻辑运算的一般规则，在若干支路并联时，应将具有串联触点的支路放在上面（见图 4.2）。这样可以省略程序执行时对应的堆栈操作，减少指令步数。

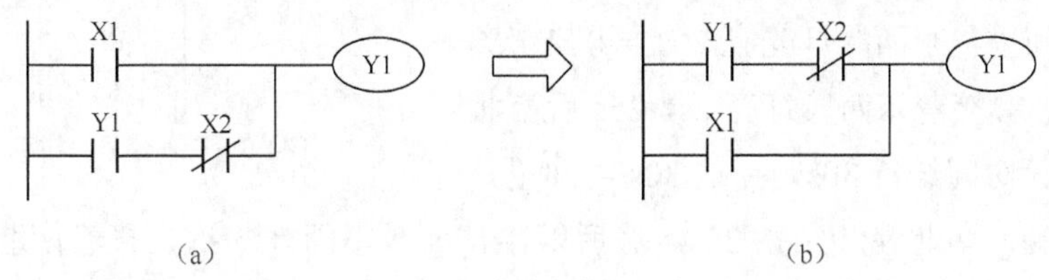

图4.2　并联支路的设计

2. 串联支路的调整

串联支路的设计同样应考虑逻辑运算的一般规则，在若干支路串联时，应将具有并联触点的支路放在前面（见图 4.3）。这样可以省略程序执行时的堆栈操作，减少指令步数。

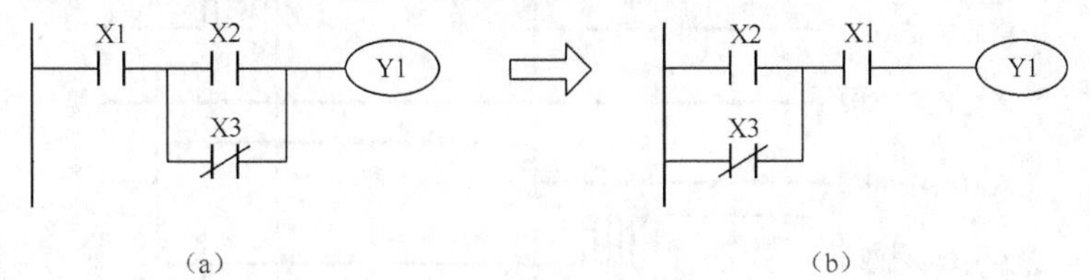

图4.3　串联支路的设计

3. 内部继电器的使用

为了简化程序，减少指令步数，在程序设计时对于需要多次使用的若干逻辑运算的组合，应尽量使用内部继电器。这样不仅可以简化程序，减少指令步数，更重要的是在逻辑运算条件需要修改时，只需要修改内部继电器的控制条件，而无须修改所有程序（见图 4.4），为程序的修改与调整提供便利。

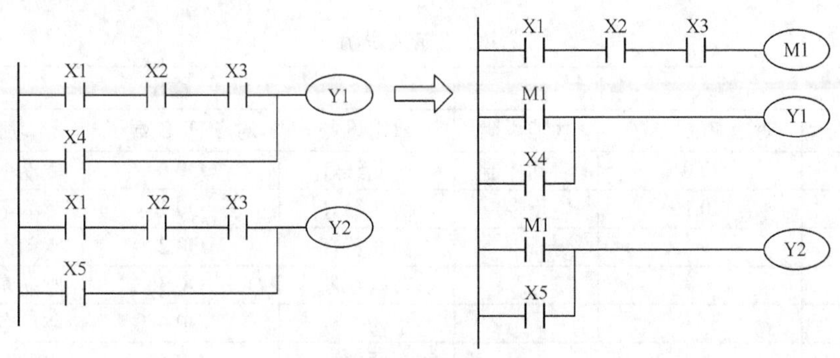

图4.4　内部继电器的使用

4.1.4 梯形图语言相关实例

【例 4.1】交通信号灯控制。

（1）系统要求

系统要求用两个按钮来控制交通信号灯工作，交通信号灯排列示意图如图 4.5 所示。

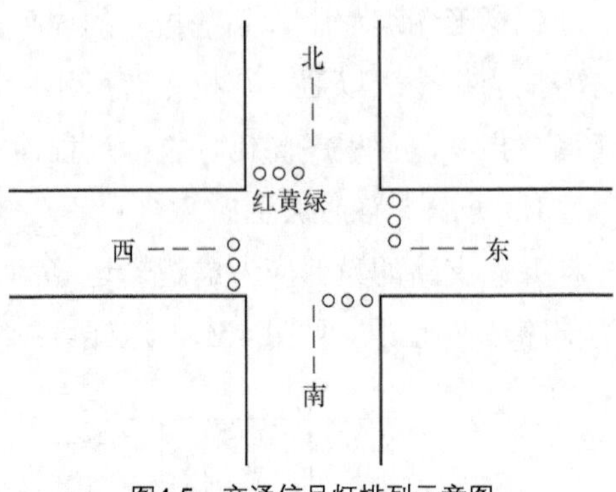

图4.5 交通信号灯排列示意图

（2）系统控制要求

当按下启动按钮后，南北红灯亮 25s，南北红灯亮 25s 的时间里，东西绿灯先亮 20s 再以 1 次/s 的频率闪烁 3 次，接着东西黄灯亮 2s，25s 后南北红灯熄灭，熄灭时间维持 30s，在这 30s 时间里，东西红灯一直亮，南北绿灯先亮 25s，然后以 1 次/s 频率闪烁 3 次，接着南北黄灯亮 2s。以后重复该过程。按下停止按钮后，所有的灯都熄灭。交通信号灯的工作时序如图 4.6 所示。

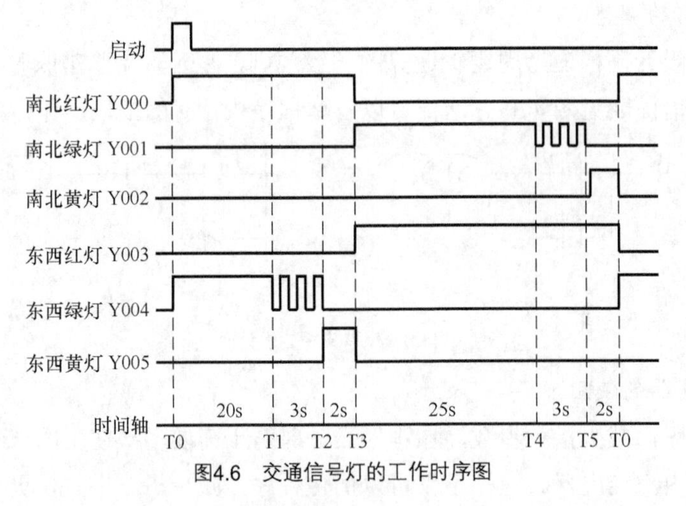

图4.6 交通信号灯的工作时序图

（3）确定 I/O 设备，并为其分配合适的 I/O 端子

交通信号灯控制需用到的 I/O 设备见表 4.1。

表 4.1 I/O 设备及说明

输入			输出		
输入设备	对应 PLC 端子	功能说明	输出设备	对应 PLC 端子	功能说明
SB1	I0.0	启动控制	南北红灯	Q0.0	驱动南北红灯亮
SB2	I0.1	停止控制	南北绿灯	Q0.1	驱动南北绿灯亮
			南北黄灯	Q0.2	驱动南北黄灯亮
			东西红灯	Q0.3	驱动东西红灯亮
			东西绿灯	Q0.4	驱动东西绿灯亮
			东西黄灯	Q0.5	驱动东西黄灯亮

（4）编写 PLC 控制程序

启动编程软件，编写满足控制要求的梯形图程序，编写完成的梯形图程序如图 4.7 所示。

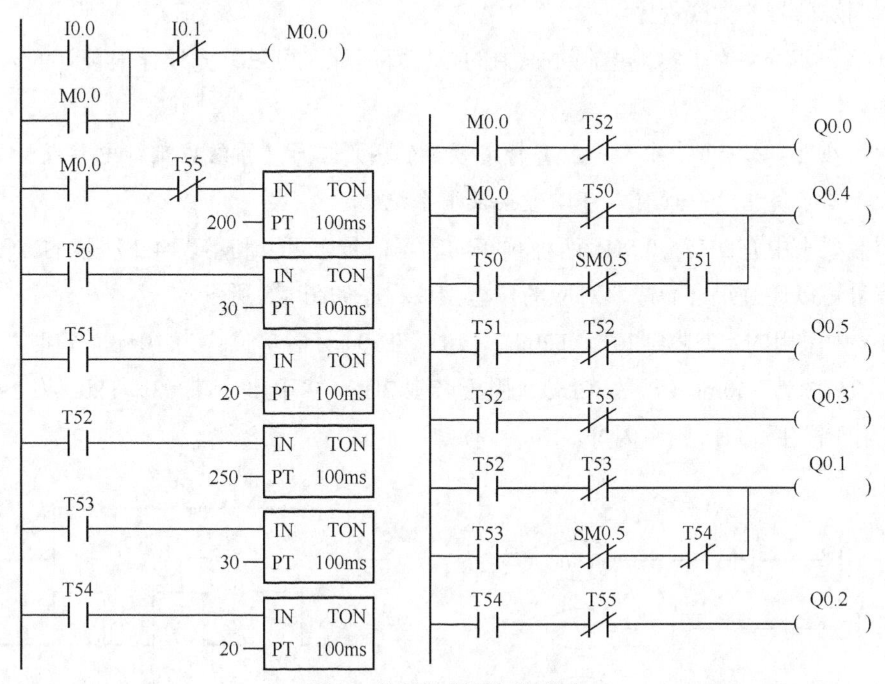

图4.7 编写完成的梯形图程序

【例 4.2】假设某车间排风系统，利用工作状态指示灯的不同状态进行监控，指示灯状态输出的控制要求如下。

① 排风系统共由 3 台风机组成，利用指示灯进行报警显示。

② 当系统中有 2 台以上风机工作时，指示灯保持连续发光。

③ 当系统中没有风机工作时，指示灯以 2Hz 频率闪烁报警。

④ 当系统中只有 1 台风机工作时，指示灯以 0.5Hz 频率闪烁报警。

根据以上要求，PLC 的程序设计可以按照如下步骤进行。

（1）确定 I/O 地址

为了实现本控制要求，系统至少应有 3 个输入与 1 个输出，I/O 地址与状态见表 4.2。

表 4.2 I/O 地址与状态

地址	名称	状态	类型
X1	风机 1 工作	1：风机 1 工作；0：风机 1 停止	常开输入
X2	风机 2 工作	1：风机 2 工作；0：风机 2 停止	
X3	风机 3 工作	1：风机 3 工作；0：风机 3 停止	
Y1	报警指示灯	1：2 台以上风机工作； 2Hz 频率闪烁：无风机工作； 0.5Hz 频率闪烁：只有 1 台风机工作	输出

在以上 PLC 地址确定以后，即可以进行 PLC 程序的设计。PLC 程序的设计可以根据系统的基本动作要求分步编制，并充分应用前述的典型程序。

（2）闪烁信号的生成程序

根据控制要求，为了实现控制要求中的报警灯闪烁，可以首先设计报警灯的闪烁信号生成程序。

注意：在大多数 PLC 中，一般有特定频率的闪烁信号（系统内部继电器或标志位），当闪烁频率与系统信号一致时，可以直接使用系统信号。

本控制要求中有 2Hz、0.5Hz 两种频率的闪烁信号，可以利用表 4.2 所示的 I/O，这两种闪烁信号可以通过组合而成，对应的典型生成程序如图 4.8 所示。

图 4.8 中采用的定时器 T201、T202、T203、T204 计时单位均为 10ms，定时器时间设定 T201、T202 为 250ms（常数 K25），用于产生 2Hz 频率闪烁；T203、T204 为 1s（常数 K100），用于产生 0.5Hz 频率闪烁。

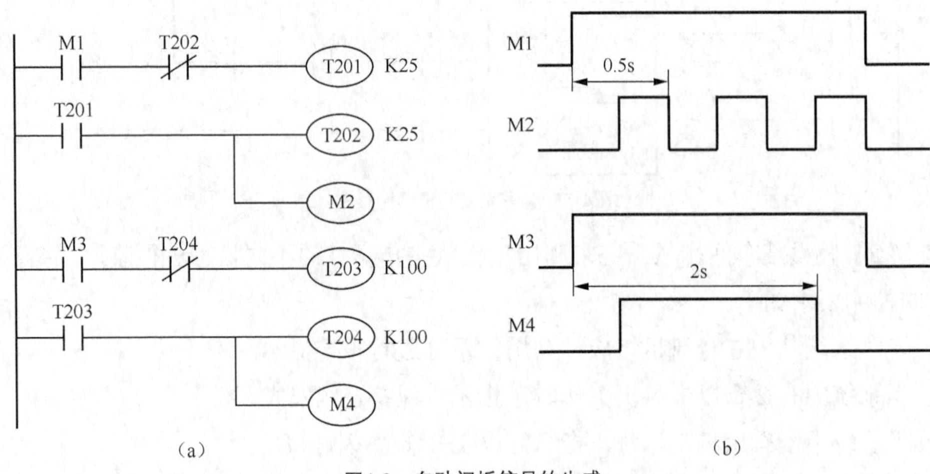

图4.8　自动闪烁信号的生成

M1 为 2Hz 频率闪烁启动信号，M2 为 2Hz 频率闪烁输出；M3 为 0.5Hz 频率闪烁启动信号，M4 为 0.5Hz 频率闪烁输出。

（3）风机工作状态检测程序

风机工作状态检测程序可根据已知条件及 I/O 地址表，分别对 2 台以上风机运行、没有风机运行、有 1 台风机运行 3 种情况进行编程，假设以上 3 种情况对应的内部继电器存储元件分别为 M0、M1、M3，可以得到如图 4.9 所示的程序。

（4）指示灯输出程序

指示灯输出程序只需要根据风机的运行状态与对应的报警灯要求，将以上两部分程序的输出进行合并，并按照规定的输出地址控制输出即可。合并图 4.8 与图 4.9 所示的程序后，可以得到指示灯输出程序，如图 4.10 所示。

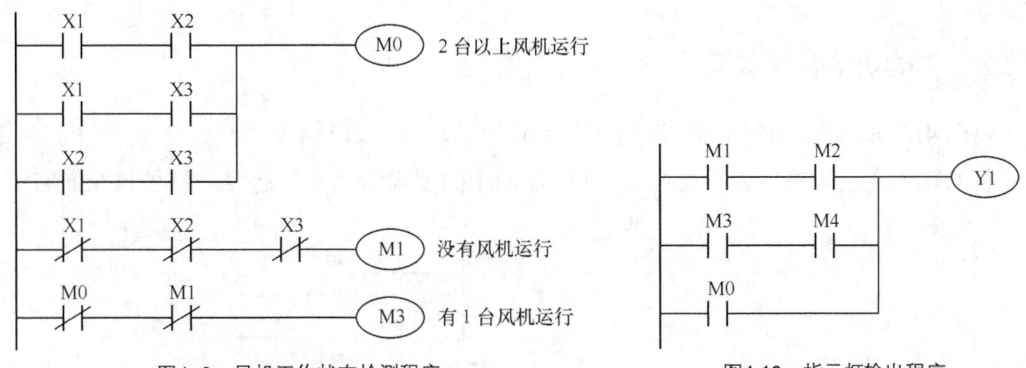

图4..9　风机工作状态检测程序　　图4.10　指示灯输出程序

事实上，图 4.10 中 M1、M3 分别是 M2、M4 的启动条件，因此，利用 M2 直接代替 M1 与 M2“与”运算支路，利用 M4 直接代替 M3 与 M4“与”运算支路也是可以的。此外，由图 4.9 可见，M0、M1、M3 不可能有 2 个或 2 个以上同时为“1”的可能性，因此，不需要考虑输出程序中的“互锁”。

（5）完整的程序

作为本控制要求的完整实现程序，只需要将以上 3 部分梯形图进行合并即可。对于指示灯信号来说，无须考虑 1 个 PLC 循环时间的影响，因此，程序的先后次序对实际动作不产生影响。

4.2　功能块图语言

4.2.1　功能块语言概述

功能块语言是一种对应于逻辑电路的图形语言。功能块语言广泛用于过程控制。每一功能块的功能，取决于它是什么指令。功能块有输入端、输出端。两个功能块，一个为逻辑“OR”功能块，另一个为“AND”功能块，如图 4.11 所示的功能块示例，并且前者的输出作为后者的输入。

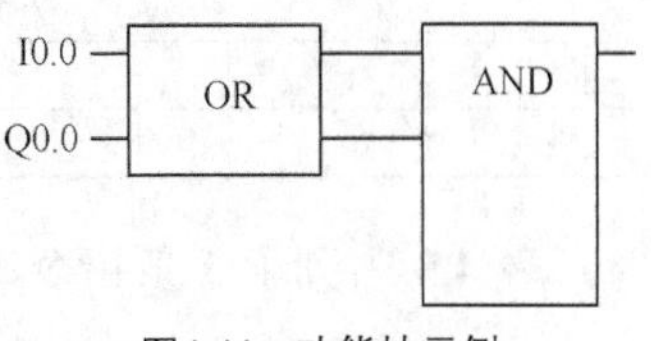

图4.11　功能块示例

功能块语言是用图形化的语言，以功能模块为单位，描述控制功能。其表达简练、逻辑关系清晰，使控制方案的分析和理解变得容易。特别是控制规模较大、控制关系较复杂的系统时，用它可把控制的关系较清楚地表达出来，简化程序设计及缩短调试时间。

此外，对于一些含有标准功能的程序，用功能块语言时便于调用。目前，PLC 厂家推出一些高功能及高性能硬件模块的同时，大多提供与其有关的功能块程序，这为用户使用硬件模块及进行编程提供了方便。

由于每种功能模块需要占用一定的程序内存，功能模块的执行也需要一定的执行时间，因此这种设计语言多在大中型程序设计控制器和 DCS 的程序设计中采用。

4.2.2 功能块语言相关实例

将图 4.11 所示的功能块示例转换为功能块语言程序，如图 4.12 所示。方框的左侧为逻辑运算的输入变量，右侧为输出变量，I/O 端的小圆圈表示“非”运算，信号自左向右流。

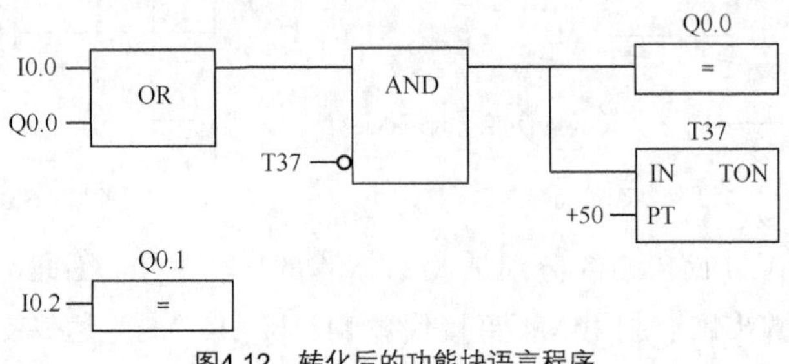

图4.12 转化后的功能块语言程序

4.3 指令表语言

4.3.1 指令表语言概述

指令表语言又称助记符或列表语言，是基于字母符号的一种语言，类似计算机的汇编语言，用拼音文字（可用多国文字）的缩写及数字代表各相应指令。这种语言在欧洲很常用。绝大多数 PLC 使用这种助记符指令。表 4.3 为欧姆龙、三菱、西门子 3 个厂家的助记符语言比较。

表 4.3 欧姆龙、三菱、西门子厂家助记符语言程序比较

地址	欧姆龙	三菱	西门子
0	LD 000.00	LD X000	LD I0.0
1	0R 010.00	0R Y000	000.0
2	AND NOT 000.01	ANI X001	ANI0.1
3	OUT 010.00	OUT Y000	=Q0.0
4	END	END	

表 4.3 中列了 5 条指令，除第五条外，其他几条都含有 3 个部分。

① 指令地址：这里的第一条指令的指令地址为 0，标志该指令在 PLC 程序存储区的位置。一般讲，指令总是从 0 地址的指令开始顺序执行，一直执行到最后一条指令为止。所以，确定指令的地址是很重要的。由于编程工具及编程软件的发展，在送入指令时，指令地址多是自动生成的。

② 操作码：这里的第一条指令的操作码均为 LD，用它告知 PLC 应该进行什么操作。LD 操作码是 PLC 指令的核心，是必不可缺的。其他几个地址的指令操作码各厂家的拼写不同，但含义相同。

③ 操作数：这里的第一条指令有的操作数为 000.00，有的操作数为 X000，有的操作数为 I0.0。操作数是操作码操作的对象。各指令的操作数不同，有一个操作数的，也有两个操作数及多个操作数的，还有无操作数的，如第五条 END 指令，它只是表示程序到此结束。到底有多少操作数视操作码而定。不同厂家 PLC 的操作数的拼写不同，但其含义都是指定相应的输入、输出点。

西门子 PLC 程序不用 END 指令表示程序结束，后面无指令即表示程序的结束，系统会自行处理。

注意：*用助记符语言编写的程序，可读性较差，但它是基本的程序设计语言。*

助记符语言具有容易记忆、便于操作的特点。有了它，人们可用简单的编程工具——简易编程器进行编程。它与其他语言有一一对应关系，而且其他语言无法表达的程序，用它都可以表达。

4.3.2　FX 系列 PLC 的基本逻辑指令

FX 系列 PLC 共有 27 条基本逻辑指令，此外还有一百多条应用指令。仅用基本逻辑指令便可以编制出开关量控制系统的用户程序。

1. LD、LDI、OUT 指令

LD（Load）：电路开始的常开触点对应的指令，可以用于 X、Y、M、T、C 和 S。

LDI（Load Inverse）：电路开始的常闭触点对应的指令，可以用于 X、Y、M、T、C 和 S。

OUT（Out）：驱动线圈的输出指令，可以用于 Y、M、T、C 和 S。

LD 与 LDI 指令对应的触点一般与左侧母线相连，在使用 ANB、ORB 指令时，用来定义与其他电路串、并联的电路的起始触点。

OUT 指令不能用于输入继电器 X，线圈和输出类指令应放在梯形图的最右边。

OUT 指令可以连续使用若干次，相当于线圈的并联（见图 4.13）。定时器和计数器的 OUT 指令之后应设置以字母 K 开始的十进制常数，常数占一个步序。定时器实际的定时时间与定时器的种类有关，图 4.13 中的 T0 是 100ms 定时器，K19 对应的定时时间为 19×100ms＝1.9s。也可以指定数据寄存器的元件号，用它里面的数作为定时器和计数器的设定值。

计数器的设定值用来表示计完多少个计数脉冲后计数器的位元件变为 1。

如果使用手持式编程器，输入指令“OUT T0”后，应按标有 SP（Space）的空格键，再输入设置的时间值常数。定时器和 16 位计数器的设定值范围为 1～32 767，32 位计数器的设定值为–2 147 483 648～+2 147 483 647。

2. 触点的串、并联指令

AND（And）：常开触点串联连接指令。

ANI(And Inverse)：常闭触点串联连接指令。

OR(Or)：常开触点并联连接指令。

ORI(Or Inverse)：常闭触点并联连接指令。

串、并联指令可以用于 X、Y、M、T、C 和 S。

单个触点与左边的电路串联时，使用 AND 和 ANI 指令，串联触点的个数没有限制。在图 4.14 中，OUT M101 指令之后通过 T1 的触点去驱动 Y4，称为连续输出。只要按正确的次序设计电路，就可以重复使用连续输出。

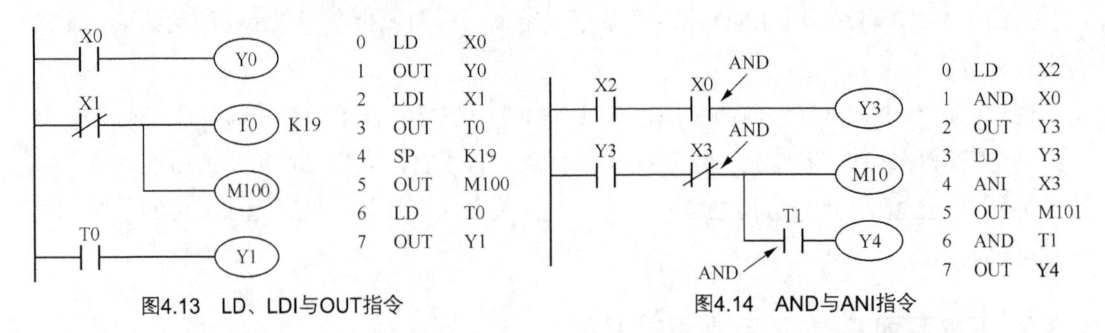

图4.13 LD、LDI与OUT指令　　图4.14 AND与ANI指令

串联和并联指令是用来描述单个触点与别的触点或触点组成的电路的连接关系的。虽然 T1 的触点和 Y4 的线圈组成的串联电路与 M101 的线圈是并联关系，但是 T1 的常开触点与左边的电路是串联关系，所以对 T1 的触点应使用串联指令。

应该指出，图 4.14 中 M101 和 Y4 线圈所在的并联支路如果改为图 4.15 中的电路（不推荐），必须使用后面要讲到的 MPS（进栈）和 MPP（出栈）指令。

OR 和 ORI 用于单个触点与前面电路的并联，并联触点的左端接到该指令所在的电路块的起始点（LD 点）上，右端与前一条指令对应的触点的右端相连。OR 和 ORI 指令总是将单个触点并联到它前面已经连接好的电路的两端，以图 4.16 中的 M110 的常闭触点为例，它前面的 4 条指令已经将 4 个触点串并联为一个整体，因此 ORI M110 指令对应的常闭触点并联到该电路的两端。

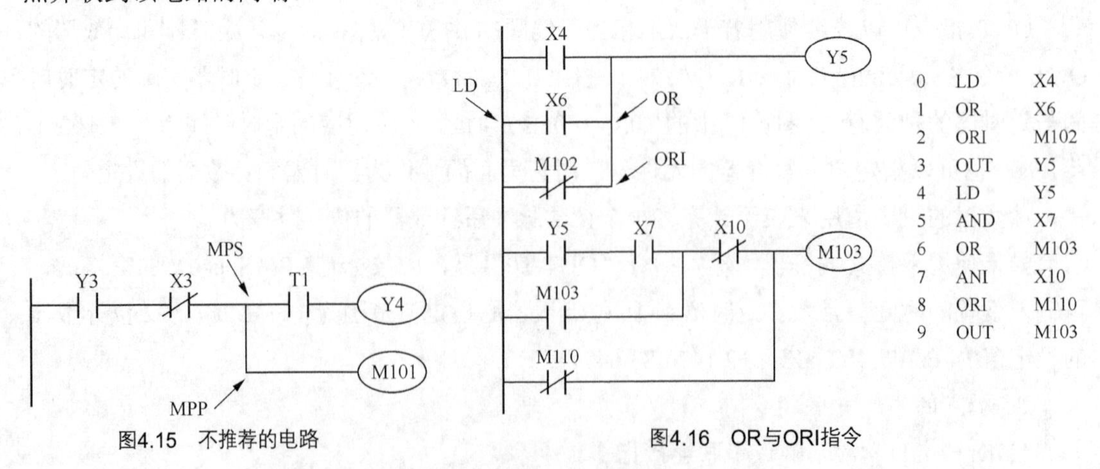

图4.15 不推荐的电路　　图4.16 OR与ORI指令

3. LDP、LDF、ANDP、ANDF、ORP 和 ORF 指令

LDP、ANDP 和 ORP 是用来作上升沿检测的触点指令，触点的中间有一个向上的箭头，

对应的触点仅在指定位元件的上升沿（由 OFF 变为 ON）时接通一个扫描周期。

LDF、ANDF 和 ORF 是用来作下降沿检测的触点指令，触点的中间有一个向下的箭头，对应的触点仅在指定位元件的下降沿（由 ON 变为 OFF）时接通一个扫描周期。

上述指令可以用于 X、Y、M、T、C 和 S。在图 4.17 中在 X2 的上升沿或 X3 的下降沿，Y0 仅在一个扫描周期为 ON。

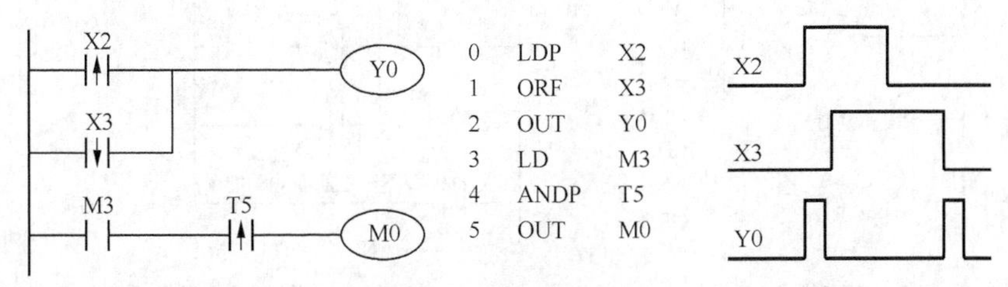

图4.17 边沿检测触点指令

用手持式编程器输入指令 LDP、ANDP 或 ORP 时，先按 LD、AND 或 OR 键，再按 P/I 键；输入指令 LDF、ANDF 或 ORF 指令时，先按 LD、AND 或 OR 键，再按 F 键。

4. PLS 与 PLF 指令

PLS（Pulse）：上升沿微分输出指令。

PLF：下降沿微分输出指令。

PLS 和 PLF 指令只能用于输出继电器和辅助继电器（不包括特殊辅助继电器）。图 4.18 中的 M0 仅在 X0 的常开触点由断开变为接通（即 X0 的上升沿）时的一个扫描周期内为 ON，M1 仅在 X0 的常开触点由接通变为断开（即 X0 的下降沿）时的一个扫描周期内为 ON。

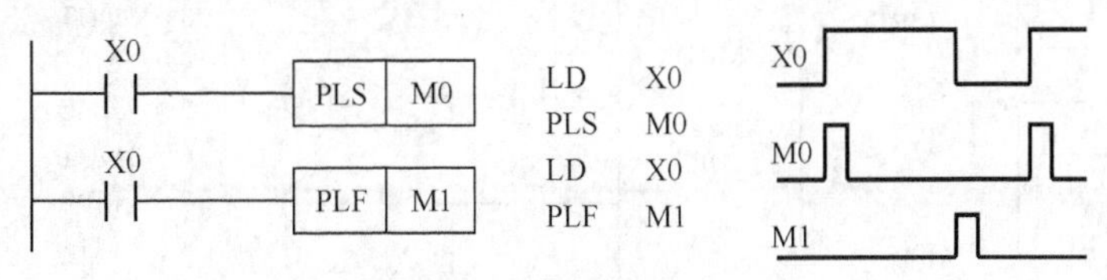

图4.18 脉冲输出指令

当 PLC 从 RUN 到 STOP 状态，然后又由 STOP 进入 RUN 状态时，其输入信号仍然为 ON，PLS M0 指令将输出一个脉冲。然而，如果用电池后备（锁存）的辅助继电器代替 M0，则其 PLS 指令在这种情况下不会输出脉冲。

5. 电路块的串、并联指令

ORB（Or Block）：多触点电路块的并联连接指令。

ANB（And Block）：多触点电路块的串联连接指令。

ORB 指令（见图 4.19）将多触点电路块（一般是串联电路块）与前面的电路块并联，它不带元件号，相当于电路块间右侧的一段垂直连线。要并联的电路块的起始触点使用 LD 或 LDI 指令，完成了电路块的内部连接后，用 ORB 指令将它与前面的电路并联。

ANB 指令（见图 4.20）将多触点电路块（一般是并联电路块）与前面的电路块串联，

它不带元件号。ANB 指令相当于两个电路块之间的串联连线，该点也可以视为它右边的电路块的 LD 点。要串联的电路块的起始触点使用 LD 或 LDI 指令，完成了两个电路块的内部连接后，用 ANB 指令将它与前面的电路串联。

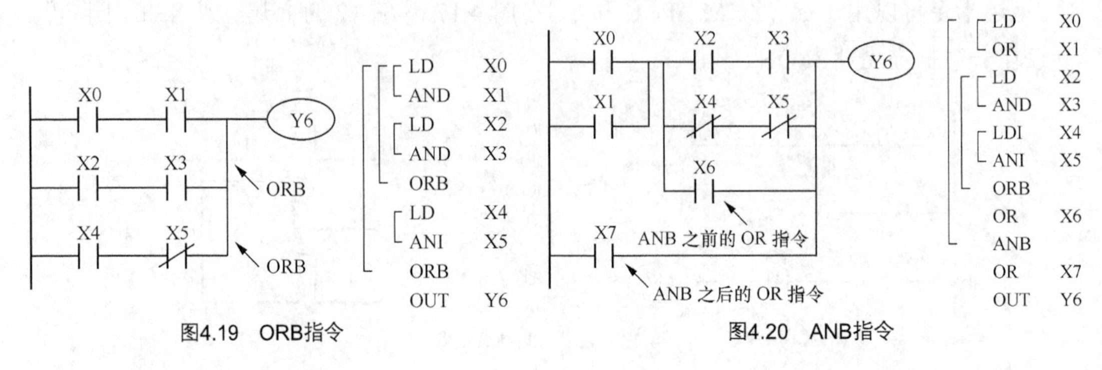

图4.19 ORB指令　　图4.20 ANB指令

6. 栈存储器与多重输出指令

MPS、MRD、MPP 指令分别是进栈、读栈和出栈指令，它们用于多重输出电路。

FX 系列有 11 个存储中间运算结果的堆栈存储器（见图 4.21），堆栈采用先进后出的数据存取方式。MPS 指令用于存储电路中有分支处的逻辑运算结果，以便以后处理有线圈的支路时可以调用该运算结果。使用一次 MPS 指令，当时的逻辑运算结果压入堆栈的第一层，堆栈中原来的数据依次向下一层推移。

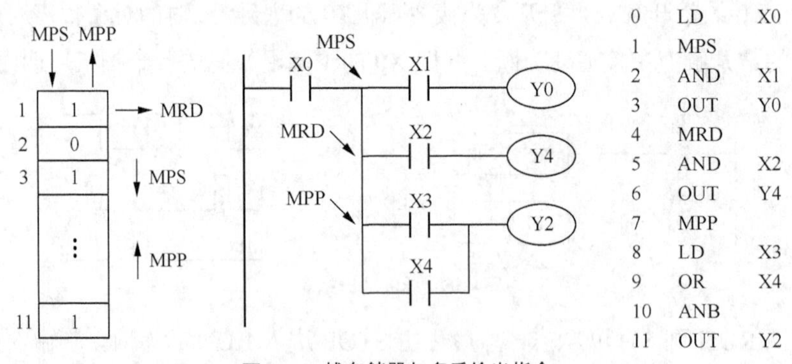

图4.21 栈存储器与多重输出指令

MRD 指令读取存储在堆栈最上层的电路中分支点处的运算结果，将下一个触点强制性地连接在该点。读数后堆栈内的数据不会上移或下移。

MPP 指令弹出（调用并去掉）存储的电路中分支点的运算结果。首先将下一触点连接在该点，然后从堆栈中去掉该点的运算结果。使用 MPP 指令时，堆栈中各层的数据向上移动一层，最上层的数据在读出后从栈内消失。

图 4.21 和图 4.22 分别给出了使用一层栈和使用多层栈的例子。每一条 MPS 指令必须有一条对应的 MPP 指令，处理最后一条支路时必须使用 MPP 指令，而不是 MRD 指令。在一块独立电路中，用进栈指令同时保存在堆栈中的运算结果不能超过 11 个。

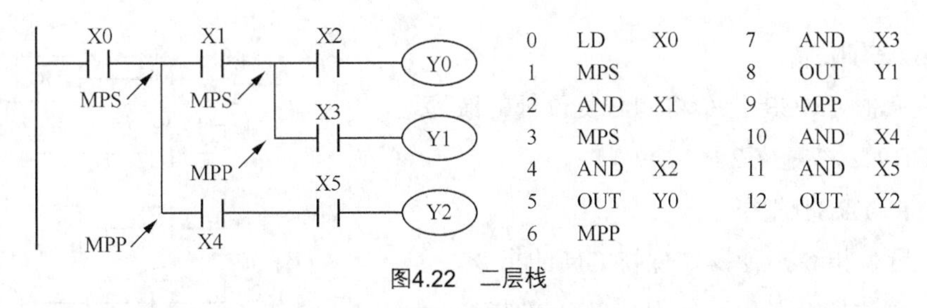

图4.22　二层栈

用编程软件生成梯形图程序后，如果将梯形图转换为指令表程序，编程软件会自动加入 MPS、MRD 和 MPP 指令。写入指令表程序时，必须由用户来写入 MPS、MRD 和 MPP 指令。

7. 主控与主控复位指令 MC、MCR

MC（Master Control）：主控指令，或公共触点串联连接指令，用于表示主控区的开始。MC 指令只能用于输出继电器 Y 和辅助继电器 M（不包括特殊辅助继电器）。

MCR（Master Control Reset）：主控指令 MC 的复位指令，用来表示主控区的结束。

在编程时，经常会遇到许多线圈同时受一个或一组触点控制的情况，如果在每个线圈的控制电路中都串入同样的触点，将占用很多存储单元，使用主控指令可以解决这一问题。使用主控指令的触点称为主控触点，它在梯形图中与一般的触点垂直。主控触点是控制一组电路的总开关。

与主控触点相连的触点必须用 LD 或 LDI 指令，换句话说，执行 MC 指令后，母线移到主控触点的后面去了，MCR 使母线（LD 点）回到原来的位置。

图 4.23 中 X0 的常开触点接通时，执行从 MC 到 MCR 之间的指令；MC 指令的输入电路断开时，不执行上述区间的指令，其中，积算定时器、计数器、用复位/置位指令驱动的软元件保持当时的状态；其余软元件复位，非积算定时器和用 OUT 指令驱动的软元件变为 OFF。图 4.23 指令中的 SP 为手持式编程器的空格键。

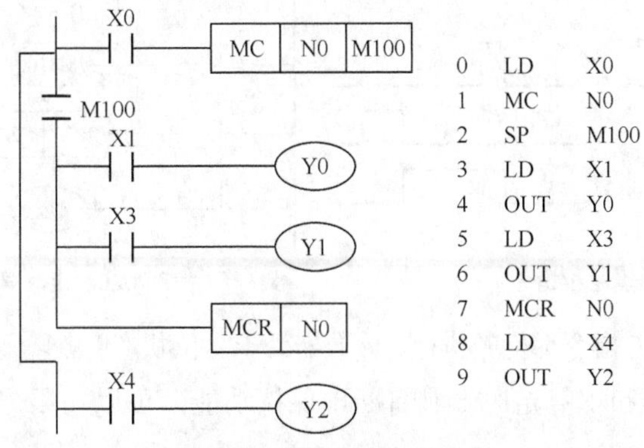

图4.23　主控与主控复位指令

在 MC 指令区内使用 MC 指令称为嵌套（见图 4.24）。MC 和 MCR 指令中包含嵌套的层数为 N0～N7，N0 为最高层，最低层为 N7。在没有嵌套结构时，通常用 N0 编程，N0

的使用次数没有限制。

在有嵌套时，MCR 指令将同时复位低的嵌套层，如指令 MCR N2 将复位 2～7 层。

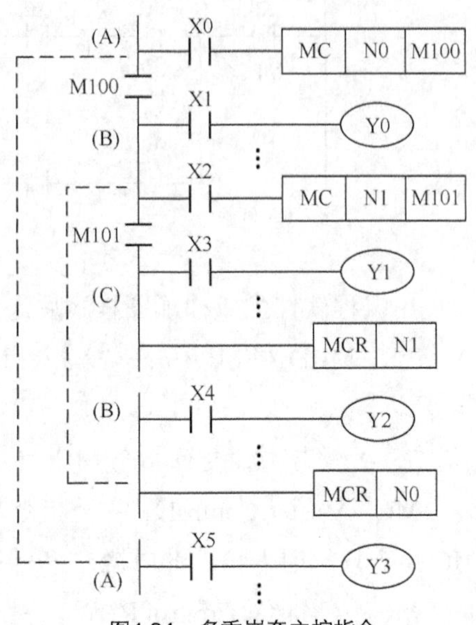

图4.24　多重嵌套主控指令

8. SET 与 RST 指令

SET：置位指令，使操作保持 ON 的指令。

RST：复位指令，使操作保持 OFF 的指令。

SET 指令可用于置位 Y、M 和 S，RST 指令可用于复位 Y、M、S、T 和 C，或将字元件 D、V 和 Z 清零。

如图 4.25 所示，如果 X0 的常开触点接通，Y0 变为 ON 并保持该状态，即使 X0 的常开触点断开，它也仍然保持 ON 状态。当 X1 的常开触点闭合时，Y0 变为 OFF 并保持该状态，即使 X1 的常开触点断开，它也仍然保持 OFF 状态。

对同一编程元件，可多次使用 SET 和 RST 指令，最后一次执行的指令将决定当前的状态。RST 指令还可用来复位积算定时器 T246～T255 和计数器。

SET、RST 指令的功能与数字电路中 R-S 触发器的功能相似，SET 与 RST 指令之间可以插入其他程序。如果它们之间没有其他程序，最后的指令有效。

图 4.26 中 X0 的常开触点接通时，积算定时器 T246 复位，X3 的常开触点接通时，计数器 C200 复位，它们的当前值被清零，常开触点断开，常闭触点闭合。

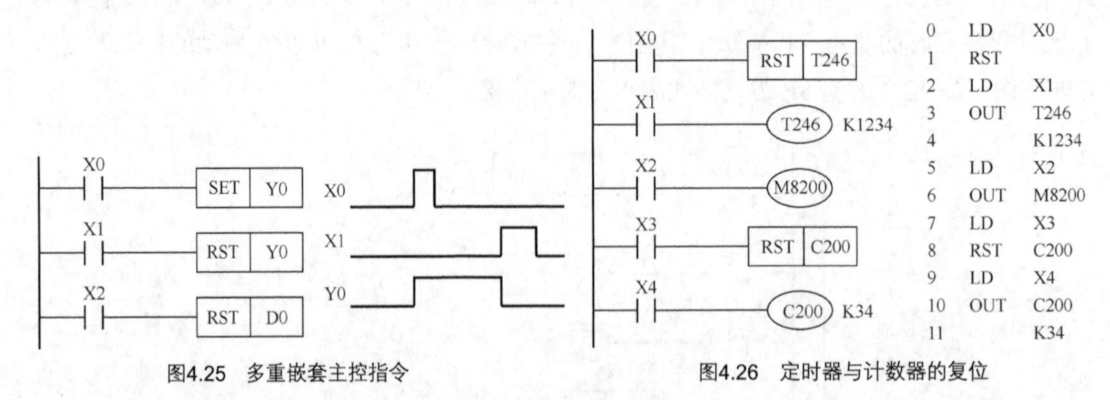

图4.25　多重嵌套主控指令

0	LD	X0
1	RST	
2	LD	X1
3	OUT	T246
4		K1234
5	LD	X2
6	OUT	M8200
7	LD	X3
8	RST	C200
9	LD	X4
10	OUT	C200
11		K34

图4.26　定时器与计数器的复位

在任何情况下，RST 指令都优先执行。计数器处于复位状态时，输入的计数脉冲不起作用。

如果不希望计数器和积算定时器具有断电保持功能，可以在用户程序开始运行时用初始化脉冲 M8002 将它们复位。

9. 取反、空操作与 END 指令

INV（Inverse）指令在梯形图中用一条 45° 的短斜线来表示，它将执行该指令之前的运算结果取反，运算结果如为 0 将它变为 1，运算结果为 1 则变为 0。在图 4.27 中，如果 X0 和 X1 同时为 ON，则 Y0 为 OFF；反之则 Y0 为 ON。INV 指令也可以用于 LDP、LDF、ANDP 等脉冲触点指令。

用手持式编程器输入 INV 指令时，先按 NOP 键，再按 P/I 键。

X0 X1 Y0

```
LD    X0
AND   X1
INV
OUT   Y0
```

图4.27 INV指令

NOP（Non Processing）为空操作指令，使该步序作空操作。执行完清除用户存储器的操作后，用户存储器的内容全部变为空操作指令。

END（End）为结束指令，将强制结束当前的扫描执行过程。若不写 END 指令，将从用户程序存储器的第一步执行到最后一步；将 END 指令放在程序结束处，只执行第一步至 END 这一步之间的程序，使用 END 指令可以缩短扫描周期。

在调试程序时可以将 END 指令插在各段程序之后，从第一段开始分段调试，调试好以后必须删去程序中间的 END 指令，这种方法对程序的查错也很有用处。

4.4 结构化文本语言

4.4.1 结构化文本语言概述

结构化文本语言是基于文本的高级程序设计语言。它采用一些描述语句来描述系统中各种变量之间的关系，执行所需的操作。大多数制造厂商采用的这种语言，与 BASIC 语言、Pascal 语言或 C 语言等高级语言相类似。但为了应用方便，在语句的表达方法及语句的种类等方面都进行了简化。以下几个语句就是结构化文本语言的例子，对应于功能块图如图 4.28 所示。

```
FlipFlop(SI:=(%IW3>=%MW3)
R: =VarIn;
VarOut:=FlipFlop.Q1;
```

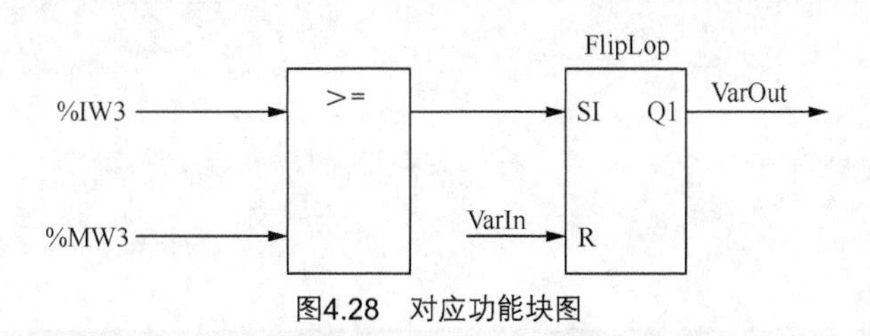

图4.28 对应功能块图

由以上可知，结构化文本语言要比指令表可读性强一些。但是，结构化文本语言对程序设计人员的技能要求较高，普通电气工程技术人员无法完成，同时，结构化文本语言也不太直观。所以，目前还不普及，只是个别厂家提供较简易的这类语言。

结构化文本语言是针对自动化系统的高级文本编程语言，采用简单的标准结构确保快速、高效的编程。结构化文本语言具有高级语言的许多传统特性，包括变量、操作符和控制流程语句。结构化文本语言还能与其他的 PLC 编程语言一起工作。

那么什么是结构文本呢？结构是指高水平的结构化编程能力，文本是指应用文本而不是梯形图和顺序功能表的能力。

结构化文本语言不能代替其他语言，每种语言都有它自己的优点和缺点。结构化文本语言主要的一个优点就是能简化复杂的数学方程。其特点如下：

① 高级文本编程语言。

② 结构化的编程方式。

③ 简单的标准结构。

④ 快速高效的编程。

⑤ 使用直观、灵活。

⑥ 与 Pascal 类似。

⑦ 符合 IEC 61141-3 标准。

下面介绍结构化文本语言的基本语法。

IF…THEN 语法如下。

```
IF d<e THEN
f:=1;
ELSIF d=e THEN
f:=2;
ELSE
f:=3;
END_IF;
```

REPEAT 语法如下。

```
REPEAT
i := m + n;
UNTIL i < 100
END_REPEAT;
```

WHILE 语法如下。

```
WHILE m > 1 DO
a := a + m;
END_WHILE;
```

FOR 语法如下。

```
FOR h:=1 TO 10 BY 2 DO
a := a + h;
END_FOR;
```

CASE 语法如下。

```
CASE f OF
1: g := 10;
2: g := 20;
ELSE
g := 0;
END_CASE;
```

4.4.2 结构化文本语言相关实例

结构化文本语言中的表达式由运算符和操作数组成。操作数可以是常量、变量、函数调用或另一个表达式。表达式的计算通过执行具有不同优先级的运算符完成。最高优先级的运算符先被执行，然后依次执行下一个优先级的运算符，直到所有运算符被处理完为止。相同优先级的运算符按自左到右的顺序执行。

以下为一个简单状态机对应的结构化文本语言：

```
TxtState:= STATES[StateMachine];
CASE StateMachine OF 1: ClosingValve();
ELSE ;; BadCase();
END_CASE;
```

4.5 顺序功能图语言

4.5.1 顺序功能图语言概述

顺序功能图语言是一种新颖的、按照工艺流程图进行编程的图形编程语言。这是一种 IEC 标准推荐的首选编程语言，近年来在 PLC 编程中已经得到普及与推广。它采用顺序功能图描述程序结构，把程序分成若干步（Step，S），每个步可执行若干动作。而步间的转换靠其间的转移（Transform，T）的条件实现。至于在步中要做什么，在转移中有哪些逻辑条件，则可使用其他任何一种语言（如梯形图语言）实现。

顺序功能图用来描述并发系统和复杂系统的所有现象，并能对系统中存有的死锁、不安全等反常现象进行分析和建模。由于它具有图形表达方式，能较简单和清楚地进行分析和建模，在模型的基础上能直接编程，因此得到了广泛应用。近几年推出的 PLC 和小型 DCS 中也已提供了用于顺序功能图编程的软件。

由以上论述可知，顺序功能图语言不仅是一种语言，还是一种组织控制程序的图形化方式。

图 4.29 是一段用顺序功能图语言编写的程序。

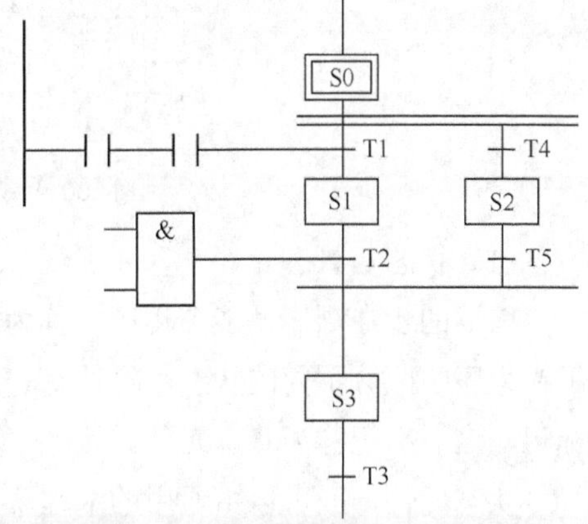

图4.29 一段用顺序功能图语言编写的程序

图 4.29 中，S0（起始步）、S1、S2、S3 为步，T2、T3、T5 为“转移”。“转移”的条件是位逻辑值的改变。位逻辑值为 1 时，转换，进入下一步；为 0 时，不转换，停留在所在步，执行所在步的程序。图 4.29 中 T1 条件为梯形图编程，T2 为逻辑图编程。图 4.29 中 S0 步转换到 S1、S2 是分支结构，到底转换到哪步，要依逻辑条件 T1（转换到步 S1 条件）、T4（转换到步 S2 条件）哪个先满足而定。而 Sl、S2 转换 S3 是逻辑“或”，执行 S1 步及 T2 为 1，则从 S1 转换到 S3，执行 S2 步及 T5 为 1，则从 S2 转换到 S3。S3 往下转换，则由逻辑条件 T3 确定。至于在各个步中，PLC 要做什么，还可用不同语言编程。

作为顺序功能图程序的设计者，原则上只需要熟悉实际机械的动作要求，以及掌握最简单的编程指令，即可以完成程序的设计，对设计人员的要求相对较低，便于普及与推广。

顺序功能图语言编程是一种基于机械控制流程的编程方法。为了保持传统的梯形图风格，且又能够与顺序功能图程序有简单的对应与转换关系，三菱公司 FX 系列采用了一种利用步进指令（STL）表示的编程方法。这种编程方法的特点与顺序功能图程序相同，即程序的执行过程都是根据系统的“条件”按机械控制要求的“工步”进行的，但每一“工步”的具体动作又采用了梯形图的形式进行编程，这样的程序被称为步进梯形图或步进阶梯图。在三菱公司 Q 系列 PLC 中，顺序功能图语言编程功能更加完善，顺序功能图程序的表述形式略有不同，但是其基本设计思路与方法相同。限于篇幅，这里仅对 FX 系列的步进梯形图设计方法进行介绍。

PLC 执行顺序功能图程序的基本过程：根据转换条件选择工作步，进行工作步的逻辑处理。构成顺序功能图程序的基本要素是状态、转换条件与有向连线，如图 4.30 所示。

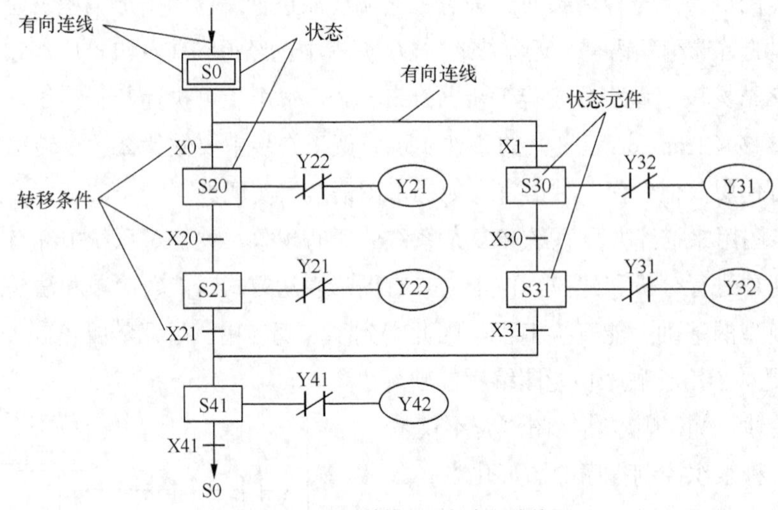

图4.30　状态、转换条件与有向连线图

（1）状态与状态元件

前述的步在顺序功能图程序中称为状态，它是指控制对象的某一特定的工作情况。为了在程序中区分不同的状态，同时使 PLC 能够控制这些状态，需要对每一状态赋予一定的标记，这一标记称为状态元件。

状态元件一般可以由通用的编程软元件（如内部继电器等）进行代表，但在三菱 PLC 中可以利用专门状态元件 S××进行标志。程序执行时，PLC 将根据状态元件的值（0 或 1），决定是否使这一状态成为当前执行的状态（有效状态）。程序设计时，只需要通过对不同的状态元件进行“置位”或“复位”，即可选择 PLC 的实际执行状态，如图 4.31 所示。

如图 4.31（a）所示，当状态转换条件 X0 为 1 时，状态元件 S20 置“1”，状态 S20 成为“有效状态”，输出 Y21 为 1。如图 4.31（b）所示，当状态转换条件 X20 为 1 时，将状态元件 S21 置“1”，状态 S21 成为“有效状态”，输出 Y22 为 1；同时，状态 S20 自动置“无效状态”，输出 Y21 为 0。

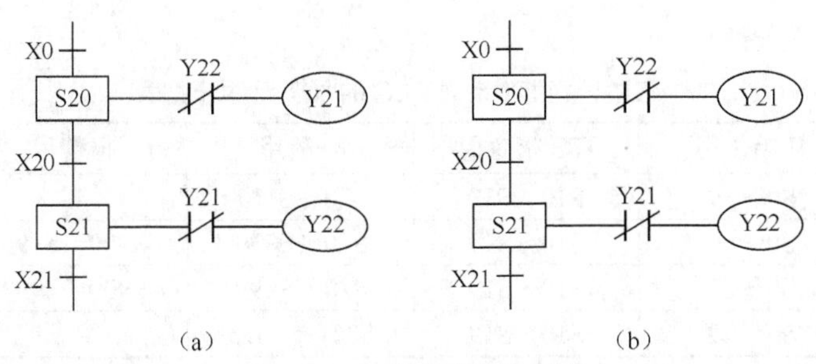

图4.31 PLC执行状态的选择

（2）转换条件

转换条件是指用于改变 PLC 状态的控制信号。不同状态间的转换条件可以不同，也可以相同，当转换条件各不相同时，顺序功能图程序每次只能选择其中的一种工作状态（称为选择分支）；当若干个状态的转换条件完全相同时，顺序功能图程序一次可以选择多个状态同时工作（称为并行分支，如图 4.32 所示）。只有满足条件的状态，才能进行逻辑处理与输出，因此，转换条件是顺序功能图程序选择工作状态的“开关”。

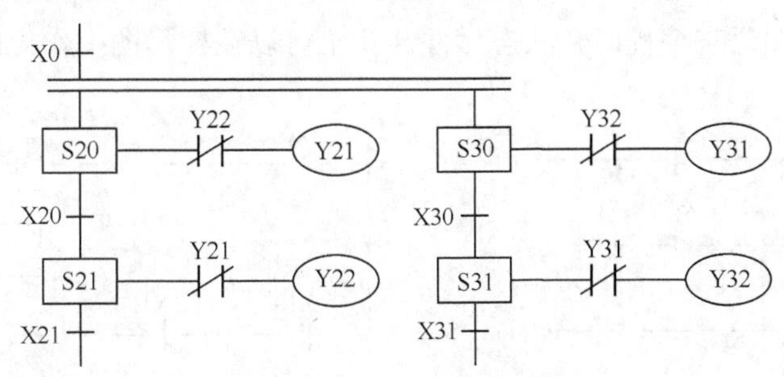

图4.32 并行分支的状态同时有效

（3）有向连线

有向连线就是状态间的连接线。有向连线决定了状态的转换方向与转换途径。顺序功能图程序中的状态一般需要 2 条以上的有向连线进行连接，其中 1 条为输入线，表示转换到本状态的上一级“源状态”；1 条为输出线，表示本状态执行转换时的下一级“目标状态”。在顺序功能图程序的设计中，对于自上而下的正常转换方向，在顺序功能图程序中的连接线一般不标记箭头，但是，对于自下而上的转换或是向其他方向的转换，必须以箭头标明转换方向（见图 4.30）。

1. *顺序功能图程序设计的一般规则*

与梯形图设计一样，顺序功能图程序的编写也有一定的规定与要求，这些要求根据 PLC 生产厂家的不同而略有区别，具体应根据 PLC 类型参照 PLC 编程说明书进行。对于三菱公司 FX 系列 PLC 产品，编制顺序功能图程序的一般规则如下。

（1）状态元件及其表示

在三菱 FX 系列 PLC 中，状态元件采用专用的内部编程元件 S××进行表示。对于不同类型的 PLC，允许使用的状态数量与性质有所不同，表 4.4 为三菱公司 FX 系列 PLC 的状态元件一览表。

表 4.4　　三菱公司 FX 系列 PLC 的状态元件一览表

PLC 型号	初始化用	ITS 指令用	一般用	报警用	停电保持区
FX_{1S}	S0～S9	S10～S19	S20～S127	—	S0～S127
$FX_{1N/1NC}$	S0～S9	S10～S19	S20～S899	S900～S999	S10～S127
$FX_{2N/2NC}$	S0～S9	S10～S19	S20～S899	S900～S999	S500～S899
$FX_{3U/3CC}$	S0～S9	S10～S19	S20～S4095		S500～S4095

表 4.4 中，S0～S9 规定为初始状态元件，S10～S19 规定为回参考点专用状态元件（应用指令 ITS 用），此外，还有部分为报警专用状态元件，其他均可以作为一般的状态元件使用。

状态元件像内部继电器一样，可以分为断电清除与断电保持两种类型。在 FX_{1S} 系列 PLC 中，所有状态元件均为断电保持型；在其他 PLC 中可以有两种形式，断电保持区的范围可以通过 PLC 的参数设定进行改变，表 4.4 中为通常的设定情况。

状态的使用特性与内部继电器一样，既可以使用其常开触点、常闭触点进行逻辑控制或参与逻辑运算，又可以通过输出指令、置位/复位等指令改变逻辑输出值（见图 4.33）。在不使用顺序功能图语言编程时，状态元件 S 完全可以在梯形图中作为内部继电器使用。

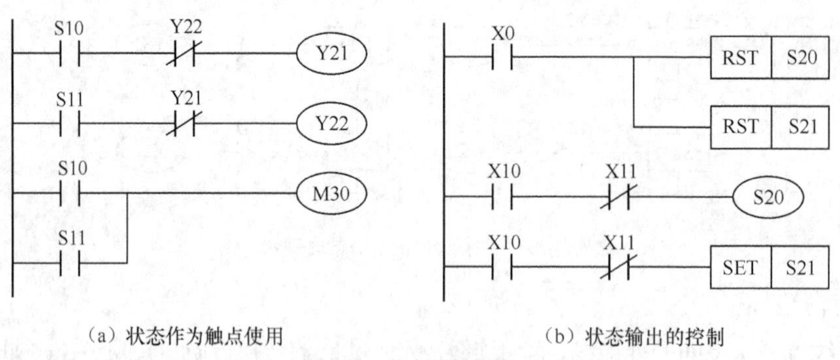

（a）状态作为触点使用　　（b）状态输出的控制

图4.33　状态的使用特性

（2）初始状态及其表示

为了保证 PLC 的循环工作，顺序功能图程序必须设计有 PLC 启动后即能生效的基本状态，这些基本状态在顺序功能图程序中称为初始状态或初始步。在 FX 系列 PLC 中，初始状态的编制有如下要求。

① 初始状态的状态元件编号必须为 S0～S9，否则 PLC 无法进入初始状态。

② 初始状态在顺序功能图程序中以带双线框的图形表示（如图 4.30 中的 S0）；其他状态用单线框的图形表示（如图 4.30 中的 S20、S21、S30、S31 等）。

③ 每一个顺序功能图程序至少应有一个初始状态，初始状态必须位于顺序功能图程序的最前面。

④ 当初始状态需要转换条件进行控制（又称驱动）时，初始状态的转换条件需要在 PLC 运行后立即予以选择。

⑤ 初始状态的转换条件（驱动）应使用来自顺序功能图程序以外的触点，并且在顺序功能图程序的最前面编制初始状态的转换条件。

有关 PLC 的初始状态的使用、连接方法可参见 4.5 节“步进梯形图”部分的内容。

（3）一般状态及其表示

在顺序功能图程序中，除初始状态以外的其他状态都是一般状态。一般状态用单线框的图形表示，使用的状态元件编号见表 4.4，在同一 PLC 的顺序功能图程序中，状态元件的编号不可以重复使用。

（4）逻辑处理的表示

在顺序功能图程序中，虽然每一状态内部的处理都非常简单，但还是需要编制相应的程序。状态中的逻辑运算一般仍然使用梯形图进行编程，这些梯形图程序标在对应状态的右侧，并且直接与状态相连。

（5）转换条件及其表示

在顺序功能图程序中，转换条件通过与有向连线垂直的“短横线”进行标记，并在“短横线”旁边标上相应的控制信号地址，如图 4.34 所示。

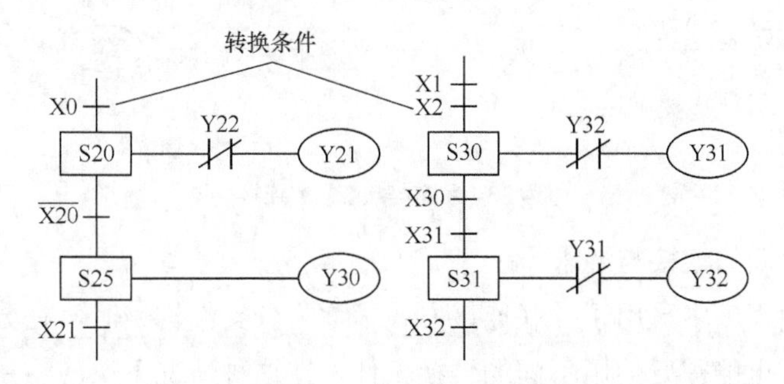

（a）触点作为转换条件　　（b）逻辑运算结果作为转换条件

图4.34　转换条件的表示

转换条件可以是单独的触点，如输入 X、输出 Y、内部继电器 M、时间继电器 T 的常开触点或常闭触点，如图 4.34（a）所示；也可以是若干逻辑信号的简单逻辑运算的结果，如图 4.34（b）所示，但转换条件的逻辑运算中不能使用堆栈指令 ANB、ORB、MPS、MRD、MPP 等。

在实际编程时，转换条件一般不宜过多，当转换条件较复杂或必须使用复杂逻辑运算结果时，应通过内部继电器对条件进行必要的简化处理，如图 4.35 所示。

2. 顺序功能图程序设计注意点

在实际设计顺序功能图程序时，除需要遵守以上顺序功能图程序设计的一般规则外，还应注意以下几点。

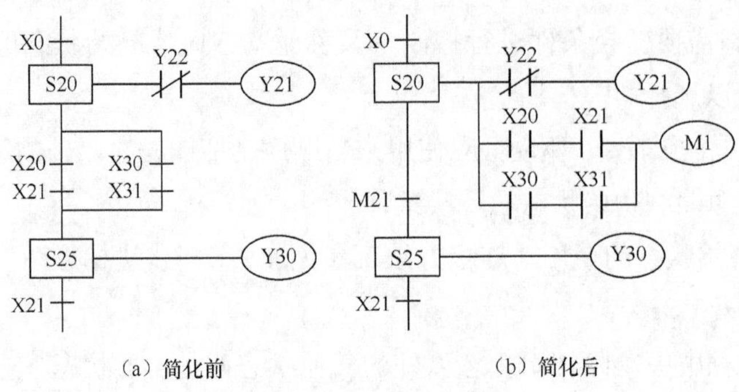

图4.35　转换条件的简化

（1）状态间的连接与要求

在顺序功能图程序中，状态与状态间可以采用串联与并联的方式进行连接（称为单流程结构与多流程结构）。但是，无论采用何种连接形式，状态间不可以进行直接连接，如图 4.36（a）所示，必须通过转换条件将其隔开，如图 4.36（b）所示。

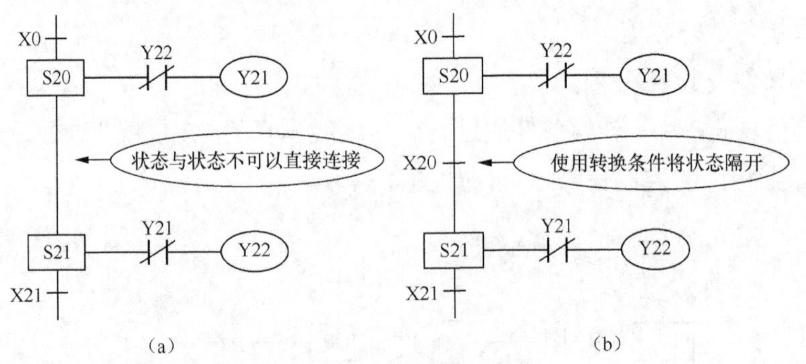

图4.36　状态与状态间的连接

（2）转换条件间的连接与要求

当顺序功能图程序中采用了并联连接方式（称为分支结构）时，在分支的转换位置与分支的汇合位置，可能需要使用不同的转换条件。在这种情况下，应注意转换条件与转换条件间不可以直接相连，如图 4.37 所示，必须通过状态将其隔开。

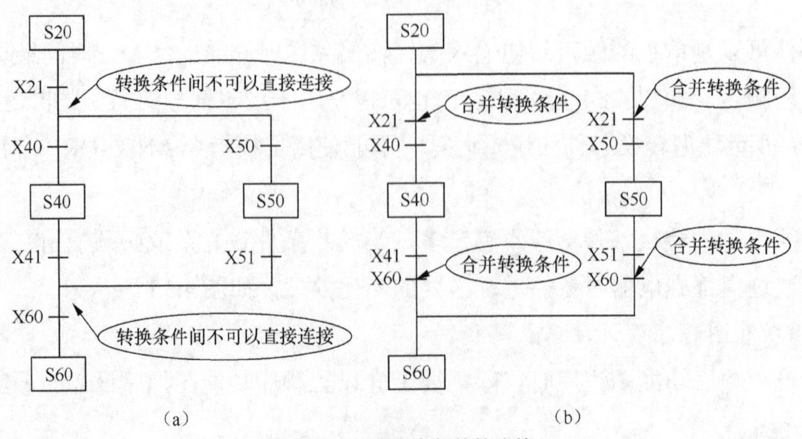

图4.37　合并转换条件的连接

在实际设计时，为了保证以上要求，可以采用两种方式对转换条件进行处理。第一是进行转换条件的合并处理，即将原来相互连接的转换条件变为逻辑运算式转换条件，如图 4.38（a）所示。第二是编入一个在实际控制中无作用的状态（称为空状态），人为地将转换条件用状态进行隔离，如图 4.38（b）所示。

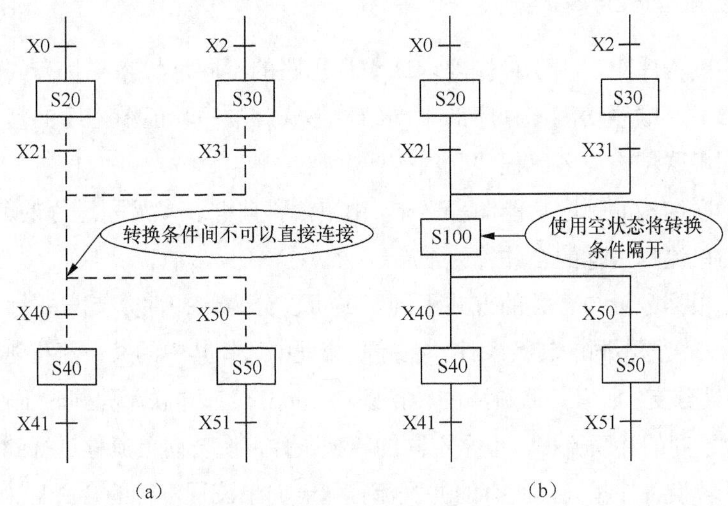

图4.38 加入空状态的连接

（3）流程的重复、跳转、分离与复位

在顺序功能图程序中，习惯上将直接向上的流程转换称为重复，如图 4.39（a）所示；将直接向下的流程转换称为跳转，如图 4.39（b）所示；向本流程以外的流程转换称为分离，如图 4.39（c）所示；进行本状态的重复称为复位，如图 4.39（d）所示。

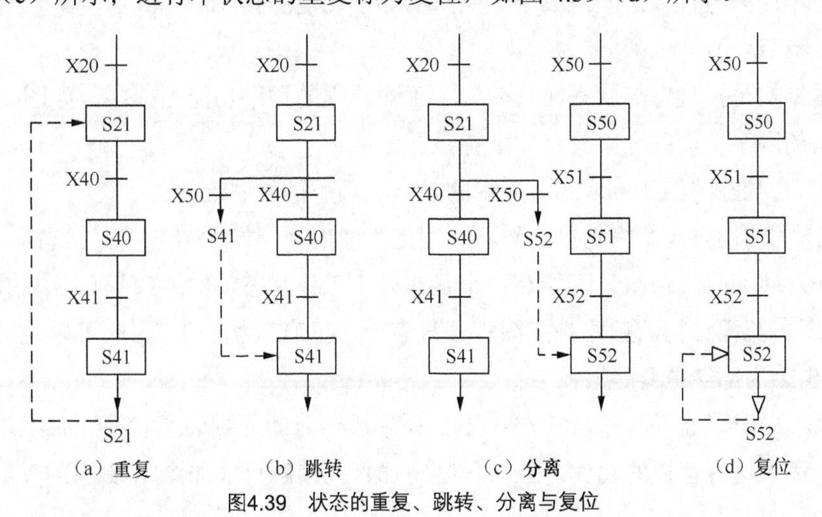

图4.39 状态的重复、跳转、分离与复位

在顺序功能图程序中，在转换处应用带箭头的有向连线标明需要进行转换，并且在有向连线上标明转换的目标状态号。在三菱 PLC 中还规定，对于重复、跳转与分离，采用实心箭头，对于复位采用空心箭头。同样，在目标状态的旁边也要用有向连线标明状态有来

自外部的转换（见图 4.39），图 4.39 中的虚线在实际设计时一般不画出。

一般而言，在步进梯形图编程中，重复、跳转与分离的状态元件利用 OUT（输出）指令进行控制，而其他转换则用 SET 指令进行控制。

4.5.2 顺序功能图程序结构

在顺序功能图程序中，由于控制要求或设计思路的不同，状态与状态间的连接形式有所不同，从而形成了顺序功能图程序的不同结构形式。顺序功能图程序的基本结构形式，可以分为单流程串联结构与多流程并联结构两大类。

在多流程并联结构的顺序功能图程序中，由单流程向并联多流程进行的分离称为分支，由并联多流程向单流程进行的合并称为汇合。

分支与汇合根据分离与合并的方式不同，又可以分为选择性分支与并行分支及选择性汇合与并行汇合。根据不同的转换条件，在并联流程中选择其中的某一流程进行工作的分离方式，称为选择性分支；所有并联流程的转换条件相同，全部并联流程同时工作的分离方式，称为并行分支。不同的并联流程，根据不同的转换条件，统一向单流程进行的有条件合并称为选择性汇合；转换条件相同，所有的并联流程统一向单流程进行的合并称为并行汇合。

在顺序功能图程序，为了对以上的分支与汇合方式加以区别，一般规定，选择性分支的分离处与选择性汇合的合并处，并联连接横线采用单线；并行分支的分离处与并行汇合的合并处，并联连接横线采用双线，如图 4.40 所示。

除十分简单的控制系统外，一般而言，实际的顺序功能图程序通常需要将以上各种基本结构进行不同的组合，才能组成一个完整的顺序功能图程序。

1. 单流程结构

单流程结构是指状态与状态间只有一个工作流程的顺序功能图程序，如图 4.40 所示。单流程结构的顺序功能图程序具有如下特点。

① 状态与状态间的连接形式，采用的是自上而下的串联连接。

② 状态的转换方向始终是自上而下、固定不变的（起始状态与结束状态除外）。

③ 除转换瞬间外，通常只可能有一个状态处于工作状态，即始终只有一个“有效状态”。

④ 由于单流程结构的顺序功能图程序只有一个“有效状态”，因此可以使用“重复线圈”（如输出、内部继电器等）。

⑤ 在状态转换的瞬间，存在一个 PLC 循环周期时间的相邻两状态同时工作的情况，因此，对于需要进行互锁的动作，应在程序中加入互锁触点（如图 4.41 中的 Y21 与 Y22，Y41 与 Y42）。

⑥ 在单流程结构的顺序功能图程序中，原则上定时器也可以重复使用，但不能在相邻两状态里使用同一定时器（见图 4.42）。

⑦ 单流程结构的程序只能有一个初始状态。

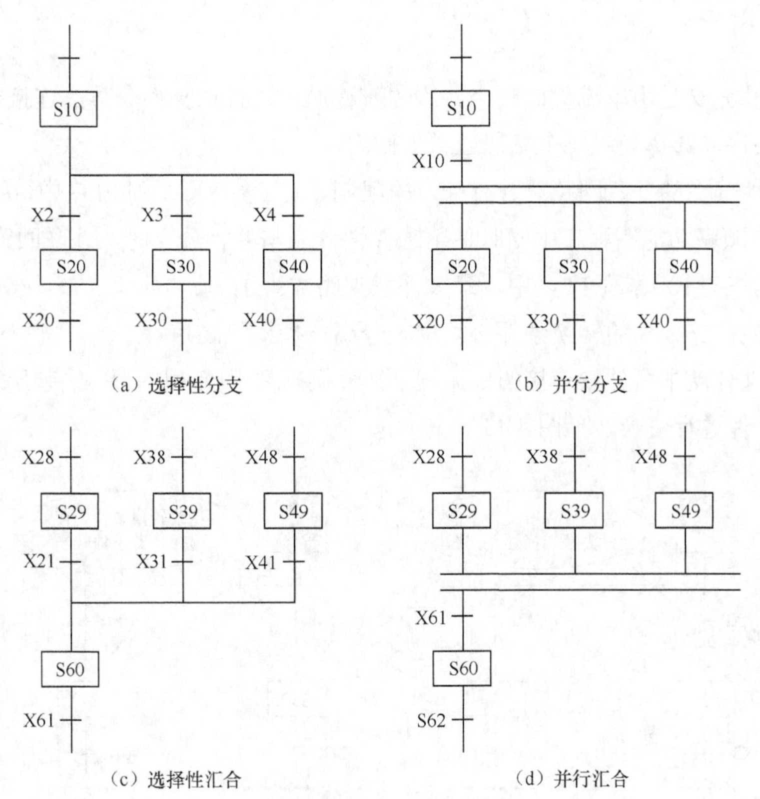

图4.40　分支与汇合的种类

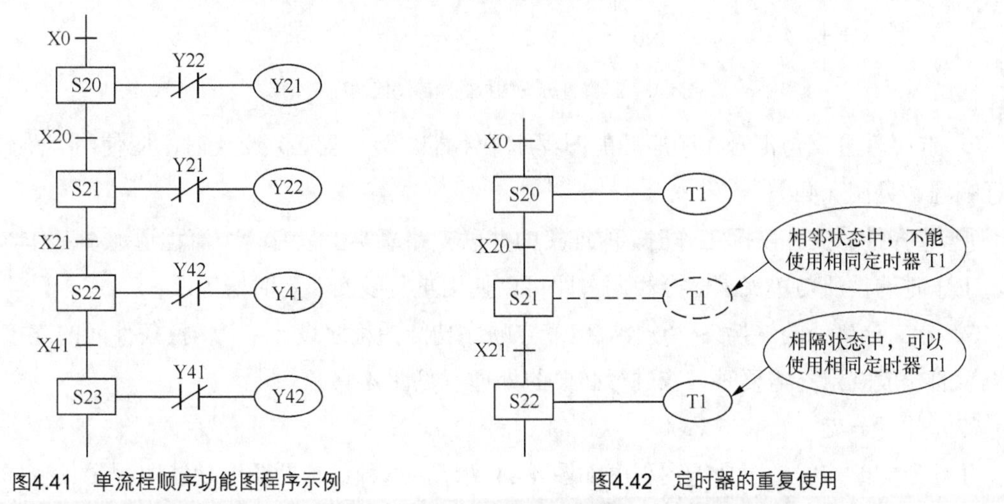

图4.41　单流程顺序功能图程序示例

图4.42　定时器的重复使用

2. 多流程结构

多流程结构是指状态与状态间有多个工作流程的顺序功能图程序，多个工作流程间是通过并联方式进行连接的。并联连接的流程可以有选择性分支、并行分支、选择性汇合、并行汇合等几种连接方式。

（1）选择性分支

选择性分支结构的顺序功能图程序如图 4.43 所示。这种结构的顺序功能图程序具有如下特点。

① 选择性分支是由单流程向数个并联的流程通道进行选择性分离的连接形式，它通过不同的转换条件，选择其中一个流程通道工作。

② 选择性分支的并联回路总数有一定的限制，在三菱 PX 系列 PLC 中，最大并联支路数为 8 条；在顺序功能图程序中同时使用选择性分支与并行分支时，并联回路总数也有一定的限制，在三菱 FX 系列 PLC 中，最大并联支路数为 16 条。

③ 选择性分支分离的转换条件必须位于分离连接横线之后。

④ 选择性分支中所并联连接的单流程，其转换条件不能相同，也不能引起歧义，必要时应对转换条件进行变换（见图 4.43）。

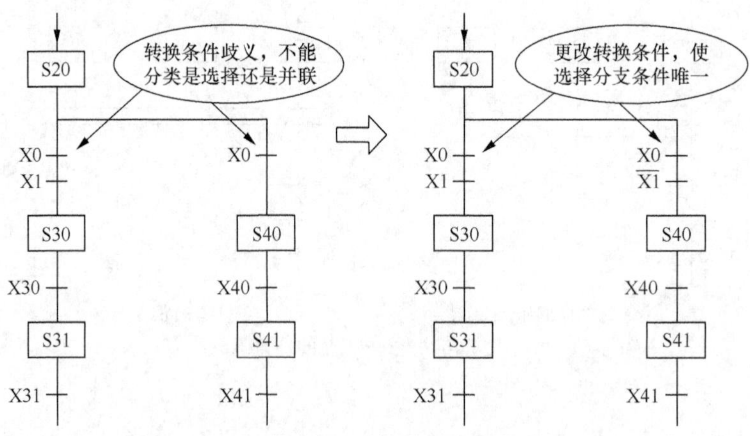

图4.43 选择性分支结构的顺序功能图程序

⑤ 选择性分支与汇合在顺序功能图程序中不能交叉，当必须交叉时，应使用“跳转”进行编程（见图 4.44）。

⑥ 选择性分支在实际工作时，所连接的并联支路事实上只有一个流程通道在工作，因此，工作时的性质与单流程完全相同，即可以使用重复线圈、定时器等。

⑦ 分支分离处的转换条件连接，应遵守顺序功能图程序设计中“转换条件间的连接与要求”的一般规定；需要时，应进行必要的处理（见图 4.45）。

（2）并行分支

并行分支结构的顺序功能图程序如图 4.44 所示。这种结构的顺序功能图程序具有如下与选择性分支相类似的特点。

① 并行分支是由单流程向数个并联流程通道进行分离的连接形式，相并联的流程转换条件相同，所有并联的流程通道同时进入工作状态。

② 并行分支的并联回路数有一定的限制，在三菱 FX 系列 PLC 中，最大并联支路数为 8 条；在 SFC 程序中同时使用并行分支与选择性分支时，并联回路总数也有一定的限制，在三菱 FX 系列 PLC 中，最大并联支路数为 16 条。

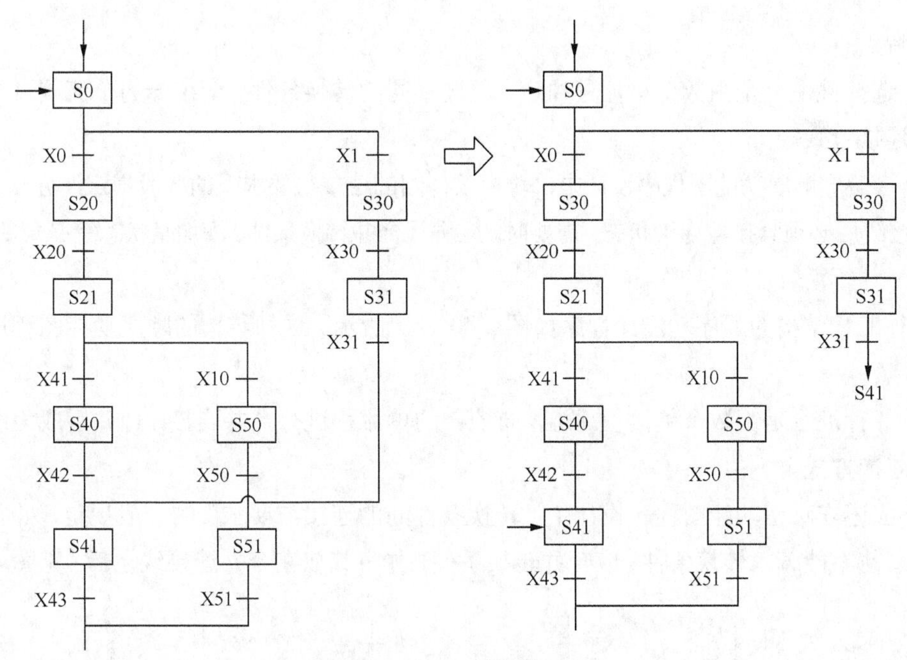

图4.44　分支与汇合不能交叉

③ 并行分支中所并联连接的单流程，其转换条件必须相同，且必须位于分离连接横线之前（见图 4.45）。

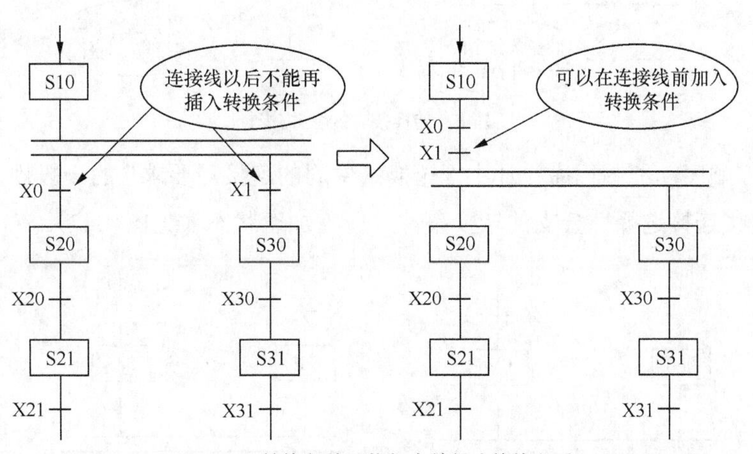

图4.45　转换条件不能加在并行连接线之后

④ 并行分支与汇合在顺序功能图程序中不能交叉（参见选择分支的说明）。

⑤ 并行分支在实际工作时，所连接的并联支路同时工作，为了防止程序中出现错误，原则上不可以使用重复线圈、定时器等。

⑥ 分支分离处的转换条件连接，应遵守顺序功能图程序设计中“转换条件间的连接与要求”的一般规定。需要时，应进行必要的处理。

（3）选择性汇合

选择性汇合结构的顺序功能图程序如图 4.40（c）所示。这种结构的顺序功能图程序具有如下特点。

① 选择性汇合是由数个单流程通道，通过不同的转换条件，向统一的单流程进行合并连接的连接方式。

② 应遵守顺序功能图程序设计中“转换条件间的连接与要求”的一般规定，分支选择性汇合连接线后必须紧接着连接状态，需要时，应进行合并转换条件、增加空状态等必要的处理。

（4）并行汇合

并行汇合结构的顺序功能图程序如图 4.40（d）所示。这种结构的顺序功能图程序具有如下特点。

① 并行汇合是由数个单流程通道，向统一的单流程进行合并连接，合并后成为统一单流程的连接方式。

② 应遵守顺序功能图程序设计中“转换条件间的连接与要求”的一般规定，并行汇合连接线之前不能编入转换条件，应合并转换条件，并将其放在合并连接线之后（见图 4.46）。

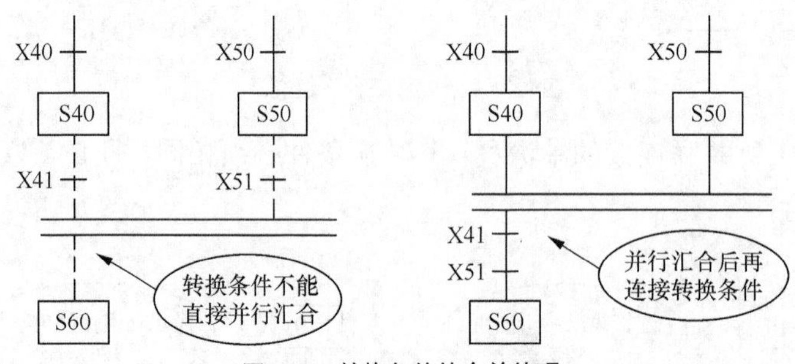

图4.46 转换条件的合并处理

③ 应遵守顺序功能图程序设计中“转换条件间的连接与要求”的一般规定，在并行汇合后不可以直接连接选择性分支的转换条件，应增加空状态（见图 4.47）。

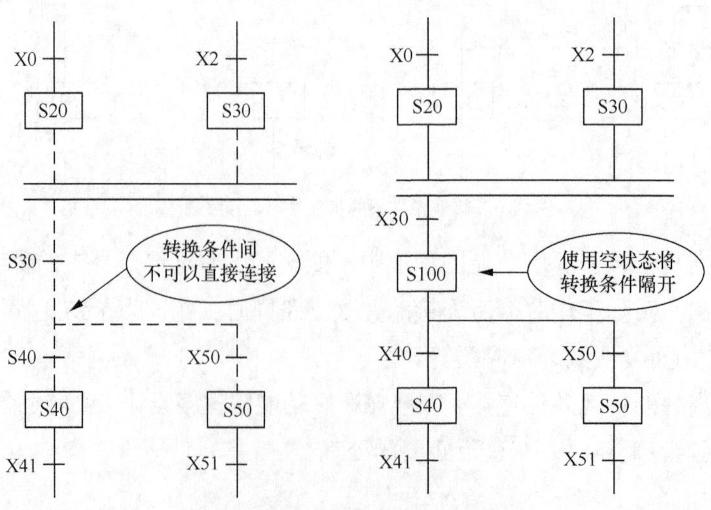

图4.47 增加空状态处理

3. 顺序功能图程序结构设计的注意点

在顺序功能图程序设计时，除分支设计需要按照以上规定进行外，还应注意以下几点。

（1）多初始状态流程的分离

当顺序功能图程序具有多个初始状态时，应将各初始状态对应的顺序功能图程序依次进行分离编制，流程不能相互交叉。

如图 4.48 所示，在初始状态 S0 对应的状态 S20～S29 编制完成后，再编制初始状态 S1 以及 S1 对应的状态 S30～S39。

对于由状态 S21 向 S31 进行的转换，可以按照一般的转换编程方法进行编程（见图 4.48）。

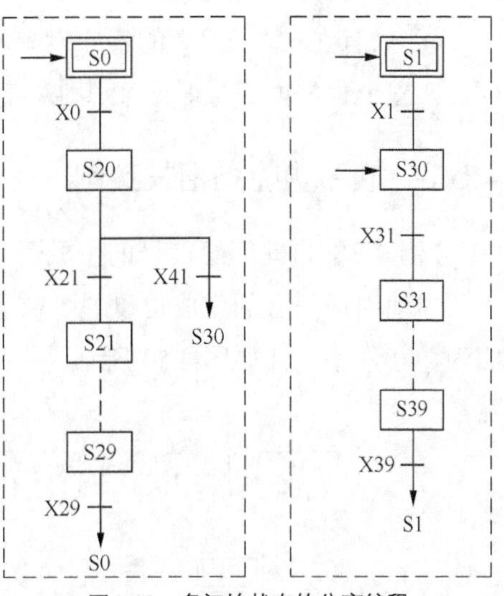

图4.48 多初始状态的分离编程

（2）分支编程

当顺序功能图程序具有分支时，不可以在分支的汇合线上进行状态的转换与复位，如图 4.49（a）所示，也不可以在分支汇合线前的状态上进行状态的转换与复位，如图 4.49（b）所示。

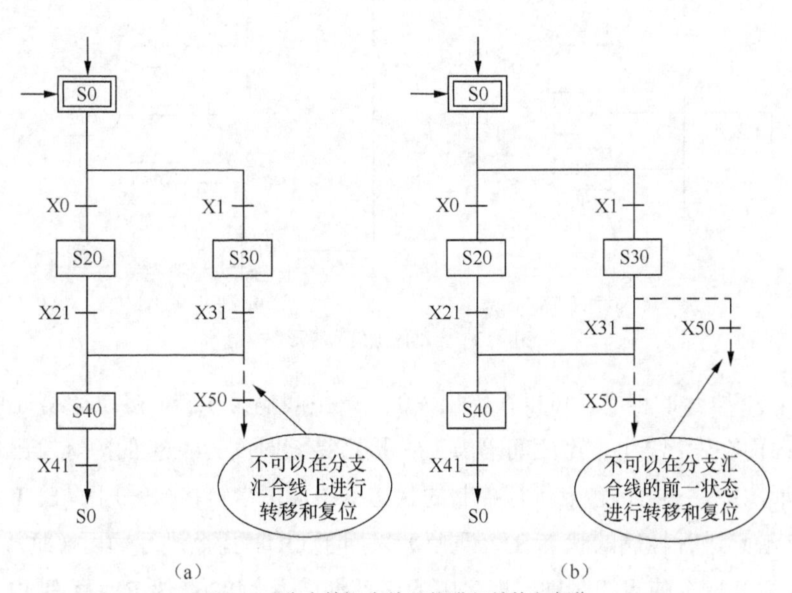

图4.49 分支的汇合处不能进行转换与复位

总之，顺序功能表图编程语言的特点如下。

① 以功能为主线，条理清楚，便于对程序操作的理解和沟通。

② 对大型的程序，可分工设计，采用较为灵活的程序结构，可节省程序设计时间和调试时间。

③ 常用于系统规模较大、程序关系较复杂的场合。

④ 只有在已“激活”的步中指令才被扫描，而在未“激活”的步中的指令则不予扫描，因此，整个程序的扫描时间较其他语言编制的程序扫描时间要大大缩短。

4.5.3 顺序功能图相关实例

【例 4.3】自动闪烁信号的生成。

自动闪烁信号的生成可以通过梯形图编程实现，同样也可以通过顺序功能图语言编程实现。其程序设计如图 4.50 所示。

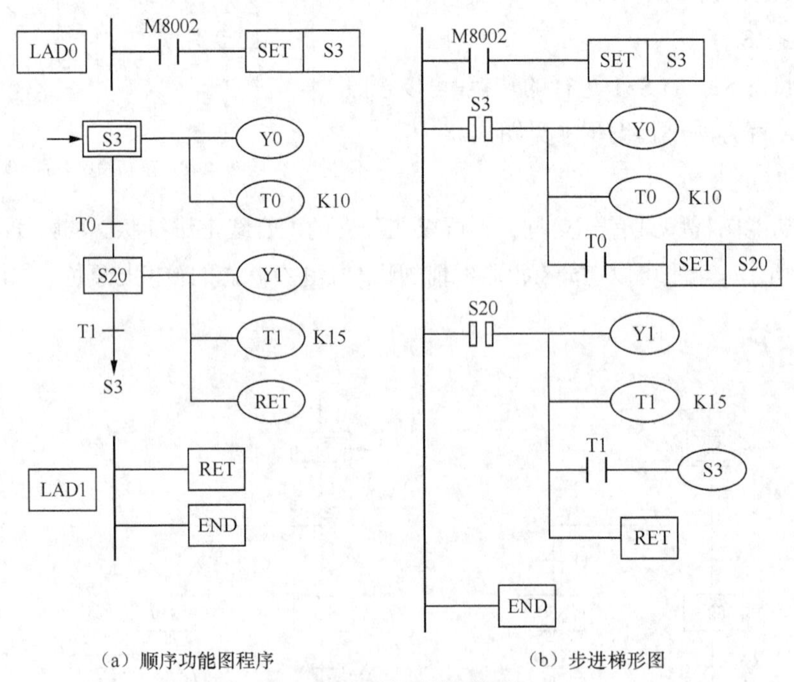

（a）顺序功能图程序　　（b）步进梯形图

图4.50　自动闪烁信号梯形图

通过图 4.50 所示的程序，可以在输出 Y0 上产生间隔为 1.5s，接通持续时间为 1s 的闪烁输出信号；而在输出 Y1 上产生间隔为 1s，接通持续时间为 1.5s 的闪烁输出信号。

步进梯形图中，由 T0 触点进行控制的状态 S20（正常转换）采用了 SET 指令进行置位，而由 T0 触点进行控制的状态 S3（重复）采用了 OUT 指令进行输出（跳转、分离与重复相同），应注意指令使用的区别。程序中的内部继电器 M8002 为 FX_2 系列 PLC 的运行初始脉冲，它在每次 PLC 运行的第一个 PLC 循环内输出为 1，随后即为 0。

【例 4.4】某机床液压滑台的二次进给控制。

假设某机床的液压滑台需要进行二次进给控制，其动作循环与电磁元件动作表如图 4.51 所示。

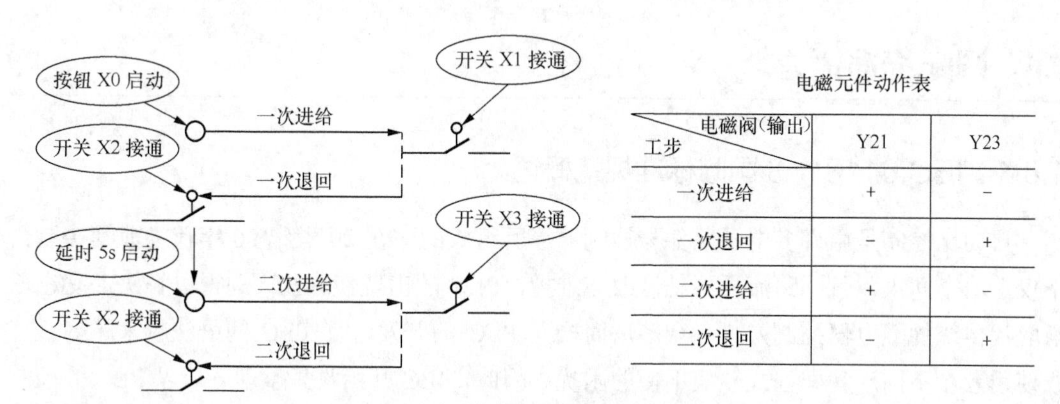

电磁元件动作表

工步 \ 电磁阀(输出)	Y21	Y23
一次进给	+	−
一次退回	−	+
二次进给	+	−
二次退回	−	+

图4.51　动作循环与电磁元件动作表

根据控制要求，可以采用典型的单流程结构，设计的顺序功能图程序与对应的步进梯形图程序如图 4.52 所示。

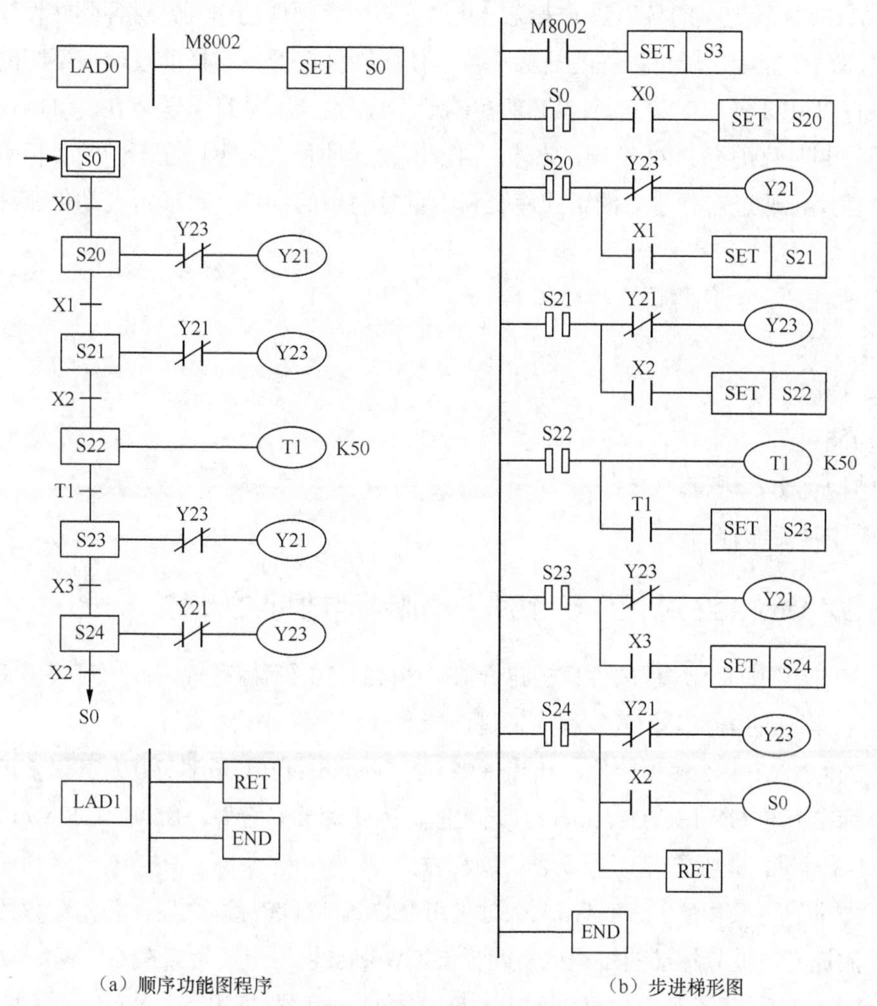

（a）顺序功能图程序　　（b）步进梯形图

图4.52　液压滑台的二次进给控制

4.6 国际标准语言

4.6.1 IEC 61131-3 国际标准规范概述

自动化控制是由许多电子元件与控制器等所组成的，在 20 世纪 90 年代之前其控制器不仅占用空间大，且回路流程不易修改与维护，PLC 的出现使这些问题得以解决，它也逐渐取代传统的继电器控制方式。众多厂商投入 PLC 的开发，使 PLC 的语法越来越多，造成使用者在不同厂牌间程式转换不便的困扰。因此，IEC 开始收集整理各厂家 PLC 的控制语法，在 1993 年制定了 IEC 61131-3 标准以统一 PLC 的语法。

IEC 61131-3 标准中提出一套可跨不同目标平台的 PLC 实现机制。该标准通过模组化的规划与设计，将控制动作分为逻辑运算与硬件动作两个部分。逻辑部分以共同的描述格式（IEC 61131-3 所定义的各语法）来统一并加以实现，硬件动作则针对各硬件设计专属的固件函式库，使控制逻辑可以在各目标平台上使用硬件资源，这样的设计使不同的控制芯片皆可执行以 IEC 61131-3 语法所设计的控制动作，而设计人员只需学会 IEC 61131-3 语法，便可使用控制芯片进行 PLC 设计。此外，由于所设计的程式码可以在不同的目标平台间重复使用，因此，通过自行建立的函式库及利用重复使用的特性，可缩短自动化流程的开发时间。

在 PLC 编程时，编程语言种类如下：

① 指令表。

② 阶梯图。

③ 功能块图。

④ 结构化文本语言。

⑤ 顺序功能流程图。

4.6.2 GX Works2 对 IEC 61131-3 国际标准规范的支持

在 PLC 应用方面，编程软件只需符合 IEC 61131-3 国际标准规范，便可采用符合各项 IEC 61131-3 标准的语言架构开发程序，进而能实现程序跨平台使用。

三菱的 GX Works2 编程软件，相当于将 GX Developer（该软件 7.0 及其以前的版本均不支持此标准）与 GX IEC Developer（该软件支持此标准）合并。所以，GX Works2 支持 IEC 61131-3 标准，但是取消了指令表的编程方式。

除了先进的可操作性，GX Works2 对采用 IEC 61131-3 标准之后，基本编程的效率也有了极大的提升。世界标准的工程风格始于 GX Works2，用户可直接在 GX Works2 中使用 GX Developer 的程序资源，也可以使用 GX Developer 读取使用 GX Works2 写入 PLC 的程序。

另外，值得注意的是，GX Developer version 8.0 也开始支持 IEC 61131-3 国际标准规范。

4.7　本章小结

图形化编程语言包括梯形图、功能块图、顺序功能图。文本化编程语言包括指令表和结构化文本。不是所有的 PLC 都支持所有的编程语言（如功能块图、顺序功能图就有很多低档 PLC 不支持），而大型的 PLC 控制系统一般支持这 5 种标准编程语言或类似的编程语言。还有一些标准以外的编程语言，它们虽然没有被选入标准语言中，但是它们是为了适合某些特殊场合的应用而开发的。

4.8　习题与思考

1．本章共讲述了哪几种编程语言，它们的特点和语法分别是什么？

2．用梯形图语言设计一个两台电动机顺序控制程序。按下启动按钮，M1 启动，延时 3s 后，M2 自行启动；按下停止按钮，M2 停止，延时 3s 后，M1 自动停止。按下急停按钮，电动机立即停止。

3．分别用梯形图语言、功能块图、顺序功能图设计一个单按钮控制两台电动机顺序启停的程序，即按一下 M1 启动，再按一下 M2 启动；当按下停止按钮时，M2 停止，按下急停按钮时，M1、M2 立即停止。

4．分别用梯形图语言、功能块图、顺序功能图设计一个双速电动机自动变速控制程序，当按下启动按钮时，电动机做低速启动，5s 后自动转成高速运行;当按下停止按钮时，先进入低速状态，2s 后再停止。

5．用梯形图语言设计一个双速电动机控制程序，SB1 为低速控制按钮，SB2 为高速控制按钮，按下 SB1，电动机做低速运行；在停止的状态下，按下 SB2，电动机先进行低速启动，延时 3s 后自动进入高速运行状态；在低速运行的状态下，按下 SB2，就直接进行高速运行。在高速运行状态下按下 SB1，就直接进入低速运行状态，按下停止按钮，电动机先进入低速运行状态，延时 2s 后方可停止。

第5章 FX系列指令系统

PLC的编程语言与一般计算机语言相比，具有明显的特点，它既不同于高级语言，又不同于一般的汇编语言；既要满足易于编写的要求，又要满足易于调试的要求。目前，还没有一种对各厂家产品都能兼容的编程语言。FX系列PLC是高效精简的指令系统，它共有基本指令27条（逻辑控制、顺序控制）、应用指令100多条。学习了FX系列的硬件性能和指标后，本章将关注在硬件基础上如何通过指令系统实现相应控制。

5.1 基本指令

5.1.1 逻辑取反、与、或及输出指令

1. 指令格式

逻辑取反、与、或及输出指令（LD、LDI、OUT、AND、ANI、OR、ORI、INV）的功能及相关介绍见表5.1。

表5.1 逻辑取反、与、或及输出指令的功能及相关介绍

符号、名称	功能	电路表示和可用编程软元件	程序步长
LD 取	常开触点逻辑运算开始	X、Y、M、S、T、C	1
LDI 取反	常闭触点逻辑运算开始	X、Y、M、S、T、C	1
OUT 输出	线圈输出	Y、M、S、T、C	Y、M为1；S、特殊M为2；T为3；C为3～5
AND 与	常开触点串联连接	X、Y、M、S、T、C	1

续表

符号、名称	功　能	电路表示和可用编程元件	程序步长
ANI 与非	常闭触点串联连接	X、Y、M、S、T、C	1
OR 或	常开触点并联连接	X、Y、M、S、T、C	1
ORI 或非	常闭触点并联连接	X、Y、M、S、T、C	1
INV 取反	对运算结果取反	INV	1

2. 指令说明

LD 指令是从母线取用常开触点指令，LDI 指令是从母线取用常闭触点指令，在分支回路的开头处，它们可以与后面介绍的 ANB 指令配合使用。

OUT 指令是对输出继电器、内部继电器、状态继电器、定时器和计数器的线圈进行驱动的指令。在程序中，OUT 指令可以连续使用无数次，它相当于线圈的并联；对于定时器和计数器的线圈，在使用 OUT 指令后，必须设定常数 K 或指定相应的数据寄存器。

AND 指令用来串联常开触点，它可将前面的逻辑运算结果与该指令所指定的编程软元件进行“与”操作。ANI 指令用来串联常闭触点，也就是把 ANI 指令所指定的编程软元件内容取反再与运算前的结果进行逻辑“与”操作。

OR 指令用来并联常开触点，它可将前面的逻辑运算结果与该指令所指定的编程软元件进行逻辑“或”操作。ORI 指令用来并联常闭触点，也就是把 ORI 指令所指定的编程软元件内容取反再与运算前的结果进行逻辑“或”操作。

INV 指令为取反指令。使用该指令可以将 INV 电路之前的运算结果取反。

3. 应用实例

【例 5.1】如图 5.1 所示，当 X0 或 X2 有 1 个为 ON，且 X1 同时为 ON 时，Y0 才有输出；当 X3 或 X5 中有 1 个为 OFF，且 X4 为 OFF 时，Y1 才有输出。

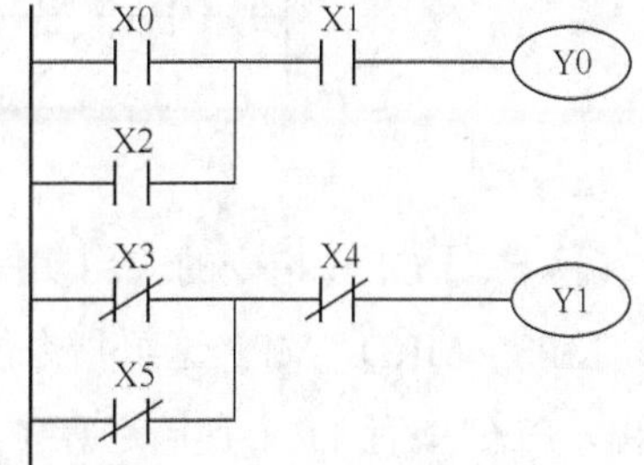

图5.1　逻辑取反、与、或及输出指令应用实例

5.1.2 堆栈指令

1. 指令格式

堆栈指令（ANB、ORB、MPS、MRD、MPP）的功能及相关介绍见表 5.2。

表 5.2　　堆栈指令的功能及相关介绍

符号、名称	功能	电路表示和可用编程软元件	程序步长
ANB 回路块与	并联回路块的串联连接		1
ORB 回路块或	串联回路块的并联连接		1
MPS 进栈	运算存储	MPS	1
MRD 读栈	存储读出	MRD	1
MPP 出栈	存储读出与复位	MPP	1

2. 指令说明

ANB 指令是用来实现多个指令块的串联连接的指令。例 5.2 为该指令的应用实例，该程序为两个程序块的叠加，当 X0 或 X2 接通且 X3 或 X4 接通时，Y0 输出。ORB 指令是用来实现多个指令块的并联连接的指令。例 5.3 为该指令的应用实例，该程序也可以看成两个程序块的叠加，当 X0、X3 同时接通或 X2、X4 同时接通时，Y0 输出。

3. 应用实例

【例 5.2】ANB 指令的应用实例如图 5.2 所示。

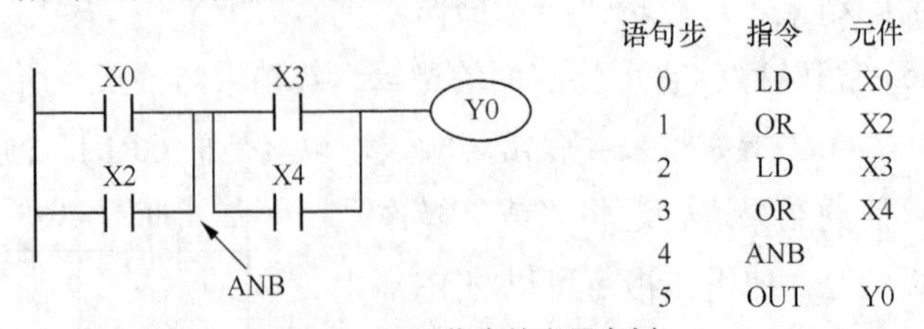

图5.2　ANB指令的应用实例

【例 5.3】ORB 指令的应用实例如图 5.3 所示。

MPS、MRD、MPP 这组指令的功能是将连接点的结果存储起来，以方便连接点后面的编程。PLC 中有 11 个存储运算中间结果的存储器，称为堆栈存储器。当首次使用 MPS 指令时，运算结果被压入第一栈；当再次使用时，运算结果被压入第一栈，而先前的第一栈中的数据依次向下一栈推移。MRD 可以将第一栈所存储的数据读出，而 MPP 指令则是将栈内的数据依次上移。MPS、MRD、MPP 指令都是没有操作数的指令。

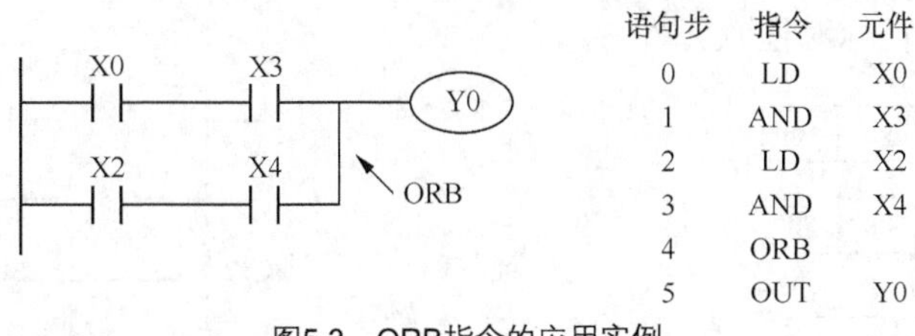

图5.3　ORB指令的应用实例

5.1.3　边沿信号指令

1. 指令格式

边沿信号指令（PLS、PLF、LDP、LDF、ANDP、ANDF、ORP、ORF）的功能及相关介绍见表 5.3。

表 5.3　边沿信号指令的功能及相关介绍

符号、名称	功能	电路表示和可用编程软元件	程序步长
PLS 上升沿脉冲	上升沿微分输出	PLS　Y、M	1
PLF 下降沿脉冲	下降沿微分输出	PLF　Y、M	1
LDP 取脉冲上升沿	上升沿检出运算开始	X、Y、M、S、T、C	2
LDF 取脉冲下降沿	下降沿检出运算开始	X、Y、M、S、T、C	2
ANDP 与脉冲上升沿	上升沿检出串联连接	X、Y、M、S、T、C	2
ANDF 与脉冲下降沿	下降沿检出串联连接	X、Y、M、S、T、C	2
ORP 或脉冲上升沿	上升沿检出并联连接	X、Y、M、S、T、C	2
ORF 或脉冲下降沿	下降沿检出并联连接	X、Y、M、S、T、C	2

2. 指令说明

PLS 用于将指令信号的上升沿进行微分，并将微分结果（接通一个扫描周期的脉冲）送给 PLS 指令后面所指定的目标编程软元件。如图 5.4 所示，X0 即为 PLS 指令所要进行微分的信号，M0 为目标编程软元件。

PLF 用于将指令信号的下降沿进行微分，并将微分结果（接通一个扫描周期的脉冲）

送给 PLF 指令后面所指定的目标编程软元件。如图 5.4 所示，X1 即为 PLF 指令所要进行微分的信号，M1 为目标编程软元件。

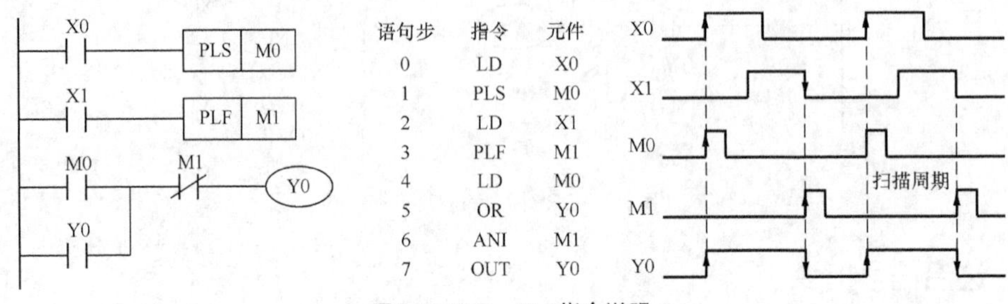

图5.4 PLS、PLF指令说明

LDP、LDF、ANDP、ANDF、ORP、ORF 指令都是逻辑运算指令，其编程规则和 LD、AND、OR 指令相同，只是指令表达的触点性质有所不同。LDP、ANDP、ORP 指令是进行上升沿检测的触点指令，它们所驱动的编程软元件仅在指定编程软元件的上升沿到来（OFF→ON）时接通一个扫描周期；LDF、ANDF、ORF 指令是进行下降沿检测的触点指令，它们所驱动的编程软元件仅在指定编程软元件的下降沿到来（ON→OFF）时接通一个扫描周期。

3. 应用实例

【例 5.4】编写一段红绿灯交替闪烁的程序。要求：每隔 10s 两灯交替闪烁一次，每灯闪烁时间间隔为 1s，红灯闪烁完后自动转为绿灯闪烁，然后再转为红灯闪烁。X0 为启动信号。

编写的红绿灯交替闪烁程序如图 5.5 所示，在程序中，当按下 X0 后，M0 接通，然后红灯 Y0 闪烁，到达指定时间后，通过 M2 和 M0 断开 Y0 的接通条件，然后接通 Y1，绿灯闪烁。

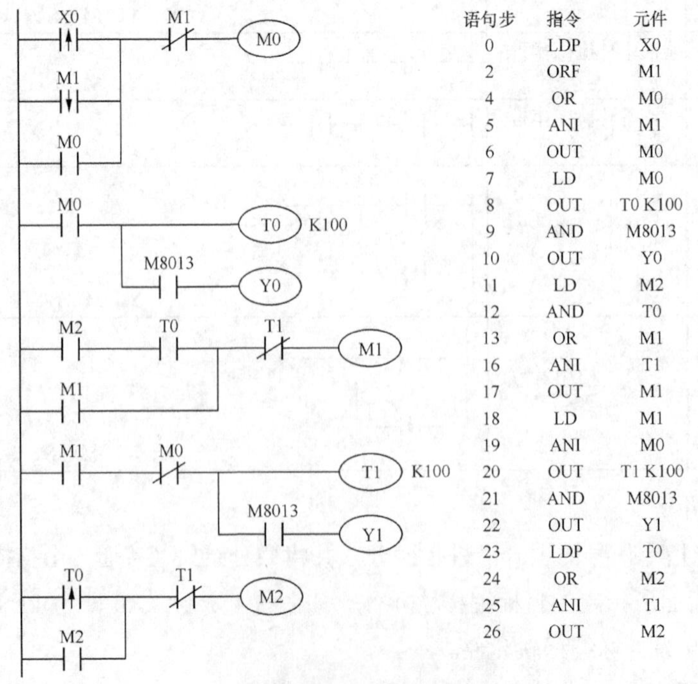

图5.5 编写的红绿灯交替闪烁程序

5.1.4　置位、复位指令

1. 指令格式

置位、复位指令（SET、RST）的功能及相关介绍见表 5.4。

表 5.4　　置位、复位指令的功能及相关介绍

符号、名称	功能	电路表示和可用编程软元件	程序步长
SET 置位	线圈接通保持指令	SET　Y、M、S	Y、M 为 1；S、特殊 M 为 2；T、C 为 2；D、Z、V、特殊 D 为 3
RST 复位	线圈接通消除指令	RST　Y、M、S	

2. 指令说明

SET 指令为置位指令，当 SET 的执行条件满足时，所指定的编程软元件为“1”。此时，若 SET 的执行条件断开，所指定的编程软元件仍然保持接通状态，直到遇到 RST 指令时，所指定的编程软元件才会复位。

RST 指令为复位指令，当 RST 的执行条件满足时，所指定的编程软元件为“0”。图 5.6 为 SET、RST 指令的应用实例。

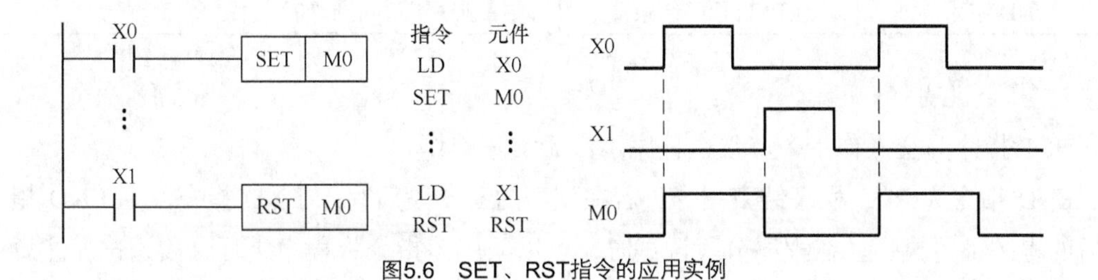

图5.6　SET、RST指令的应用实例

5.1.5　主控指令

1. 指令格式

主控指令（MC、MCR）的功能及相关介绍见表 5.5。

表 5.5　　主控指令的功能及相关介绍

符号、名称	功　能	电路表示和可用编程软元件	程序步长
MC 主控	公共串联点的连接线圈指令	MC　N　Y、M（除特殊内部继电器）	3

续表

符号、名称	功　能	电路表示和可用编程软元件	程序步长
MCR 主控置位	公共串联点的清除指令	─┤├──[MCR N]	2

2. 指令说明

MC、MCR 指令为主控指令，又称嵌套指令。当主控指令 MC 的驱动条件满足时，执行 MC 与 MCR 之间的程序，因此 MC 与 MCR 总是成对出现的。MC 指令为进入主控状态，而 MCR 指令为主控复位返回母线。在执行主控程序时，可以再次使用 MC 指令，这种用法称为嵌套。

5.1.6 其他指令

1. 指令格式

NOP、END 指令的功能及相关介绍见表 5.6。

表 5.6　NOP、END 指令的功能及相关介绍

符号、名称	功能	电路表示	程序步长
NOP 空操作	无动作	消除流程程序	1
END 结束	PLC 程序结束	顺控顺序结束回到“0”	

2. 指令说明

NOP 指令为空操作指令，仅占程序步，无实际动作。

END 指令为 PLC 程序结束指令。若在程序的某一段后写入 END 指令，则 END 指令之后的程序不再执行，在程序分段调试时，可以采用该指令将程序进行分段调试。注意：在整个程序结束时一定要写入 END 或其他表示程序结束的指令。

5.2 应用指令

在 PLC 程序编制过程中，为了进一步简化编程、增强 PLC 的应用功能和范围，常采用应用指令进行编程。FX 系列 PLC 共有 136 条应用指令，根据型号不同，所对应的应用指令有所不同，本节只对 FX 系列 PLC 中常用的应用指令进行说明。

5.2.1 程序流程指令

PLC 用于程序流程控制的常用应用指令共有 10 条，见表 5.7。

表 5.7　　程序流程指令表

指令代码	指令助记符	指令名称	使用机型
FNC00	CL	条件跳转指令	FX_{1S}、FX_{1N}、FX_{2N}、FX_{3UC}
FNC01	CALL	子程序调用指令	FX_{1S}、FX_{1N}、FX_{2N}、FX_{3UC}
FNC02	SRET	子程序返回指令	FX_{1S}、FX_{1N}、FX_{2N}、FX_{3UC}
FNC03	IRET	中断返回指令	FX_{1S}、FX_{1N}、FX_{2N}、FX_{3UC}
FNC04	EI	中断许可指令	FX_{1S}、FX_{1N}、FX_{2N}、FX_{3UC}
FNC05	DI	中断禁止指令	FX_{1S}、FX_{1N}、FX_{2N}、FX_{3UC}
FNC06	FEND	主程序结束指令	FX_{1S}、FX_{1N}、FX_{2N}、FX_{3UC}
FNC07	WDT	监视定时器刷新指令	FX_{1S}、FX_{1N}、FX_{2N}、FX_{3UC}
FNC08	FOR	循环开始指令	FX_{1S}、FX_{1N}、FX_{2N}、FX_{2UC}
FNC09	NEXT	循环结束指令	FX_{1S}、FX_{1N}、FX_{2N}、FX_{3UC}

1. 条件跳转指令 [CJ（FNC00）]

（1）指令格式

条件跳转指令的指令名称、助记符、功能号、操作数和程序步长见表 5.8。

表 5.8　　条件跳转指令的指令名称、助记符、功能号、操作数和程序步长

指令名称	助记符、功能号	操作数[D.]	程序步长	备注
条件跳转	FNC00 CJ P	FX_{1S}：P0～P63；FX_{1N}、FX_{2N}、 FX_{3UC}：P0～P127；P63 为 END	16 位—3， 标号 P—1	①16 位指令； ②连续脉冲

（2）指令说明

CJ 指令为条件跳转指令，其基本应用如图 5.7 所示。在图 5.7 中，若 X0 为 ON，程序跳转到标号 P1 处；若 X0 为 OFF，则按顺序执行程序，这称为条件转移。当执行条件为 M8000 时，称为无条件转移。指令中的跳转标记 P××不可重复使用，但两条跳转指令可以使用同一跳转标记。使用 CJP 跳转指令时，跳转只执行一个扫描周期。编程时，跳转标记占一行，当程序需要直接跳转到 END 指令时，可以将跳转标记指定为 P63，而无须在 END 前标记 P63。CJP 指令为该指令的脉冲执行型指令。

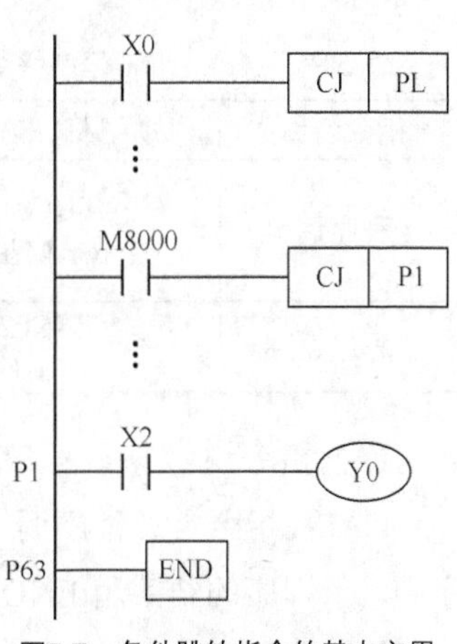

图5.7　条件跳转指令的基本应用

（3）应用举例

【例 5.5】图 5.8 所示实例为采用 CJ 指令完成的手动和自动控制切换的程序，其中，X0 为方式切换开关，X1 为计数脉冲输入，M8013 为 1Hz 脉冲信号，X10 为清零开关。

当 X0 为 OFF 时，执行手动程序，X1 输入 3 个脉冲信号，Y0 有输出；当 X0 为 ON 时，执行自动程序，Y1 为 1Hz 脉冲状态指示输出，C1 对 M8013 计数，计数满 5 个数时，Y2 有输出。

2. 子程序指令 [CALL（FNC01）、SRET（FNC02）]

（1）指令格式

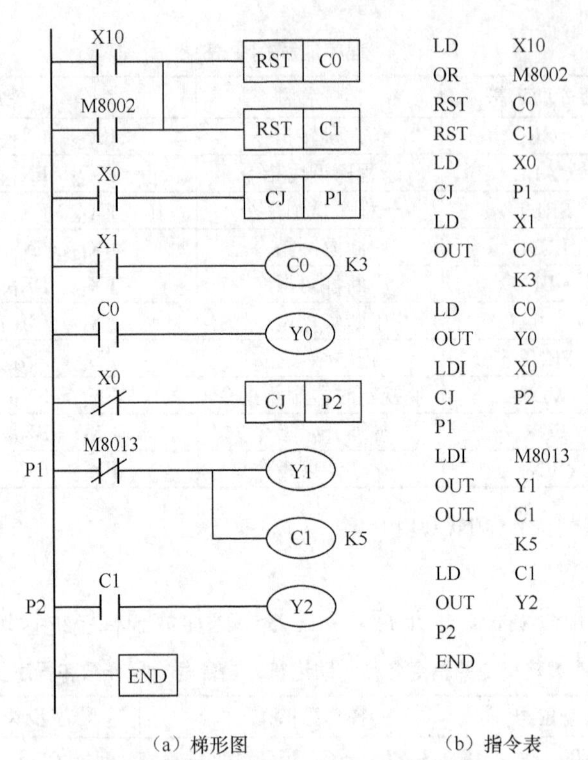

图5.8　利用CJ指令完成自动/手动方式切换程序

子程序指令的指令名称、助记符、功能号、操作数及程序步长见表 5.9。

表 5.9　　子程序指令的指令名称、助记符、功能号、操作数及程序步长

指令名称	助记符、功能号	操作数	程序步长	备注
子程序调用	FNC01 CALLP	FX_{0S}、FX_{0N}、FX_{1S}、FX_{2S}：指针 P0～P62（允许变址）；FX_{1N}、FX_{2N}、FX_{3UC}：P0～P127；P63 为 END，不作指针	CALLP： 3	
子程序返回	FNC02 SRET	无	1	

（2）指令说明

CALL 指令为子程序调用指令，其基本应用如图 5.9 所示。CALL 指令一般安排在主程序中，子程序的结束用 END 指令。子程序的开始以 P××指针标记，最后由 SRET 指令返回主程序。在图 5.9 中，X0 为调用子程序的条件。当 X0 为 ON 时，调用 P1～SRET 段子程序，并执行；当 X0 为 OFF 时，程序顺序执行。CALLP 指令为该指令的脉冲执行型指令。

（3）应用举例

【例 5.6】如图 5.10 所示，子程序列的调用因采用 CALLP 指令，是脉冲执行方式，所以在 X0 由 OFF→ON 时，仅执行一次，即当 X0 从 OFF→ON 时，调用 P1 程序。P1 子程序执行时，若 X11=1，又要调用 P2 子程序并执行，当 P2 子程序执行完毕后，又要返回 P1 原断点处执行 Pl 程序，当执行到 SRET 处时，又返回主程序。

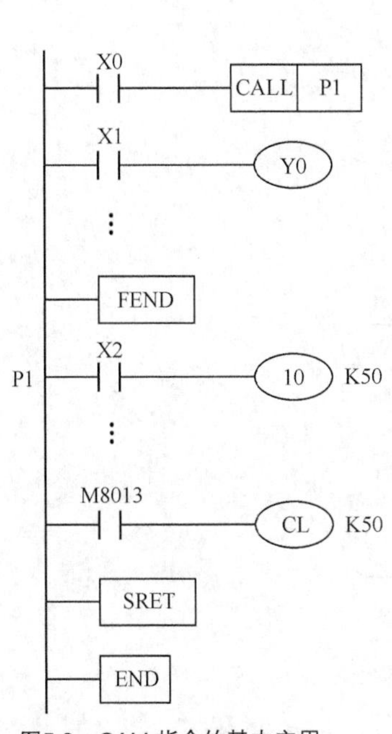

图5.9 CALL指令的基本应用

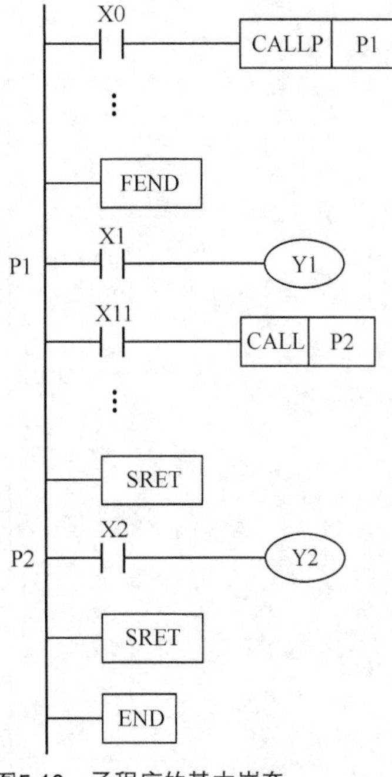

图5.10 子程序的基本嵌套

3. 中断指令［IRET（FNC03）、EI（FNC04）、DI（FNC05）］

（1）指令格式

中断指令的指令名称、助记符、功能号、操作数及程序步长见表5.10。

表5.10 中断指令的指令名称、助记符、功能号、操作数及程序步长

指令名称	助记符、功能号	操作数	程序步长
中断返回	FNC03 IRET	无	1
中断许可	FNC04 EI	无	1
中断禁止	FNC05 DI	无	1

（2）指令说明

中断指令在程序中的应用如图5.11所示。EI～FEND为允许中断区间，1001、1101分别为中断子程序Ⅰ和中断子程序Ⅱ的指针标号。FX系列PLC有3类中断：一是外部输入中断，二是内部定时器中断，三是计数器中断方式。中断方式是计算机所特有的一种工作方式，是指在执行主程序的过程中，中断主程序的执行而去执行中断子程序。中断子程序的功能实际上和子程序的功能一样，也是完成某一特定的控制功能。但中断子程序又和子程序有所区别，即中断响应（执行中断子程序）的时间应小于机器的扫描周期。因而，中断子程序的条件都不能由程序内部安排的条件引出，而是直接将外部输入端子或内部定时器作为中断的信号源。

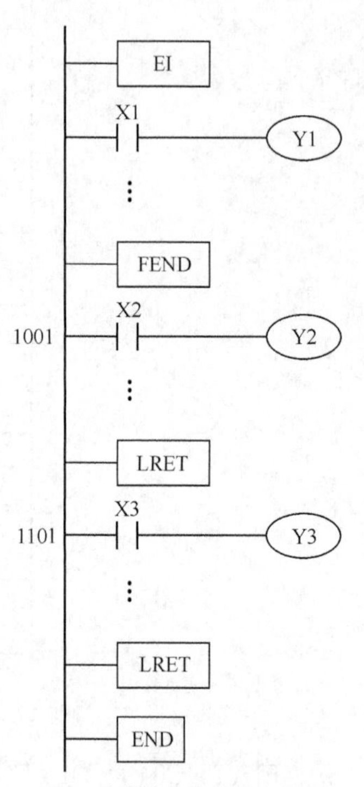

图5.11　中断指令在程序中的应用

中断标号共有 15 个，其中，外部输入中断标号有 6 个，内部定时器中断标号有 3 个，计数器中断标号有 6 个，见表 5.11～表 5.13。

表 5.11　外部输入中断标号指针表

<table>
<tr><th rowspan="2">输入编号</th><th colspan="2">指针编号</th><th rowspan="2">中断禁止特殊内部继电器</th></tr>
<tr><th>上升中断</th><th>下降中断</th></tr>
<tr><td>X0</td><td>1001</td><td>1000</td><td>M8050</td></tr>
<tr><td>X1</td><td>1101</td><td>1100</td><td>M8051</td></tr>
<tr><td>X2</td><td>1201</td><td>1200</td><td>M8052</td></tr>
<tr><td>X3</td><td>1301</td><td>1300</td><td>M8053</td></tr>
<tr><td>X4</td><td>1401</td><td>1400</td><td>M8054</td></tr>
<tr><td>X5</td><td>1501</td><td>1500</td><td>M8055</td></tr>
</table>

表 5.12　内部定时器中断标号指针表

<table>
<tr><th>指针编号</th><th>中断周期</th><th>中断禁止特殊内部继电器</th></tr>
<tr><td>16××</td><td rowspan="3">在指针名称的××部分中，输入 10～99 的整数。1610 为每 10ms 执行一次定时器中断</td><td>M8056</td></tr>
<tr><td>17××</td><td>M8057</td></tr>
<tr><td>18××</td><td>M8058</td></tr>
</table>

注：M8050～M8058=0 允许，M8050～M8058=1 禁止。

表 5.13　　计数器中断标号指针表

指针编号	中断禁止继电器	指针编号	中断禁止继电器
1010	M8059=0 允许； M8059=1 禁止	1040	M8059=0 允许； M8059=1 禁止
1020		1050	
1030		1060	

由表 5.11 我们可以看出，对应外部中断信号输入端子有 X0～X5（6 个）。每个输入只能用一次，这些中断信号可应用于一些突发事件的场合。

定时器中断有 3 个中断标号（适用于 FX_{2N}、FX_{3UC}，见表 5.12），分别为 16××～18××。若在程序中要对某一中断信号源禁止封锁，将对应的某一特殊内部继电器（M8050～M8058）置 1 即可。对于计数器中断信号源，仅适用于 FX_{2N}、FX_{3UC}，其中，中断标号指针如表 5.13 所示。当 M8059=1 时，禁止所有的计数器中断。当 M8059=0 时，允许计数器中断。当多个中断信号同时出现时，中断指针号低的有优先权。IRET 为中断子程序返回指令。每个中断子程序后均有 IRET 作为结束返回标志。中断子程序一般出现在主程序后面。中断子程序可以进行嵌套，最多为二级。

（3）应用举例

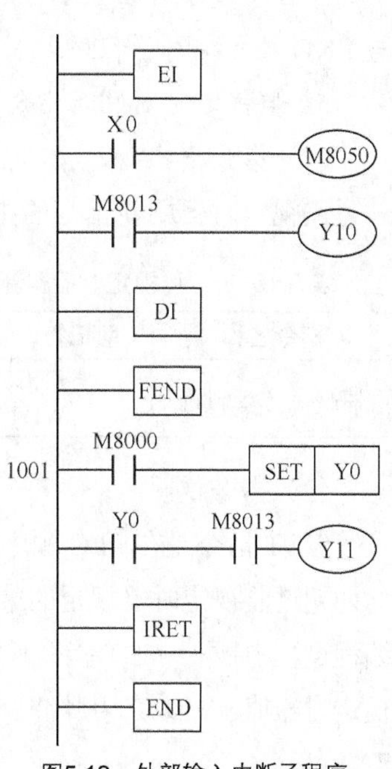

图5.12　外部输入中断子程序

【例 5.7】图 5.12 为一外部输入中断子程序。在主程序执行时，若特殊内部继电器 M8050=0，标号为 1001 的中断子程序允许执行。当 PLC 外部输入端 X0 有上升沿信号时，中断就执行一次，执行完毕后，返回主程序。本程序中，Y10 由 M8013 驱动。每秒闪一次，而 Y0 输出是当 X0 在上升沿脉冲时，驱动其为"1"信号，此时 Y11 输出就由 M8013 当时状态所决定。

若 X10=l，使 M8050 为"1"状态，则 1001 中断禁止。

4. 主程序结束指令［FEND（FNC06）］

（1）指令格式

主程序结束指令的指令名称、助记符、功能号、操作数及程序步长见表 5.14。

表 5.14　　主程序结束指令的指令名称、助记符、功能号、操作数及程序步长

指令名称	助记符、功能号	操作数	程序步长	备注
子程序结束	FNC06 FEND	无	1	结束指令

（2）指令说明

FEND 指令为子程序结束指令，执行此指令，功能同 END 指令。CJ 指令的程序中，

用 FEND 作为子程序及跳转程序的结束。但在调用子程序（CALL）时，子程序、中断子程序应写在 FEND 指令之后，且其结束端均用 SRET 和 IRET 作为返回指令。

注意：若 FEND 指令在 CALL 或 CALLP 指令执行之后、SRET 指令执行之前出现，则认为程序是错误的。另一类似的错误是 FEND 指令处于 FOR…NEXT 循环之中。子程序及中断子程序必须写在 FEND 与 END 之间，若使用多个 FEND 指令的话，则在最后的 FEND 与 END 之间编写子程序或中断子程序。

5. 监视定时器刷新指令［WDT（FNC07）］

（1）指令格式

监视定时器刷新指令的指令名称、助记符、功能号、操作数及程序步长见表 5.15。

表 5.15　监视定时器刷新指令的指令名称、助记符、功能号、操作数及程序步长

指令名称	助记符、功能号	操作数	程序步长	备注
监视定时器刷新	FNC07 WDT(P)	无	1	连续/单步执行

（2）指令说明

WDT 指令是在 PLC 顺序执行程序过程中，进行监视定时器刷新的指令。当 PLC 的运行周期超过监视定时器规定的某一值时，PLC 将停止工作，此时 CPU 的出错指示灯亮。因此，编程过程中插入 WDT 指令，可以检测 PLC 的运行周期是否超过规定的扫描周期数值，即监视定时器值。WDTP 为脉冲执行型指令。若要改变监视定时器的数值，只需改变 D8000 的内容即可。

6. 循环指令［FOR（FNC08）、NEXT（FNC09）］

（1）指令格式

循环指令的指令名称、助记符、功能号、操作数及程序步长见表 5.16。

表 5.16　循环指令的指令名称、助记符、功能号、操作数及程序步长

指令名称	助记符、功能号	操作数	程序步长	备注
循环开始	FNC08 FOR	K、H、KnH、KnY、KnM、KnS、T、C、D、V、Z	3	可嵌套 5 层
循环结束	FNC09 NEXT	无	1	

（2）指令说明

循环次数 n 由 FOR 指令指定，在 1～32 767 时有效，当 n 为−32 767～0 时，将当作 1 处理。当 n=K4 时，FOR…NEXT 循环执行 4 次；当 n=D0，并且 D0=5 时，对应的 FOR…NEXT 循环执行 5 次。FOR、NEXT 循环次数一共可以嵌套 5 层。

应当注意的是，循环次数多时，会延长 PLC 的扫描周期，可能出现监视定时器出错。编写程序时，若 NEXT 指令编写在 FOR 指令之前，或 FOR 指令无对应的 NEXT 指令，或

在 FEND、END 指令以后再有 NEXT 指令，或 FOR 指令与 NEXT 指令的个数不相等，则都会出错。

5.2.2　传送指令

常用的传送指令共有 10 条，见表 5.17。

表 5.17　　传送指令表

指令代号	指令助记符	指令名称	适用机型
FNC12	MOV	传送指令	FX_{1S}、FX_{1N}、FX_{2N}、FX_{3UC}
FNC13	SMOV	移位传送指令	FX_{2N}、FX_{3UC}
FNC14	CML	求反传送指令	FX_{2N}、FX_{3UC}
FNC15	BMOV	块传送指令	FX_{1S}、FX_{1N}、FX_{2N}、FX_{3UC}
FNC16	FMOV	多点传送指令	FX_{3UC}
FNC17	XCH	数据交换指令	FX_{2N}、FX_{3UC}
FNC18	BCD	BCD 转换指令	FX_{1S}、FX_{1N}、FX_{2N}、FX_{3UC}
FNC19	BIN	BIN 转换指令	FX_{1S}、FX_{1N}、FX_{2N}、FX_{3UC}
FNC78	FROM	BFM 读出	FX_{1N}、FX_{2N}、FX_{3UC}
FNC79	TO	BFM 写入	FX_{1S}、FX_{2N}、FX_{3UC}

1. 传送指令［MOV（FNC12）］

（1）指令格式

传送指令的指令名称、助记符、功能号、操作数及程序步长见表 5.18。

表 5.18　　传送指令的指令名称、助记符、功能号、操作数及程序步长

指令名称	助记符、功能号	操作数		程序步长	备注
		[S.]	[D.]		
传送	FNC12 DMOVP	K、H、KnX、KnY、KnM、KnS、T、C、D、V、Z	K、H、KnY、KnM、KnS、T、C、D、V、Z	16 位—5 步 32 位—9 步	①16/32 位指令 ②脉冲/连续执行

（2）指令说明

图 5.13 为 MOV 指令的基本格式，MOV 指令的功能是将源数据送到目标数据中，即当 X0 为 ON 时，[S.]→[D.]；当 X0 断开时，指令不执行，D0 数据保持不变。MOV 指令为连续执行型，MOVP 指令为脉冲执行型。编程时若[S.]源数据是一个变量，则要用脉冲型传送指令 MOVP。对于 32 位数据的传送，需要用 DMOV 指令。

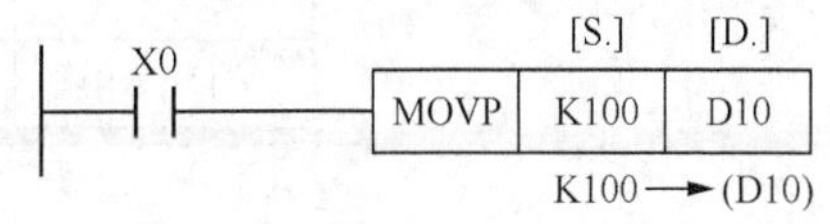

图5.13　MOV指令的基本格式

2. 移位传送指令［SMOV（FNC13）］

（1）指令格式

移位传送指令的指令名称、助记符、功能号、操作数及程序步长见表 5.19。该指令仅

适用于FX_{2N}、FX_{3UC}。

表 5.19　　移位传送指令的指令名称、助记符、功能号、操作数及程序步长

指令名称	助记符、功能号	操作数		程序步长	备注
		[S.]	[D.]		
移位传送	FNC13 SMOV(P)	K、H、KnX、KnY、KnM、KnS、T、C、D、V、Z、X、Y、M、S	KnY、KnM、KnS、T、C、D、V、Z	16位—11步	①16位指令；②脉冲/连续执行

（2）指令说明

如图5.14所示，当X0为ON时，将数据寄存器D1中的二进制先转换成BCD码，然后把BCD码传送至数据寄存器D2中，再把D2中的BCD码数转换成二进制数。

如图5.14所示，将源数据（D1）中的数据（已转换成BCD码）第4位（10^3位，因为$m1$=K4）起的低2位部分（位10^3与10^2位，因$m2$=K2）向目标D2中传送，传送至D2的第3位和第2位（10^2与10^1，因n=K3）。D2中的10^3、10^0位源数据不变。传送完毕后，再转换成二进制数。若BCD码的数值超过9 999将会出错。SMOVP指令为该指令的脉冲执行型指令。

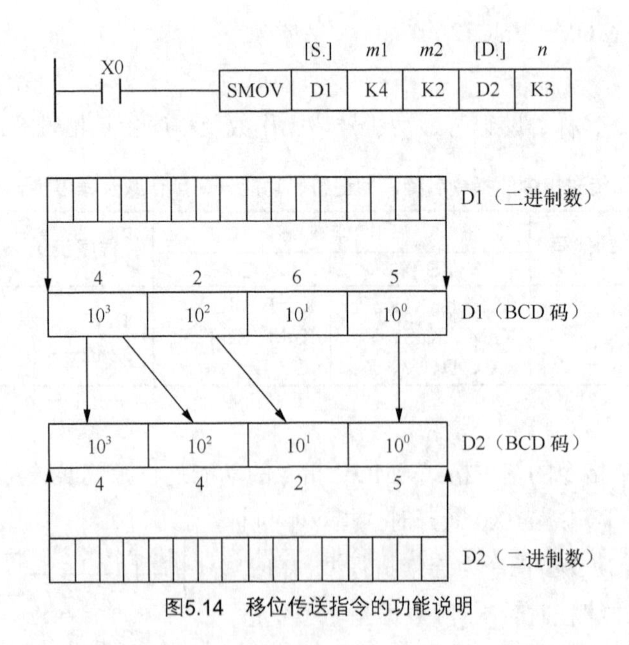

图5.14　移位传送指令的功能说明

3. 求反传送指令［CML（FNC14）］

（1）指令格式

求反传送指令的指令名称、助记符、功能号、操作数及程序步长见表5.20。该指令仅适用于FX_{2N}、FX_{3UC}。

表 5.20　　求反传送指令的指令名称、助记符、功能号、操作数及程序步长

指令名称	助记符、功能号	操作数		程序步长	备注
		[S.]	[D.]		
求反传送（或反相传送）	FNC14 DCMLP	K、H、KnX、KnY、KnM、KnS、T、C、D、V、Z、X、Y、M、S	KnY、KnM、KnS、T、C、D、V、Z	16位—5步；32位—9步	①16/32位指令；②脉冲/连续执行

（2）指令说明

图5.15为求反传送指令功能说明。当X0为ON时，将[S.]的值求反后传送到[D.]，即把操作数源数据（二进制数）每位取反后送到目标数据中。当源数据为常数时，将自动地转换成二进制数。CML为连续执行型指令，CMLP为脉冲执行型指令。当进行32位数据传送时，采用DCML指令。本指令可作为PLC的输入求反或输出求反指令。

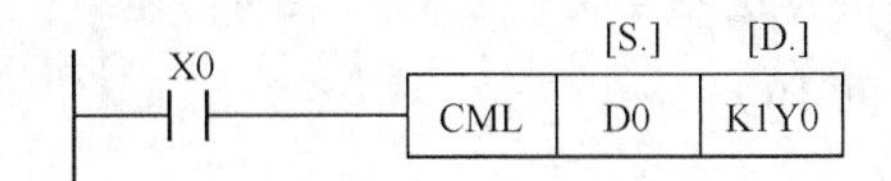

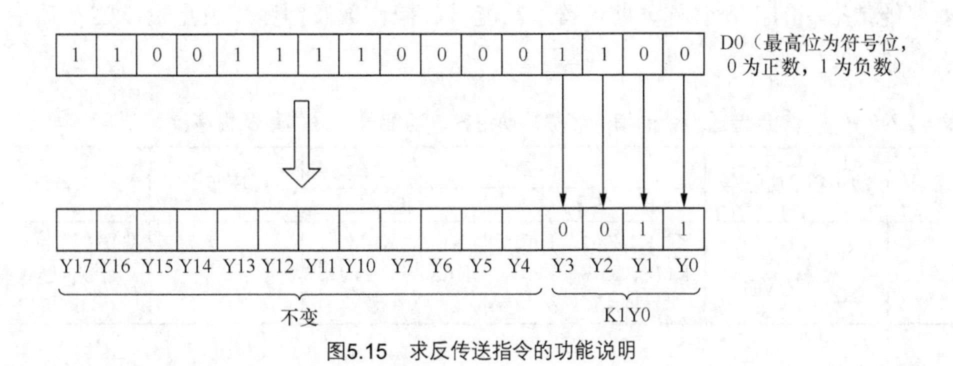

图5.15　求反传送指令的功能说明

4. 块传送指令［BMOV（FNC15）］

（1）指令格式

块传送指令的指令名称、助记符、功能号、操作数及程序步长见表5.21。

表 5.21　　块传送指令的指令名称、助记符、功能号、操作数及程序步长

指令名称	助记符、功能号	操作数		程序步长	备注
		[S.]	[D.]		
块传送（或成批传送）	FNC15 DBMOVP	K、H、KnX、KnY、KnM、KnS、T、C、D	KnY、KnM、KnS、T、C、D	16位—7步	①16位指令 ②脉冲/连续执行 $n \leqslant 512$

（2）指令说明

块传送指令用于成批传送数据，将操作数中的源数据[S.]传送到目标数据[D.]中，传送的长度由 n 指定。如图5.16所示，当X0为ON时，将D7、D6、D5的内容传送到D12、D11、D10中。在指令格式中操作数只写指定元件的最低位地址，如D5、D10。BMOVP

为脉冲执行型指令。当进行 32 位数据传送时，采用 DBMOV 指令。

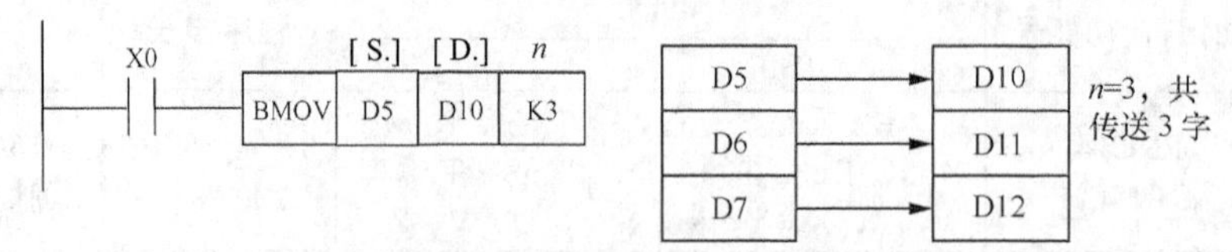

图5.16 块传送指令的功能说明

注意：① 若块传送指令传送的是位元件的话，则目标数与源操作的位数要相同。

② 在传送数据的源与目标地址号范围重叠时，为了防止输送源数据在未传输前被改写，PLC 将自动地确定传送顺序。

③ 当特殊内部继电器 M8024 置于 ON 时，BMOV 指令的数据传送将变反向传送[D.]→[S.]；当 M8024 再次为 OFF 时，块传送指令仍恢复到原来的功能。

5. 多点传送指令［FMOV（FNC16）］

（1）指令格式

多点传送指令的指令名称、助记符、功能号、操作数及程序步长见表 5.22。该指令仅适用于 FX3UC。

表 5.22 多点传送指令的指令名称、助记符、功能号、操作数及程序步长

指令名称	助记符、功能号	操作数		程序步长	备注
		[S.]	[D.]		
多点传送	FNC16 DFMOVP	K、H、KnX、KnY、KnM、KnS、T、C、D、V、Z	KnY、KnM、KnS、T、C、D、V、Z	16 位—7 步； 32 位—13 步	①16/32 位指令； ②脉冲/连续执行 n≤512

（2）指令说明

多点传送指令的功能为数据多点传送，其功能说明如图 5.17 所示。当 X0 为 ON 时，将同一数据值 K1 分别传送至 D0～D4（n=K5）中。如果元件号超出允许的元件号范围，数据仅传送到允许的范围内。FMOVP 为脉冲执行型指令。当进行 32 位数据传送时，采用 DFMOV 指令。

图5.17 多点传送指令的功能说明

6. 数据交换指令［XCH（FNC17）］

（1）指令格式

数据交换指令的指令名称、助记符、功能号、操作数及程序步长见表 5.23。该指令仅适用于 FX_{2N}、FX_{3UC}。

表 5.23 数据交换指令的指令名称、助记符、功能号、操作数及程序步长

指令名称	助记符、功能号	操作数		程序步长	备注
		[D1.]	[D2.]		
数据交换	FNC17 DXCHP	KnY、KnM、KnS、T、C、D、V、Z	KnY、KnM、KnS、T、C、D、V、Z	16位—5步；32位—9步	①16/32位指令；②脉冲/连续执行

（2）指令说明

数据交换指令的功能是将两个指定的目标数据进行相互交换，如图 5.18 所示。当 X0 为 ON 时，D0 与 D1 的内容进行互换。若执行前 D0=100、D1=150，则执行该指令后，变为 D0＝150，D1＝100。XCHP 为脉冲执行型指令。[D1.]与[D2.]为同一地址号，且特殊继电器 M8160 接通时，则同一地址对应元件的低 8 位与高 8 位进行互换，32 位指令的互换为高 16 位和低 16 位互换。当进行 32 位数据交换时，采用 DXCH 指令。

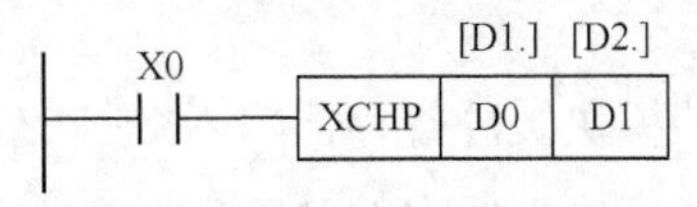

图5.18 数据交换指令的功能说明

7. BFM 读出指令［FROM（FNC78）］

（1）指令格式

BFM 读出指令的指令名称、助记符、功能号、操作数和程序步长见表 5.24。

表 5.24 BFM 读出指令的指令名称、助记符、功能号、操作数及程序步长

指令名称	助记符、功能号	操作数				程序步长	备注
		$m1$	$m2$	[D.]	n		
BFM读出	FNC78 DFROMP	K、H（$m1$=0～7）	K、H（$m2$=0～32 767）	KnY、KnM、KnS、T、C、D、V、Z	K、H（n=1～32 767）	16位—9步；32位—17步	①16/32位指令；②脉冲/连续执行

（2）指令说明

FROM 指令为特殊功能模块缓冲寄存器数据读出指令。当执行条件满足时，通过 FROM 指令将编号为 $m1$ 的特殊功能模块从模块缓冲寄存器（BFM）编号为 $m2$ 开始的 n 个数据读入 PLC，并存入[D.]指定元件中的 n 个数据寄存器中。

$m1$ 表示特殊功能模块号，$m1$＝0～7。

$m2$ 表示模块缓冲寄存器号，$m2$＝0～32 767。

n 表示待传送数据的字节数，n=1～32 767。

一般将接在 FX_{2N} 基本单元右边扩展总线上的功能模块，由近到远编号为 0～7。例如，对于模拟量输入单元、模拟量输出单元、高速计数器、单元灯等模块，将它们离 FX_{2N} 基本单元最近的编号为 0。

FROMP 为脉冲执行型指令。当进行 32 位数据读出时，采用 DFROM 指令。

8. BFM 写入指令［TO（FNC79）］

（1）指令格式

BFM 写入指令的指令名称、助记符、功能号、操作数和程序步长见表 5.25。

表 5.25　　BFM 写入指令的指令名称、助记符、功能号、操作数及程序步长

指令名称	助记符、功能号	操作数				程序步长	备　注
		*m*1	*m*2	[S.]	*n*		
BFM 写入	FNC79 [D]TO[P]	K、H（*m*1=0～7）	K、H（*m*2=0～31）	KnY、KnM、KnS、T、C、D、V、Z	K、H [*n* =1～16（16 位），*n*=1～32（32 位）]	16 位—9 步；32 位—17 步	①16/32 位指令；②脉冲/连续执行

（2）指令说明

TO 指令为 PLC 向特殊功能模块缓冲寄存器写入数据的指令。当条件满足时，将 PLC 指定的传送源数据送至特殊功能模块中指定的 BFM 号中，传送字数在指令中给定。

*m*1 表示特殊功能模块号，*m*1＝0～7。

*m*2 表示缓冲寄存器首元件号，*m*2＝0～31。

n 表示待传送数据的字节数，*n*=1～16（16 位），*n*=1～32（32 位）。

TOP 为脉冲执行型指令。当进行 32 位数据写入时，采用 DTO 指令。

FROM 和 TO 指令是特殊功能模块编程必须使用的指令。

5.2.3　比较与移位指令

常用的比较与移位指令共有 12 条，见表 5.26。

表 5.26　　比较与移位指令表

指令代号	指令助记符	指令名称	适用机型
FNC10	CMP	比较指令	FX_{1S}、FX_{1N}、FX_{2N}、FX_{3UC}
FNC11	ZCP	区间比较指令	FX_{1S}、FX_{1N}、FX_{2N}、FX_{3UC}
FNC30	ROR	循环右移指令	FX_{2N}、FX_{3UC}
FNC31	ROL	循环左移指令	FX_{3N}、FX_{3UC}
FNC32	RCR	带进位的循环右移指令	FX_{2N}、FX_{3UC}
FNC33	RCL	带进位的循环左移指令	FX_{2N}、FX_{3UC}
FNC34	SFTR	位右移指令	FX_{1S}、FX_{1N}、FX_{2N}、FX_{3UC}
FNC35	SFTL	位左移指令	FX_{1S}、FX_{1N}、FX_{2N}、FX_{3UC}
FNC36	WSFR	字右移指令	FX_{2N}、FX_{3UC}
FNC37	WSFL	字左移指令	FX_{2N}、FX_{3UC}
FNC38	SFWR	移位写入（先入先出写入）指令	FX_{1S}、FX_{1N}、FX_{2N}、FX_{3UC}
FNC39	SFRD	移位读出（先入先出读出）指令	FX_{1S}、FX_{1N}、FX_{2N}、FX_{3UC}

1. 比较指令［CMP（FNC10）、ZCP（FNC11）］

（1）指令格式

比较指令的指令名称、助记符、功能号、操作数及程序步长见表 5.27。

表 5.27　　比较指令的指令名称、助记符、功能号、操作数及程序步长

指令名称	助记符、功能号	操作数			程序步长	备注
		[S1.]	[S2.]	[D.]		
比较	FNC10 DCMPP	K、H、KnX、KnY、KnM、KnS、T、C、D、V、Z		Y、M、S	16 位—7 步；32 位—13 步	①16/32 位指令；②脉冲/连续执行
区间比较	FNC11 DZCPP	K、H、KnX、KnY、KnM、KnS、T、C、D、V、Z		Y、M、S	16 位—7 步；32 位—13 步	①16/32 位指令；②脉冲/连续执行

（2）指令说明

比较指令 CMP 将一个数据[S1.]、[S2.]与源数据[S.]进行代数比较，比较结果送到操作数[D.]中，如图 5.19 所示。当 X0 为 OFF 时，不执行 CMP 指令，M0、M1、M2 保持不变；当 X0 为 ON 时，[S1.]、[S2.]进行比较，即 C1 计数器与 K10（常数 10）比较；若 C1 当前值小于 10，则 M0=1；若 C1 当前值等于 10，则 M1=1；若 C1 当前值大于 10，则 M2=1。比较数据均为二进制数时带符号比较，如−5＜2。存放比较结果的操作数地址应为 Y、M、S，若把结果存放到其他继电器（如 X、D、T、C），则会出错。若要清除比较结果，则需要用 RST 和 ZRST 指令。

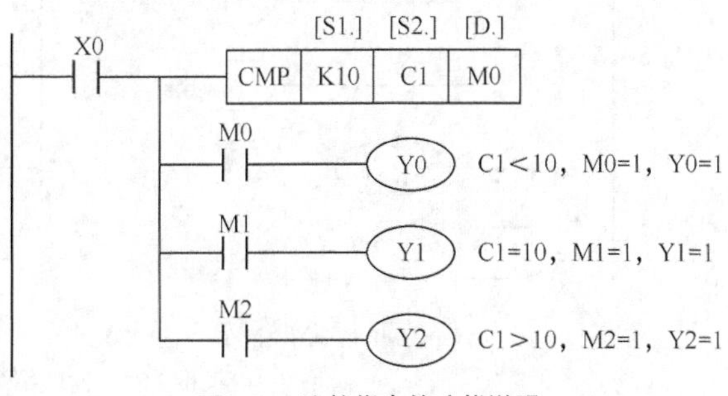

图5.19　比较指令的功能说明

区间比较指令的功能说明如图 5.20 所示。它是将源数据[S.]与两个源数据[S1.]、[S2.]进行代数比较，比较结果存储到操作数[D.]中。X0 为 ON，C1 的当前值与 K10 和 K12 比较，若 C1＜10，则 M0=1；若 10≤C1≤12，则 M1=1；若 C1＞12，则 M2=1。区间比较指令的数据均为二进制数，且带符号位比较。

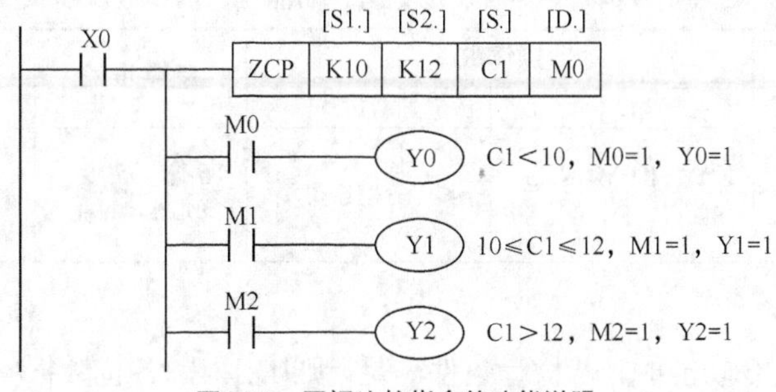

图5.20　区间比较指令的功能说明

（3）应用举例

【例 5.8】 比较指令的应用如图 5.21 所示。图 5.21（a）为 CMP 指令的应用。当 X0=1 时，若 C0 计数器计数个数小于 10，即 C0＜10，则 Y0=1；若计数器 C0=10，则 Y1=1；若计数器 C0＞10，则 Y2=1。当计数器 C0 计数到 15 时，Y3 为 ON。

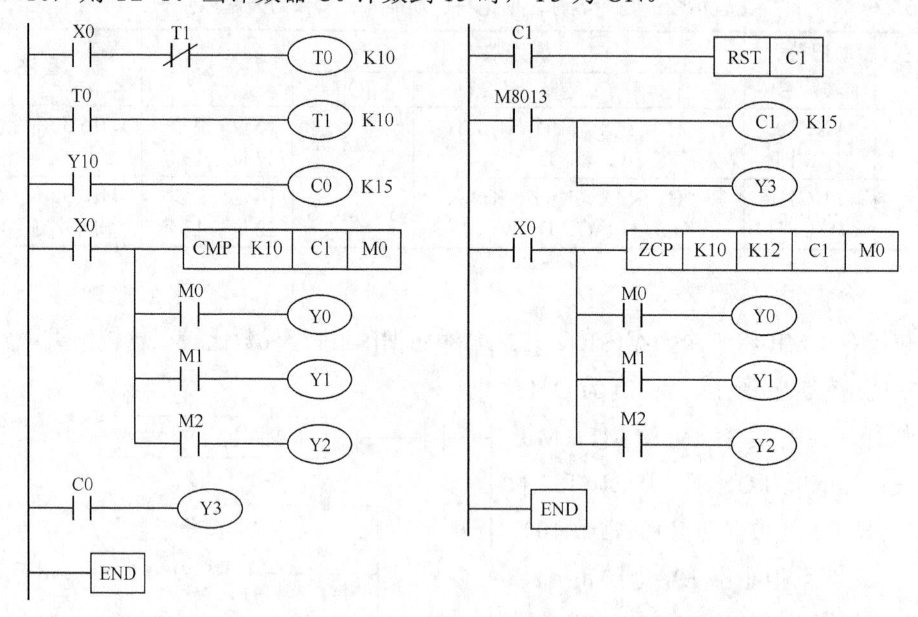

（a）CMP 指令的应用　　（b）ZCP 指令的应用

图5.21　比较指令的应用

图 5.21（b）为 ZCP 指令的应用。X0 为 ON，当 C1<10 时，Y0=1；当 10≤C1≤12 时，Y1=1；当 C1＞12 时，Y2=1。

Y13 为 M8013 的输出指示灯。当计数器 C1=15 时，C1 清零，在下一个扫描周期，PLC 又开始循环工作。

2. 循环右移指令［ROR（FNC30）］

（1）指令格式

循环右移指令的指令名称、助记符、功能号、操作数及程序步长见表 5.28。

表 5.28　循环右移指令的指令名称、助记符、功能号、操作数及程序步长

指令名称	助记符、功能号	操作数		程序步长	备注
		[D.]	*n*		
循环右移	FNC30 DRORP	KnY、KnM、KnS、T、C、D、V、Z	K、H *n*≤16（16 位）； *n*≤32（32 位）	16 位—5 步； 32 位—9 步	①16/32 位指令； ②脉冲/连续执行； ③影响标志：M8022

（2）指令说明

使用循环右移指令功能时，若执行条件满足，则[D.]内的各位数据向右移 *n* 位，最后一次从最低位移出的状态存于进位标志 M8022 中。循环右移指令中[D.]可以是 16 位数据寄存器，也可以是 32 位数据寄存器。RORP 为脉冲型指令，ROR 为连续型指令，其循环移位操作每个周期执行一次。若在目标元件中指定“位”数，则只能用 K4（16 位指令）和 K8（32 位指令）表示。

3. 循环左移指令［ROL（FNC31）］

（1）指令格式

循环左移指令的指令名称、助记符、功能号、操作数及程序步长见表 5.29。

表 5.29　　循环左移指令的指令名称、助记符、功能号、操作数及程序步长

指令名称	助记符、功能号	操作数		程序步长	备注
		[D.]	n		
循环左移	FNC31 DROLP	KnY、KnM、KnS、T、C、D、V、Z	K、H n≤16（16 位）； n≤32（32 位）	16 位—5 步； 32 位—9 步	①16/32 位指令； ②脉冲/连续执行； ③影响标志：M8022

（2）指令说明

使用循环左移指令功能时，若执行条件满足，则[D.]内的各位数据向左移 *n* 位，最后一次从最高位移出的状态存于进位标志 M8022 中。和循环右移指令一样，循环左移指令中[D.]可以是 16 位数据寄存器，也可以是 32 位数据寄存器，有脉冲型和连续型指令。若目标元件中指定“位”数，则用 K4（16 位指令）和 K8（32 位指令）表示。

4. 带进位的循环右移、左移指令［RCR（FNC32）、RCL（FNC33）］

（1）指令格式

带进位的循环右移、左移指令的指令名称、助记符、功能号、操作数及程序步长见表 5.30。该指令仅适用于 FX_{2N}、FX_{3UC}。

表 5.30　　带进位的循环右移、左移指令的指令名称、助记符、功能号、操作数及程序步长

指令名称	助记符、功能号	操作数		程序步长	备注
		[D.]	n		
带进位的循环右移	FNC32 DRCRP	KnY、KnM、KnS、T、C、D、V、Z	K、H n≤16（16 位）； n≤32（32 位）	16 位—5 步； 32 位—9 步	①16/32 位指令； ②脉冲/连续执行； ③影响标志：M8022
带进位的循环左移	FNC33 DRCLP				

（2）指令说明

带进位的循环左移指令是用来移位的指令，当执行条件满足时，[D.]中的各位数据（各位）向左移 *n* 位，若 *n*=K4，则向左移动 4 位，此时，移位是带着进位标志 M8022 一起移位的。RCL 为连续型指令，而 RCLP 是脉冲型指令。带进位的循环右移指令功能与带进位的循环左移指令相似。

操作数[D.]中的数据寄存器可以是 16 位或 32 位数据寄存器。若用位元件表示，则用 K4（16 位）或 K8（32 位）表示，如 K4Y10、K8M0。

5. 位右移、位左移指令［SFTR（FNC34）、SFTL（FNC35）］

（1）指令格式

位右移、位左移指令的指令名称、助记符、功能号、操作数及程序步长见表 5.31。

表 5.31　　位右移、位左移指令的指令名称、助记符、功能号、操作数及程序步长

指令名称	助记符、功能号	操作数				程序步长	备注
		[S.]	[D.]	*n*1	*n*2		
位右移	FNC34 SFTRP	X、Y、M、S	Y、M、S	K、H *n* 2≤*n*1≤1 024		16 位—7 步	①32 位指令；②脉冲/连续执行
位左移	FNC35 SFTLP						

（2）指令说明

SFTR 和 SFTL 这两条指令使位元件中的状态向右、向左移位，*n*1 指定位元件长度，*n*2 指定移位的位数，且 *n*2≤*n*1≤1 024。

6. 字右移、字左移指令［WSFR（FNC36）、WSFL（FNC37）］

（1）指令格式

字右移、字左移指令的指令名称、助记符、功能号、操作数及程序步长见表 5.32。这两条指令仅适用于 FX_{2N}、FX_{3UC}。

表 5.32　　字右移、字左移指令的指令名称、助记符、功能号、操作数及程序步长

指令名称	助记符、功能号	操作数				程序步长	备注
		[S.]	[D.]	*n*1	*n*2		
字右移	FNC36 WSFRP	KnX、KnY、KnM、KnS、T、C、D	KnY、KnM、KnS、T、C、D	K、H *n*2≤n1≤512		16 位—9 步	①16 位指令；②脉冲/连续执行
字左移	FNC37 WSFLP						

（2）指令说明

字左移、字右移指令的功能与位左移、位右移指令的功能相似，所不同的是，位的左、右移动指令是将指定位元件的状态向左或向右移动，而字的左、右移动是以字为单位向左或向右移动。指令说明和使用注意点可以参见位左移或位右移指令说明。

7. 移位写入、移位读出指令［SFWR（FNC38）、SFRD（FNC39）］

（1）指令格式

移位写入、移位读出指令的指令名称、助记符、功能号、操作数及程序步长见表 5.33。

（2）指令说明

移位写入（先入先出写入）指令是数据控制的写入指令，其功能说明如图 5.22 所示。当 X0 由 OFF→ON 时，将[S.]所指定的 D0 数据存储在 D2 内，D1 的内容变为 1（执行该指令前预先将 D1 复位成 0）。当 D0 的数据发生变更后，当 X0 再一次由 OFF→ON 时，又将 D0 的数据存储在 D3 中，而 D1 指针的内容被置成 2。依此类推，源数据 D0 数据依次写入

数据存储器中。D1 内的数为数据存储点数，如超过 n−1，则不处理，同时进位标志 M8022 动作。若连续指令执行，则在各个周期扫描都执行。

表 5.33　移位写入、移位读出指令的指令名称、助记符、功能号、操作数及程序步长

指令名称	助记符、功能号	操作数			程序步长	备注
		[S.]	[D.]	n		
移位写入（先入先出写入）	FNC38 SFWR(P)	K、H、KnX、KnY、KnM、KnS、T、C、D、V、Z	KnY、KnM、KnS、T、C、D	K、H 2≤n≤512	16 位—7 步	①32 位指令 ②脉冲/连续指令
移位读出（先入先出读出）	FNC39 SFRD(P)	KnY、KnM、KnS、T、C、D	KnY、KnM、KnS、T、C、D、V、Z	K、H 2≤n≤512	16 位—7 步	①32 位指令 ②脉冲/连续指令

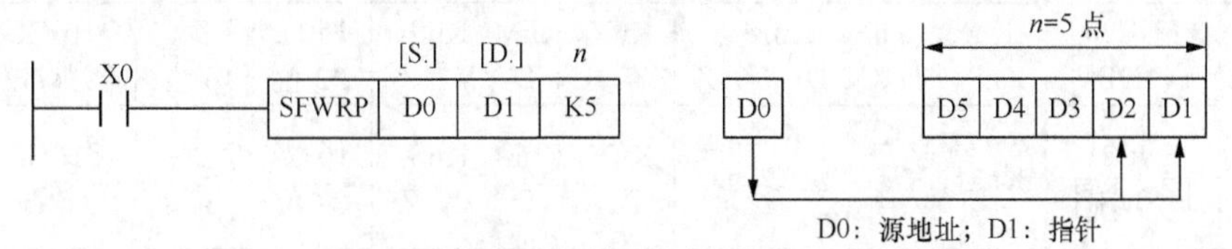

图5.22　移位写入（先入先出写入）指令的功能说明

移位读出（先入先出读出）指令的功能说明如图 5.23 所示。该指令用 SFRD 表示，当 X0 从 OFF→ON 时，将 D2 的内容传送到 D10 中，与此同时，指针 D1 的内容减少，左侧的数据逐字向右侧移动。数据的读出通常从 D2 开始。若指针的内容为 0，则不处理，同时零点标志 M8020 动作。

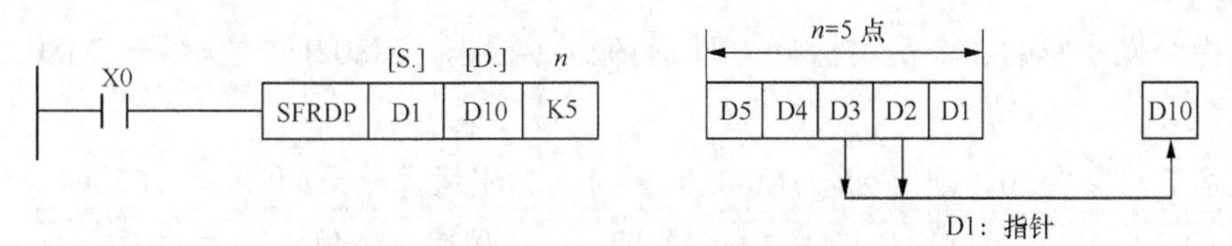

图5.23　移位读出（先入先出读出）指令功能说明

5.2.4　数据运算与处理指令

常用的数据运算与处理指令共有 10 条，见表 5.34。

表 5.34　数据运算与处理指令表

指令代码	指令助记符	指令名称	适用机型
FNC20	ADD	BIN 加法指令	FX_{1S}、FX_{1N}、FN_{2N}、FX_{3UC}
FNC21	SUB	BIN 减法指令	FX_{1S}、FX_{1N}、FN_{2N}、FX_{3UC}
FNC22	MUL	BIN 乘法指令	FX_{1S}、FX_{1N}、FN_{2N}、FX_{3UC}
FNC23	DIV	BIN 除法指令	FX_{1S}、FX_{1N}、FN_{2N}、FX_{3UC}
FNC24	INC	BIN 加 1 指令	FX_{1S}、FX_{1N}、FN_{2N}、FX_{3UC}
FNC25	DEC	BIN 减 1 指令	FX_{1S}、FX_{1N}、FN_{2N}、FX_{3UC}
FNC26	WAND	字逻辑与指令	FX_{1S}、FX_{1N}、FN_{2N}、FX_{3UC}

续表

指令代码	指令助记符	指令名称	适用机型
FNC27	WOR	字逻辑或指令	FX_{1S}、FX_{1N}、FN_{2N}、FX_{3UC}
FNC28	WXOR	字逻辑异或指令	FX_{1S}、FX_{1N}、FN_{2N}、FX_{3UC}
FNC29	NEG	求补指令	FX_{2N}、FX_{3UC}

1. 加、减法指令［ADD（FNC20）、SUB（FNC21）］

（1）指令格式

加、减法指令的指令名称、助记符、功能号、操作数及程序步长见表 5.35。

表 5.35　加、减法指令的指令名称、助记符、功能号、操作数及程序步长

指令名称	助记符、功能号	操作数		程序步长	备注
		[S1.] [S2.]	[D.]		
加法	FNC20 [D]ADD[P]	KnX、KnY、KnM、KnS、T、C、D、V、Z	KnY、KnM、KnS、T、C、D、V、Z	16 位—7 步；32 位—13 步	①16/32 位指令；②脉冲/连续执行
减法	FNC21 [D]SUB[P]	K、H、KnX、KnY、KnM、KnS、T、C、D、V、Z	KnY、KnM、KnS、T、C、D、V、Z	16 位—7 步；32 位—13 步	①16/32 位指令；②脉冲/连续执行

（2）指令说明

加法指令将指定的源元件[S1.]、[S2.]中的二进制数相加，结果送到指定的目标元件中。加法指令的功能说明如图 5.24 所示。

当执行条件 X0 由 OFF→ON 时，D0+D2→D5。运算是代数运算，如 5+(−8)＝−3。

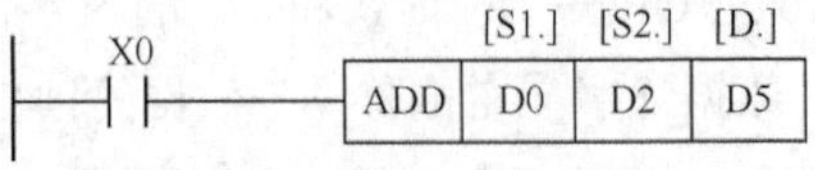

X0　ADD　D0　D2　D5　（[S1.]　[S2.]　[D.]）

图5.24　加法指令的功能说明

加法指令操作影响 3 个常用标志，即 M8020 零标志、M8021 借位标志、M8022 进位标志。

如果运算结果为 0，则零标志 M8020 置 1；如果运算结果超过 32 767（16 位）或 2 147 483 647（32 位），则进位标志 M8022 置 1；如果运算结果小于−32 767（16 位）或 −2 147 483 647（32 位），则借位标志 M8021 置 1。

在 32 位运算中，被指定的字元件是低 16 位元件，而下一个元件是高 16 位元件。

对于减法指令 SUB 而言，其功能和使用方法与加法指令相似，它将指定的源元件[S1.]、[S2.]中的二进制数相减，把结果送到指定的目标[D.]中。其他各种标志、32 位运算中编程软元件的指定方法、连续执行型和脉冲执行型的差异等均与加法指令相同，在此不再赘述。

2. 乘法指令［MUL（FNC22）］

（1）指令格式

乘法指令的指令名称、助记符、功能号、操作数及程序步长见表 5.36。

（2）指令说明

MUL 指令为乘法指令，该指令是将指定的源操作元件中的二进制数相乘，结果存储在目标地址[D.]中。指令功能说明如图 5.25 所示，它分为 16 位和 32 位两种运算。

表 5.36　　乘法指令的指令名称、助记符、功能号、操作数及程序步长

指令名称	助记符、功能号	操作数			程序步长	备注
		[S1.]	[S2.]	[D.]		
乘法	FNC22 DMULP	K、H、KnY、KnX、KnM、KnS、T、C、D、Z		KnY、KnM、KnS、T、C、D	16 位—7 步； 32 位—13 步	①16/32 位指令； ②脉冲/连续执行

当进行 16 位运算、执行条件满足时，(D0)×(D2)→(D5，D4)。源数据是 16 位，目标数据是 32 位。当(D0)＝8、(D2)＝9 时，(D5，D4)＝72。最高位为符号位，“0”为正，“1”为负。当为 32 位运算、执行条件满足时，(D1，D0)×(D3，D2)→(D7，D6，D5，D4)。源数据是 32 位，目标数据是 64 位。当 (D1，D0)＝150、(D3，D2)=189 时，(D7，D6，D5，D4)＝28 350。最高位为符号位，“0”为正，“1”为负。

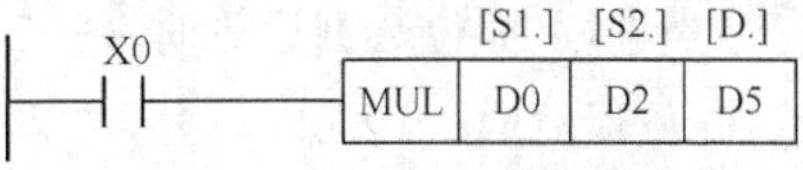

图5.25　乘法指令的功能说明

若将位组合元件用于目标数据中，则限于 *K* 的取值，只能得到低 32 位的结果，不能得到高 32 位的结果。这时，应将数据移入字元件再进行计算。当采用字元件时，也不可能监视 64 位数据，只能监视高 32 位和低 32 位。V、Z 不能用于[D.]目标操作元件中。

3．除法指令［DIV（FNC23）］

（1）指令格式

除法指令的指令名称、助记符、功能号、操作数及程序步长见表 5.37。

表 5.37　　除法指令的指令名称、助记符、功能号、操作数及程序步长

指令名称	助记符、功能号	操作数			程序步长	备注
		[S1.]	[S2.]	[D.]		
除法	FNC23 DDIVP	K、H、KnX、KnY、KnM、KnS、T、C、D、Z		KnY、KnM、KnS、T、C、D	16 位—7 步； 32 位—13 步	①16/32 位指令； ②脉冲/连续执行

（2）指令说明

DIV 指令为除法指令，该指令是将指定的源数据中的二进制数相除，[S1.]为被除数，[S2.]为除数，运算结果存储在[D.]中，余数送到[D.]的下一个目标元件。除法指令的功能说明如图 5.26 所示。

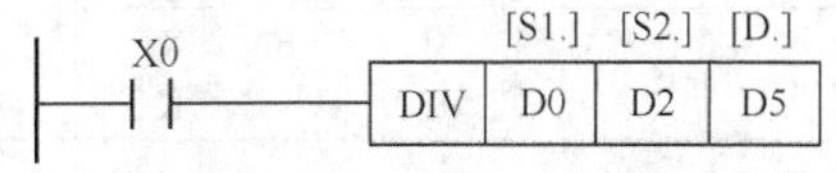

图5.26　除法指令的功能说明

当进行 16 位运算且执行条件满足时，(D0)÷(D2)→D4。当(D0)＝14，(D2)＝5 时，(D4)＝2，(D5)=4。V 和 Z 不能用于[D.]中。当为 32 位运算且执行条件满足时，(D1，D0)÷(D3，D2)，商存储在（D5，D4）中，余数存储在（D7，D6）中。V 和 Z 不能用于[D.]。当除数是 0 时，不执行指令。

4．加 1、减 1 指令［INC（FNC24）、DEC（FNC25）］

（1）指令格式

加 1、减 1 指令的指令名称、助记符、功能号、操作数及程序步长见表 5.38。

表 5.38　加 1、减 1 指令的指令名称、助记符、功能号、操作数及程序步长

指令名称	助记符、功能号	操作数	程序步长	备注
		[D.]		
加 1	FNC24 DINCP	KnY、KnM、KnS、T、C、D、V、Z	16 位—3 步；32 位—5 步	①16/32 位指令；②脉冲/连续执行
减 1	FNC25 DDECP	KnY、KnM、KnS、T、C、D、V、Z	16 位—3 步；32 位—5 步	①16/32 位指令；②脉冲/连续执行

（2）指令说明

INC 指令为加 1 指令，其功能说明如图 5.27 所示。当执行条件满足时，由[D.]指定的元件 D0 中的二进制数自动加 1。当用连续指令时，每个扫描周期加 1。

当进行 16 位数据运算时，+32 767 再加 1 就变为−32 768，但标志不置位。同样，在进行 32 位运算时，+2 147 483 647 再加 1 就变为−2 147 483 648，但标志不置位。

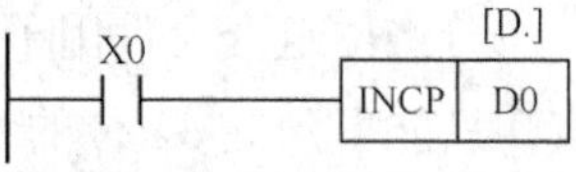

X0　INCP　D0　[D.]

图5.27　加1指令的功能说明

对于减 1 指令 DEC 而言，其功能与加 1 指令相似，它是在执行条件满足的时候，将指定元件的二进制数减 1。16 位数据运算时，−32 768 再减 1 就变为+32 767，但标志不置位。同样，在 32 位运算时，−2 147 483 648 再减 1 就变为+2 147 483 647，但标志不置位。

5. 字逻辑与、或、异或指令［WAND（FNC26）、WOR（FNC27）、WXOR（FNC28）］

（1）指令格式

字逻辑与、或、异或指令的指令名称、助记符、功能号、操作数及程序步长见表 5.39。

表 5.39　字逻辑与、或、异或指令的指令名称、助记符、功能号、操作数及程序步长

指令名称	助记符、功能号	操作数			程序步长	备注
		[S1.]	[S2.]	[D.]		
字逻辑与	FNC26 DWANDP	K、H、KnX、KnY、KnM、KnS、T、C、D、V、Z		KnY、KnM、KnS、T、C、D、V、Z	16 位—7 步；32 位—13 步	①16/32 位指令；②脉冲/连续执行
字逻辑或	FNC27 DWORP					
字逻辑异或	FNC28 DWXORP					

（2）指令说明

这 3 条指令均为字逻辑运算指令，功能说明见表 5.40。

表 5.40　字逻辑与、或、异或指令的功能说明

指令名称	指令格式	指令功能
字逻辑与（WAND）	X0　WAND　D10　D12　D14	各位进行“与”运算：(D10)∧(D12)→(D14) 1・1=1，0・1=0，1・0=0，0・0=0
字逻辑或（WOR）	X0　WOR　D10　D12　D14	各位进行“或”运算：(D10)∨(D12)→(D14) 1+1=1，1+0=1，0+1=1，0+0=0

续表

指令名称	指令格式	指令功能
字逻辑异或（WXOR）	X0 ─┤├─ [WXOR D10 D12 D14]	各位进行“异或”运算：(D10)⊕(D12)→(D14) 1⊕1=0，1⊕0=0，0⊕1=1，0⊕0=1

在表5.40中，当执行条件满足时，以上指令指定的数据进行相应的逻辑操作运算。

6. 求补指令［NEG（FNC29）］

（1）指令格式

求补指令的指令名称、助记符、功能号、操作数及程序步长见表5.41。该指令仅适用于FX_{2N}、FX_{3UC}。

表5.41　求补指令的指令名称、助记符、功能号、操作数及程序步长

指令名称	助记符、功能号	操作数	程序步长	备注
		[D.]		
求补	FNC29 (D)NEG(P)	KnY、KnM、KnS、T、C、D、V、Z	16位—3步 32位—5步	①16/32位指令 ②脉冲/连续执行

（2）指令说明

NEG指令为求补码运算指令，图5.28为求补指令的功能说明，其操作为指定元件中的二进制数取反后加1。其中，NEGP为脉冲执行型指令，NEG指令为连续执行型指令。

7. 应用实例

【例5.9】某控制程序要进行运算式$\frac{2A+3}{5}$的运算。式中，“A”代表输入端口K2X0送入的二进制数，运算结果需要送输出口K2Y0；X20为启停开关，其控制梯形图如图5.29所示。

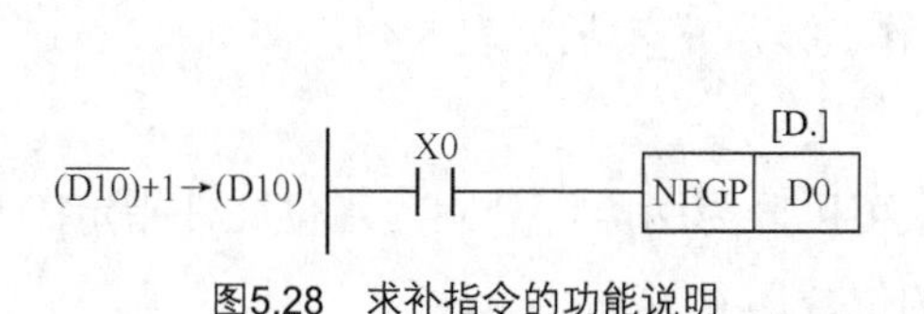

图5.28　求补指令的功能说明

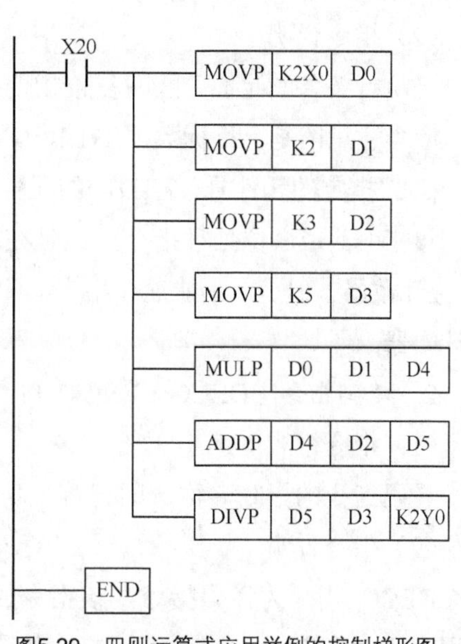

图5.29　四则运算式应用举例的控制梯形图

5.2.5 代码处理指令

常用的代码处理指令共有 10 条，见表 5.42。

表 5.42 代码处理指令表

指令代号	指令助记符	指令名称	适用机型
FNC40	ZRST	区间复位指令	FX_{1S}、FX_{1N}、FX_{2N}、FX_{3UC}
FNC41	DECO	译码指令	FX_{1S}、FX_{1N}、FX_{2N}、FX_{3UC}
FNC42	ENCO	编码指令	FX_{1S}、FX_{1N}、FX_{2N}、FX_{3UC}
FNC43	SUM	求 1 位数总和指令	FX_{2N}、FX_{3UC}
FNC44	BON	置 1 位判断指令	FX_{2N}、FX_{3UC}
FNC45	MEAN	平均值指令	FX_{2N}、FX_{3UC}
FNC46	ANS	信号报警器置位指令	FX_{2N}、FX_{3UC}
FNC47	ANR	信号报警器复位指令	FX_{2N}、FX_{3UC}
FNC48	SQR	数据开方运算平方根指令	FX_{2N}、FX_{3UC}
FNC49	FLT	浮点操作指令	FX_{2N}、FX_{3UC}

1. 区间复位指令 [ZRST（FNC40）]

（1）指令格式

区间复位指令的指令名称、助记符、功能号、操作数及程序步长见表 5.43。

表 5.43 区间复位指令的指令名称、助记符、功能号、操作数及程序步长

指令名称	助记符、功能号	操作数		程序步长	备注
		[D1.]	[D2.]		
全部复位（区间复位）	FNC40 ZRST(P)	Y、M、S、T、C、D D1≤D2		16 位—5 步	①16 位指令；②脉冲/连续执行

（2）指令说明

当执行条件满足时，区间复位指令执行被指定的[D1.]到[D2.]之间位元件的成批复位操作。应当注意的是，目标数据[D1.]、[D2.]指定的元件应为同类元件；[D1.]指定的元件号应小于[D2.]指定的元件号，若[D1.]的元件号大于[D2.]的元件号，则只有[D1.]指定的元件号复位。该指令为 16 位处理指令，但是在对计数器执行复位操作时，可在[D1.]、[D2.]中指定 32 位计数器。但是，不能混合指定，即不能在[D1.]中指定 16 位计数器，在[D2.]中指定 32 位计数器。

2. 译码指令 [DECO（FNC41）]

（1）指令格式

译码指令的指令名称、助记符、功能号、操作数及程序步长见表 5.44。

（2）指令说明

DECO 指令为译码指令，该指令的使用大致可以分为两类，分别为用位元件指定[D.]和用字元件指定[D.]。其中，n 指定的是源数据的位数。

表 5.44　　译码指令的指令名称、助记符、功能号、操作数及程序步长

指令名称	助记符、功能号	操作数			程序步长	备注
		[S.]	[D.]	n		
译码	FNC41 DECO(P)	K、H、X、Y、M、S、T、C、D、V、Z	Y、M、S、T、C、D	K、H $1 \leqslant n \leqslant 8$	16 位—7 步	①16 位指令；②脉冲/连续执行

当[D.]指定的是位元件时，如图 5.30 所示，由图可知 n=3，运算结果 $Q=\square\times2^0+\square\times2^1+\cdots+\square\times2^{n-1}=0\times2^0+1\times2^1+0\times2^2=2$（式中，□表示相应位的状态），因此，从 M10 开始的第 2 位 M12 为 1。若运算结果 Q 为 0，则第 0 位（即 M10）为 1。当 n=0 时，程序不执行；当 n=0～8 以外的值时，出现运算错误。当 n=8 时，[D.]位数为 2^8=256。当执行条件 X4 为 OFF 时，不执行指令，上一次译码输出置 1 位保持不变。

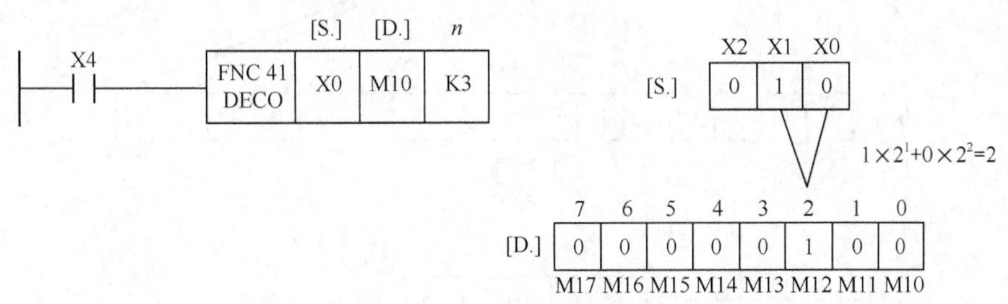

图5.30　编码指令功能说明

当[D.]指定的是字元件时，使用方法类似。例如，当[D.]=D0，n=K3 时，运算结果通过 D0 的 b0～b3 位计算。

3. 编码指令［ENCO（FNC42）］

（1）指令格式

编码指令的指令名称、助记符、功能号、操作数及程序步长见表 5.45。

表 5.45　　编码指令的指令名称、助记符、功能号、操作数及程序步长

指令名称	助记符、功能号	操作数			程序步长	备注
		[S.]	[D.]	n		
编码	FNC42 ENCO(P)	X、Y、M、S、T、C、D、V、Z	T、C、D、V、Z	K、H n=1～8 n=1～4	16 位—7 步	①16 位指令；②脉冲/连续执行

（2）指令说明

ENCO 指令为编码指令，该指令为译码的逆运算，[D.]中数值的范围由 n 确定。编码指令的功能说明如图 5.31（a）所示，其中 n=3，即 2^3=8，所以指定的源数据为 M10～M17，其最高置 1 位是 M13，即第 3 位，将“3”的二进制存放到 D10 的低 3 位中。当源数据中无 1 时，出现运算错误。

当 n=0 时，程序不执行；当 n=1～8 以外的值时，出现运算错误；当 n=8 时，[S.]位数为 2^8=256。当驱动输入 X5 为 OFF 时，不执行指令，上一次编码输出保持不变。

当[S.]是字元件时，在其可读长度为 2^n 中，最高置 1 的位被存放到目标元件[D.]所指定的元件中，[D.]中的数值的范围由 n 确定。功能说明如图 5.31（b）所示，源数据的长度 $2^n=2^3=8$ 位，其最高置 1 位是 b7 位。将“7”的二进制存放到 D1 的低 3 位中。当源数据中无 1 时，出现运算错误。

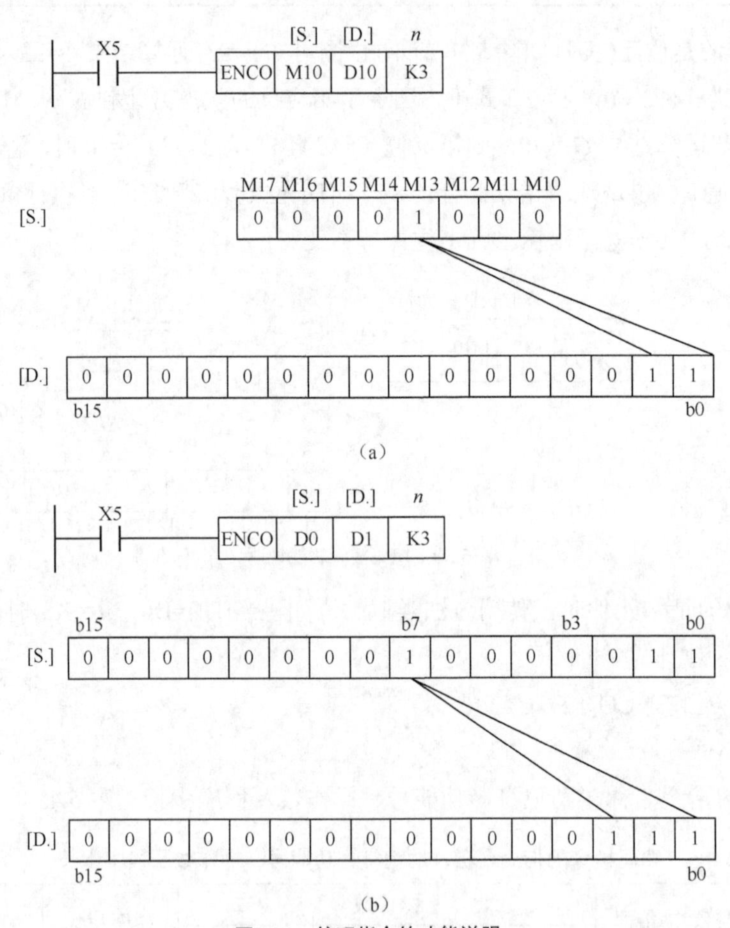

图5.31　编码指令的功能说明

当 n=0 时，程序不执行；当 n=1～4 以外数时，出现运算错误；当 n=4 时，[S.]位数为 2^4=16。当驱动输入 X5 为 OFF 时，不执行指令，上一次编码输出保持不变。

4. 求 1 位数总和指令［SUM（FNC43）］

（1）指令格式

求 1 位数总和指令的指令名称、助记符、功能号、操作数及程序步长见表 5.46。该指令仅适用于 FX_{2N}、FX_{3UC}。

（2）指令说明

SUM 指令为求 1 位数总和指令。当执行条件满足时，执行 SUM 指令，即将源[S.]中的“1”进行求和，结果存入目标[D.]中。例如，源（D0）中有 3 个“1”，则目标[D.]（D2）

中存入 3，且为二进制数 0011。若用到 DSUMP32 位指令操作，则将（D1，D2）的 32 位中“1”的总和数写到（D3，D2）中，其中 D3 全为 0，而 D2 中存入 3。

表 5.46　　求 1 位数总和指令的指令名称、助记符、功能号、操作数及程序步长

指令名称	助记符、功能号	操作数		程序步长	备注
		[S.]	[D.]		
求 1 位数总和	FNC43 DSUMP	K、H、KnX、KnY、KnM、KnS、T、C、D、V、Z	KnY、KnM、KnS、T、C、D、V、Z	16 位—7 步；32 位—9 步	①16/32 位指令；②脉冲/连续执行

5. 置 1 位判断指令［BON（FNC44）］

（1）指令格式

置 1 位判断指令的指令名称、助记符、功能号、操作数及程序步长见表 5.47。该指令仅用于 FX_{2N}、FX_{3UC}。

表 5.47　　置 1 位判断指令的指令名称、助记符、功能号、操作数及程序步长

指令名称	助记符、功能号	操作数			程序步长	备注
		[S.]	[D.]	*n*		
置 1 位判断	FNC44 DBONP	K、H、KnX、KnY、KnM、KnS、T、C、D、V、Z	Y、M、S	K *n*：16 位操作 *n*= 0～15；32 位操作 *n*=0～31	16 位—7 步；32 位—9 步	①16/32 位指令；②脉冲/连续执行

（2）指令说明

BON 指令为置 1 位判断指令。当执行条件满足时，执行 BON 指令，即检测[S.]中指定的 *n* 位是否为 1。若为“1”，则影响目标[D.]；若为“0”，则不影响目标[D.]。

6. 平均值指令［MEAN（FNC45）］

（1）指令格式

平均值指令的指令名称、助记符、功能号、操作数及程序步长见表 5.48。该指令仅适用于 FX_{2N}、FX_{3UC}。

表 5.48　　平均值指令的指令名称、助记符、功能号、操作数及程序步长

指令名称	助记符、功能号	操作数			程序步长	备注
		[S.]	[D.]	*n*		
平均值	FNC45 DMEANP	KnX、KnY、KnM、KnS、T、C、D	KnY、KnM、KnS、T、C、D、V、Z	K、H *n* =0～64	16 位—7 步；32 位—13 步	①16/32 位指令；②脉冲/连续执行

（2）指令说明

图 5.32 为平均值指令的功能说明。当 X0 为 ON 时，源[S.]指定的 *n* 个数据的代数和被 *n* 除得的商（即平均值）送到[D.]指定的目标中，而除得的余数舍去。*n* 应为 1～64，超过

64 则出错。

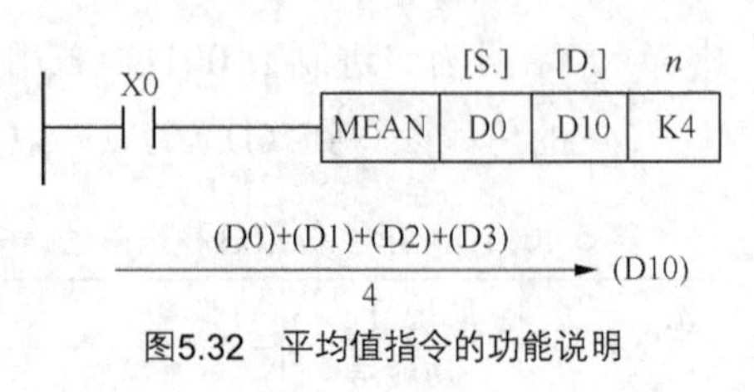

图5.32 平均值指令的功能说明

7. 信号报警器置位指令［ANS（FNC46）］

（1）指令格式

信号报警器置位指令的指令名称、助记符、功能号、操作数及程序步长见表 5.49。该指令仅适用于 FX_{2N}、FX_{3UC}。

表 5.49 信号报警器置位指令的指令名称、助记符、功能号、操作数及程序步长

指令名称	助记符、功能号	操作数			程序步长	备注
		[S.]	[D.]	n		
信号报警器置位	FNC46 ANS	T（T0～T199）	S（S900～S999）	n=1～32 767	16 位—7 步	①16 位指令；②连续执行

（2）指令说明

图 5.33 为信号报警器置位指令的功能说明。若 X0 接通大于设定时间，则 S900 被置位（置 1），以后即使 X0 断开，S900 仍为 1 状态，但定时器被复位。

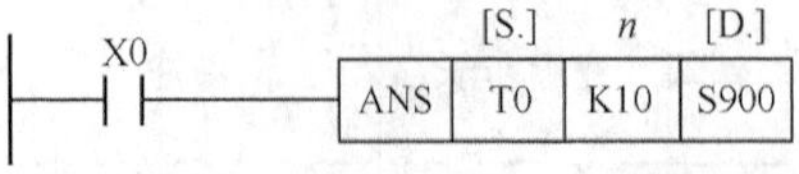

图5.33 信号报警器置位指令的功能说明

若信号报警器 S900～S999 中，任意一个为 ON，则报警信号动作，继电器 M8048 为 ON。

8. 信号报警器复位指令［ANR（FNC47）］

（1）指令格式

信号报警器复位指令的指令名称、助记符、功能号、操作数及程序步长见表 5.50。

表 5.50 信号报警器复位指令的指令名称、助记符、功能号、操作数及程序步长

指令名称	助记符、功能号	操作数	程序步长	备注
		[D.]		
信号报警器复位	FNC47 ANR[P]	无	1	脉冲/连续执行

（2）指令说明

图 5.34 为信号报警器复位指令的功能说明。当 X0 为 ON 时，信号报警器 S900～S999 中正在动作的报警信号被复位。若超过 1 个报警信号位被置 1，则元件号最低的那个信号报警器被复位。X0 再一次变 ON 时，下一个被置 1 的信号报警器复位。

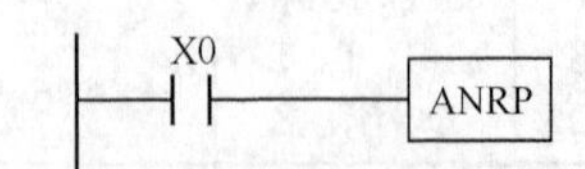

图5.34 信号报警器复位指令的功能说明

注意：若采用 ANRP 指令，仅为脉冲指令，X0 接通一次，进行一次操作。若采用 ANR 指令，则为连续指令。当 X0 为 ON 时，每个扫描周期执行一次。

9. 数据开方运算平方根指令［SQR（FNC48）］

（1）指令格式

数据开方运算平方根指令的指令名称、助记符、功能号、操作数及程序步长见表5.51。该指令仅适合FX_{2N}、FX_{3UC}。

表5.51　数据开方运算平方根指令的指令名称、助记符、功能号、操作数及程序步长

指令名称	助记符、功能号	操作数		程序步长	备注
		[S.]	[D.]		
数据开方运算平方根	FNC48 DSQRP	K、H、D		16位—5步； 32位—9步	①16/32位指令； ②脉冲/连续执行

（2）指令说明

图5.35为数据开方运算平方根指令的功能说明。当X0为ON时，将源[S.]的内容进行开方，结果送目标[D.]中，即该指令（D10）中存放的数只有正数才有效。若为负数，指令不执行，且运算错误标志M8067为ON。此时，运算结果为整数，小数舍去。舍去小数时，标志位M8021为ON。若运算结果全“0”，零标志位M8020为ON。

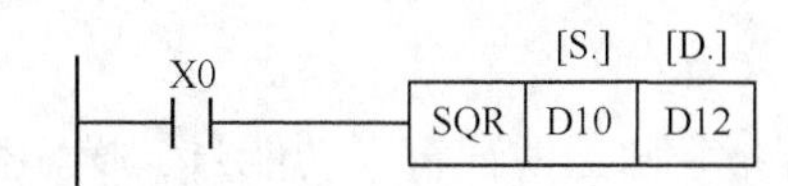

图5.35　数据开方运算平方根指令的功能说明

10. 浮点操作指令［FLT（FNC49）］

（1）指令格式

浮点操作指令的指令名称、助记符、功能号、操作数及程序步长见表5.52。

表5.52　浮点操作指令的指令名称、助记符、功能号、操作数及程序步长

指令名称	助记符、功能号	操作数		程序步长	备注
		[S.]	[D.]		
浮点操作	FNC49 DFLTP	D	D	16位—5步； 32位—9步	①16/32位指令； ②脉冲/连续执行

（2）指令说明

图5.36为浮点操作指令的功能说明。当X0为ON时，将源[S.]中的数据转换成浮点数存入目标数[D.]中，即将D10中的二进制转换成浮点数存入D12中。该指令还有32位操作和脉冲指令操作，使用时要注意这一点。FLT指令的逆指令为INT（FNC129），即把浮点数转换成二进制数操作。

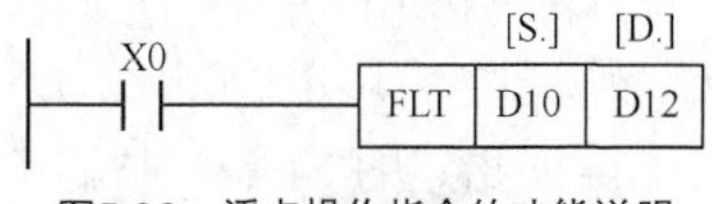

图5.36　浮点操作指令的功能说明

5.2.6 高速处理指令

常用的高速处理指令共有 10 条，见表 5.53。

表 5.53　　高速处理指令表

指令代号	指令助记符	指令名称	适用机型
FNC50	REF	输入、输出刷新指令	FX_{1S}、FX_{1N}、FX_{2N}、FX_{3UC}
FNC51	REFF	刷新及滤波时间调整指令	FX_{2N}、FX_{3UC}
FNC52	MTR	矩阵输入指令	FX_{1S}、FX_{1N}、FX_{2N}、FX_{3UC}
FNC53	HSCS	比较置位（高速计数器置位）指令	FX_{1S}、FX_{1N}、FX_{2N}、FX_{3UC}
FNC54	HSCR	比较复位（高速计数器复位）指令	FX_{1S}、FX_{1N}、FX_{2N}、FX_{3UC}
FNC55	HSZ	区间比较（高速计数器区间比较）指令	FX_{2N}、FX_{3UC}
FNC56	SPD	速度检测指令	FX_{1S}、FX_{1N}、FX_{2N}、FX_{3UC}
FNC57	PLSY	脉冲输出指令	FX_{1S}、FX_{1N}、FX_{2N}、FX_{3UC}
FNC58	PWM	脉宽调制指令	FX_{1S}、FX_{1N}、FX_{2N}、FX_{3UC}
FNC59	PLSR	带加减功能脉冲输出指令	FX_{1S}、FX_{1N}、FX_{2N}、FX_{3UC}

1. 输入、输出刷新指令 [REF（FNC50）]

（1）指令格式

输入、输出刷新指令的指令名称、助记符、功能号、操作数及程序步长见表 5.54。

表 5.54　　输入、输出刷新指令的指令名称、助记符、功能号、操作数及程序步长

指令名称	助记符、功能号	操作数		程序步长	备注
		[D.]	*n*		
输入、输出刷新	FNC50 REF(P)	X、Y	K、H	16 位—5 步	①16 位指令； ②脉冲/连续执行

（2）指令说明

图 5.37 为输入、输出刷新指令的功能说明。FX 系列 PLC 是采用 I/O 批处理的方法，即输入数据是在程序处理之前成批读入映像寄存器的，而输出数据是在 END 结束指令执行后由输出映像寄存器通过锁存器到输出端子的。刷新指令用于在某段程序处理时开始读入最新信息或用于在某一操作结束之后立即将操作结果输出。刷新又分为输入刷新和输出刷新两种。

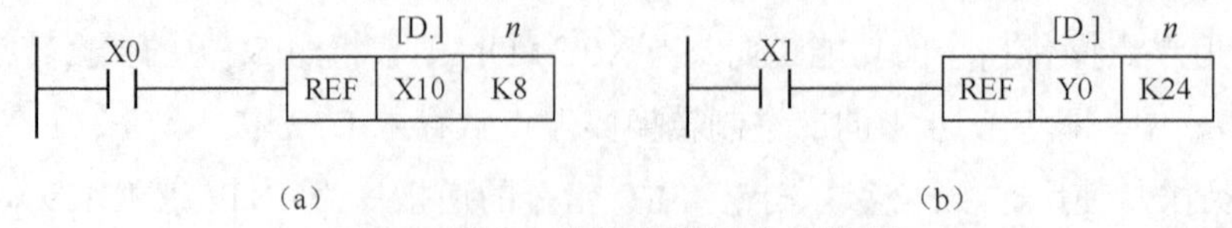

图5.37　输入、输出刷新指令的功能说明

图 5.37（a）为输入刷新指令的功能说明。当 X0 为 ON 时，X10～X17（*n*=8，指定的 8 点）被刷新。图 5.37（b）为输出刷新指令的功能说明。当 X1 为 ON 时，输出端 Y0～Y7、Y10～Y17、Y20～Y27 共 24 点（*n*=24 指定的 24 点）被刷新。

要说明的是，目标元件[D.]的首元件必须是 10 的倍数，即 X0、X10、X20…或 Y0、

Y10、Y20…刷新点数 *n* 应为 8 的倍数，即 8，16，24，32，40，…，256，否则会出错。

2. 刷新及滤波时间调整指令［REFF（FNC51）］

（1）指令格式

刷新及滤波时间调整指令的指令名称、助记符、功能号、操作数及程序步长见表 5.55。

表 5.55 刷新及滤波时间调整指令的指令名称、助记符、功能号、操作数及程序步长

指令名称	助记符、功能号	操作数	程序步长	备注
		n		
刷新及滤波时间调整	FNC51 REFF(P)	K、H	16 位—3 步	①16 位指令； ②脉冲/连续执行

（2）指令说明

FX 系列 PLC 的输入端 X0～X17 使用了数字滤波器，通过指令 REFF 可将滤波时间的值改变为 0～60ms。

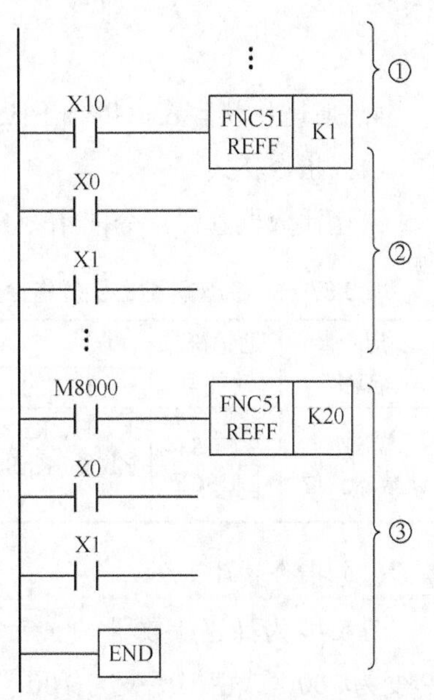

图5.38 刷新及滤波时间调整指令的功能说明

图 5.38 为刷新及滤波时间调整指令的功能说明。当 X10 为 ON 时，X0～X17 的映像寄存器被刷新，输入滤波时间为 1ms。而在 REFF 指令执行前，滤波时间为 10ms。当 M8000 为 ON 时，REFF 指令被执行，因 *n* 取 K20，所以，这条指令执行以后的输入滤波时间为 20ms。

当 X10 为 OFF 时，REFF 指令不执行，X0～X17 的滤波时间为 10ms。另外，可以通过 MOV 指令把 D8020 数据寄存器的内容改写，改变输入滤波时间。因为 X10～X17 的初始滤波值（10ms）一开始就被传送到特殊数据寄存器 D8020 中。此外，当中断指针、高速计数器或 SPD(FNC56)速度测试指令在采用 X0～X7 作为输入条件时，这些输入端的滤波器的时间已自动设置为 50μs（X1、X0 为 20μs）。本指令有 REFF 连续执行和 REFFP 脉冲执行两种方式。

3. 矩阵输入指令［MTR（FNC52）］

（1）指令格式

矩阵输入指令的指令名称、助记符、功能号、操作数及程序步长见表 5.56。

表 5.56 矩阵输入指令的指令名称、助记符、功能号、操作数及程序步长

指令名称	助记符、功能号	操作数				程序步长	备注
		[S.]	[D1.]	[D2.]	*n*		
矩阵输入	FNC52 MTR	X	Y	Y、M、S	K、H *n*=2～8	16 位—9 步	①16 位指令； ②连续执行

（2）指令说明

当执行条件满足时，可以分别将 8×n 的矩阵输入开关信号存到内部继电器中，即存入[D2.]指定的内部继电器中。

在图 5.39 中，Y20～Y22 依次输入一定宽度的脉冲，当 Y20 接通时，将 X20～X27 的状态存到 M30～M37 中；当 Y21 接通时，将 X20～X27 的状态存到 M40～M47 中；当 Y22 接通时，将 X20～X27 的状态存到 M50～M57 中。矩阵输入指令最多存储开关信号是 8×8，最少存储开关信号是 8×2。当读入 8×8=64 输入点时，读取总的时间需要 20ms×8 列=160ms，所以，这种矩阵输入法不适宜高速输入操作。通常情况下，MTR 指令的输入地址是用 X20 以后的地址作为矩阵指令的输入。

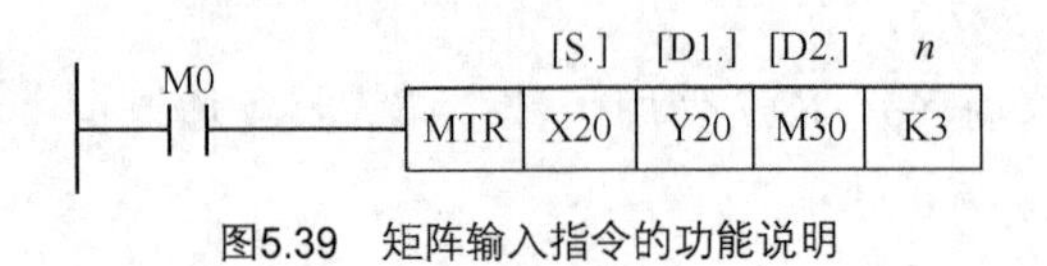

图5.39 矩阵输入指令的功能说明

4. 高速计数器置位指令［HSCS（FNC53）］

（1）指令格式

高速计数器置位指令的指令名称、助记符、功能号、操作数及程序步长见表 5.57。

表 5.57 高速计数器置位指令的指令名称、助记符、功能号、操作数及程序步长

指令名称	助记符、功能号	操作数			程序步长	备注
		[S1.]	[S2.]	[D.]		
高速计数器置位	FNC53 DHSCS	K、H、KnY、KnX、KnM、KnS、T、C、D、V、Z	C（C235～C255）	Y、M、S	32 位—13 步	①32 位指令；②连续执行

（2）指令说明

图 5.40 为高速计数器置位指令的功能说明。X0 为 1 时，高速计数器 C255 的当前值由 99 变为 100，或由 101 变为 100，Y0 立即置 1，该指令仅有 32 位指令操作，即 DHSCS 操作。

[S1.] [S2.] [D.]
X0
DHSCS K100 C255 Y10

图5.40 高速计数器置位指令的功能说明

5. 高速计数器复位指令［HSCR（FNC54）］

（1）指令格式

高速计数器复位指令的指令名称、助记符、功能号、操作数及程序步长见表 5.58。

表 5.58 高速计数器复位指令的指令名称、助记符、功能号、操作数及程序步长

指令名称	助记符、功能号	操作数			程序步长	备注
		[S1.]	[S2.]	[D.]		
高速计数器复位	FNC54 DHSCR	K、H、KnY、KnX、KnM、KnS、T、C、D、V、Z	C（C235～C255）	Y、M、S	32 位—13 步	①32 位指令；②连续执行

（2）指令说明

图 5.41 为高速计数器复位指令的功能说明。当 M8000 为 ON 时，由于比较、外部输出采用中断处理，在 C255 的当前值变为 200 时，Y10 立即复位。

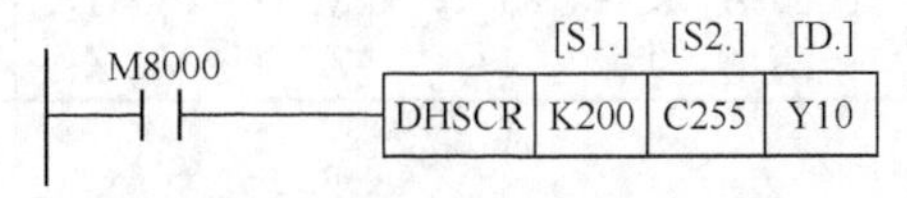

图5.41　高速计数器复位指令的功能说明

6. 高速计数器区间比较指令［HSZ（FNC55）］

（1）指令格式

高速计数器区间比较指令的指令名称、助记符、功能号、操作数及程序步长见表 5.59。

表 5.59　高速计数器区间比较指令的指令名称、助记符、功能号、操作数及程序步长

指令名称	助记符、功能号	操作数				程序步长	备注
		[S1.]	[S2.]	[S3.]	[D.]		
高速计数器区间比较	FNC55 DHSZ	K、H、KnY、KnX、KnM、KnS、T、C、D、V、Z	T、C、D、V、Z	C（C235～C255）	Y、M、S	16 位—7 步	①32 位指令；②连续执行

（2）指令说明

高速计数器区间比较指令（HSZ）和比较与移位功能指令组中的区间比较指令（ZCP）相类似。图 5.42 为高速计数器区间比较指令的功能说明。当 X0 接通后，C251 计数器的值大小与 K1000 和 K2000 比较，满足下列条件时，相应的 Y0、Y1、Y2 有输出。

当 K1000＞(C251)时，Y0=ON，Y1=OFF，Y2=OFF。

当 K1000≤(C251)≤K2000 时，Y0=OFF，Y1=ON，Y2=OFF。

当(C251)＞K2000 时，Y0=OFF，Y1=OFF，Y2=ON。

HSZ 指令是 32 位专用指令，所以必须以 DHSZ 指令输入。此外 Y0、Y1、Y2 的动作仅仅在计数器 C251 有脉冲信号输入时，其当前值从 999～1 000 或 1 999～2 000 变化时，输出 Y0、Y1、Y2 才有变化。因此，在图 5.43 中，若没有脉冲输入，即使 X0=ON，给 C251 传送 K3000，即 C251=K3000，输出 Y2 也不会变为 ON。

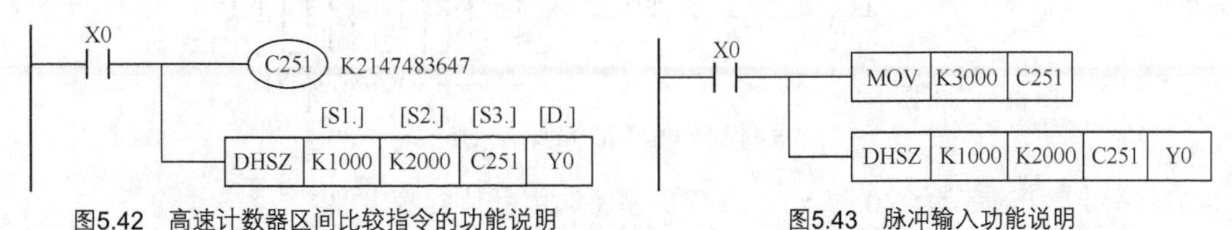

图5.42　高速计数器区间比较指令的功能说明　　图5.43　脉冲输入功能说明

7. 速度检测指令［SPD（FNC56）］

（1）指令格式

速度检测指令的指令名称、助记符、功能号、操作数及程序步长见表 5.60。

表 5.60　　速度检测指令的指令名称、助记符、功能号、操作数及程序步长

指令名称	助记符、功能号	操作数			程序步长	备注
		[S1.]	[S2.]	[D.]		
速度检测	FNC56 SPD	X0～X5	K、H、KnY、KnX、KnM、KnS、T、C、D、V、Z	T、C、D、V、Z	16 位—7 步	①16 位指令；②连续执行

（2）指令说明

速度检测指令是用来检测在给定时间内编码器的脉冲个数的指令。当执行条件满足时，执行速度检测指令，[S1.]指定输入点，[S2.]指定计数时间，单位为 ms。[D.]共有 3 个单元指定存放计数结果。其中，D0 存放计数个数，D1 存放计数当前值，D2 存放剩余时间。

通过测定，转速 N 即可利用下述公式求出：

$$N = \frac{60 \times (\text{D0})}{n \times t} \times 10^3 \text{（r/min）（}n\text{ 为每转脉冲个数）}$$

8. 脉冲输出指令[PLSY（FNC57）]

（1）指令格式

脉冲输出指令的指令名称、助记符、功能号、操作数及程序步长见表 5.61。

表 5.61　　脉冲输出指令的指令名称、助记符、功能号、操作数及程序步长

指令名称	助记符、功能号	操作数			程序步长	备注
		[S1.]	[S2.]	[D.]		
脉冲输出	FNC57 (D)PLSY	K、H、KnY、KnX、KnM、KnS、T、C、D、V、Z		T、C、D、V、Z	16 位—7 步；32 位—13 步	①16/32 位指令；②连续执行

（2）指令说明

图 5.44 为脉冲输出指令的功能说明。当 X0 为 ON 时，以[S1.]指令的频率，按[S2.]指定的脉冲个数输出，输出端为[D.]指定的输出端。[S1.]指定脉冲频率，其中，FX_{2N}、FX_{3UC} 为 2～20000Hz；FX_{1S}、FX_{1N} 为 1～32 767Hz（16 位）、1～1 000 000Hz（32 位）。[S2.]指定脉冲个数，16 位指令为 1～32 767，32 位指令为 1～2 147 483 647。

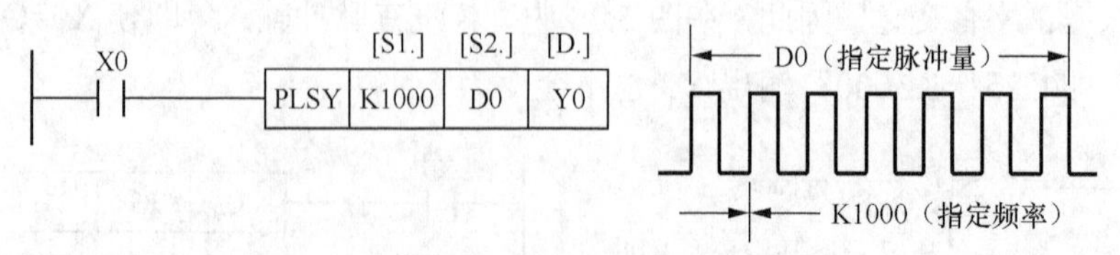

图5.44　脉冲输出指令的功能说明

[D.]指定输出口仅为 Y0 和 Y1，PLC 机型要选用晶体管输出型。

PLSY 指令输出脉冲的占空比为 50%。由于采用中断处理，因此输出控制不受扫描周期的影响。设定的输出脉冲发送完毕后，执行结束标志位 M8029 置 1。若 X0 为 OFF，则 M8029 也复位。

另外，指令 PLSY、PLSR（FNC59）两条指令 Y0 或 Y1 输出的脉冲个数分别保存在（D8141，D8140）和（D8143，D8142）中，Y0 和 Y1 的总数保存在（D8137，D8136）中。

9. 脉宽调制指令［PWM（FNC58）］

（1）指令格式

脉宽调制指令的指令名称、助记符、功能号、操作数及程序步长见表 5.62。

表 5.62　脉宽调制指令的指令名称、助记符、功能号、操作数及程序步长

指令名称	助记符、功能号	操作数			程序步长	备注
		[S1.]	[S2.]	[D.]		
脉宽调制	FNC58 PWM	K、H、KnY、KnX、KnM、KnS、T、C、D、V、Z		仅 Y0 或 Y1 有效	16 位—7 步	①16 位指令；②连续执行

（2）指令说明

脉宽调制指令（PWM）用来产生的脉冲宽度和周期是可以控制的，其功能说明如图 5.45 所示。当 X0 接通时，Y0 有脉冲信号输出，其中，[S1.]指定脉宽，[S2.]指定周期，[D.]是指定脉冲输出口。要求[S1.]≤[S2.]，[S2.]在 1～32 767ms 内，[D.]只能指定 Y0、Y1。PWM 指令仅适用于晶体管方式输出的 PLC。

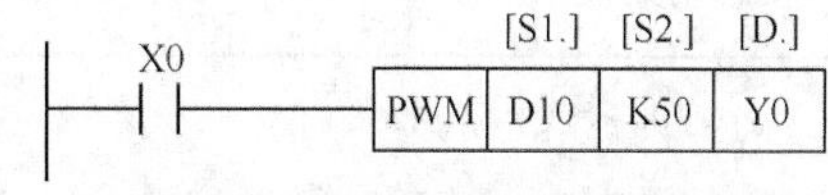

图5.45　脉宽调制指令的功能说明

在工程实践中，经常通过 PWM 指令来实现变频器的控制，从而实现电动机的速度控制。

10. 带加减功能脉冲输出指令［PLSR（FNC59）］

带加减功能脉冲输出指令的指令名称、助记符、功能号、操作数及程序步长见表 5.63。

表 5.63　带加减功能脉冲输出指令的指令名称、助记符、功能号、操作数及程序步长

指令名称	助记符、功能号	操作数				程序步长	备注
		[S1.]	[S2.]	[S3.]	[D.]		
带加减功能脉冲输出	FNC59 DPLSR	K、H、KnY、KnX、KnM、KnS、T、C、D、V、Z			仅 Y0 或 Y1 有效	16 位—7 步；32 位—17 步	①16 位/32 位指令；②连续执行

5.2.7 方便指令

常用的方便指令共有 10 条，见表 5.64。

表 5.64　方便指令表

指令代号	指令助记符	指令名称	适用机型
FNC60	IST	状态初始化指令	FX_{1S}、FX_{1N}、FX_{2N}、FX_{3UC}
FNC61	SER	数据查找指令	FX_{2N}、FX_{3UC}
FNC62	ABSD	绝对式凸轮控制指令	FX_{1S}、FX_{1N}、FX_{2N}、FX_{3UC}
FNC63	INCD	增量式凸轮控制指令	FX_{1S}、FX_{1N}、FX_{2N}、FX_{3UC}
FNC64	TTMR	示教定时器指令	FX_{2N}、FX_{3UC}

续表

指令代号	指令助记符	指令名称	适用机型
FNC65	STMR	特殊定时器指令	FX_{2N}、FX_{3UC}
FNC66	ALT	交替输出指令	FX_{1S}、FX_{1N}、FX_{2N}、FX_{3UC}
FNC67	RAMP	斜波信号指令	FX_{1S}、FX_{1N}、FX_{2N}、FX_{3UC}
FNC68	ROTC	旋转工作台控制指令	FX_{2N}、FX_{3UC}
FNC69	SORT	数据排序指令	FX_{2N}、FX_{3UC}

1. 状态初始化指令［IST（FNC60）］

（1）指令格式

状态初始化指令的指令名称、助记符、功能号、操作数及程序步长见表5.65。

表5.65　状态初始化指令的指令名称、助记符、功能号、操作数及程序步长

指令名称	助记符、功能号	操作数			程序步长	备注
		[S.]	[D1.]	[D2.]		
状态初始化	FNC60 IST	X、Y、M	S		16位—7步	①16位指令；②连续执行

（2）指令说明

状态初始化IST（Initial State）指令用于状态转移图和步进梯形图的状态初始化设定。IST指令在程序中只能使用一次，且该指令必须写在STL指令之间，即出现S0～S2之前。IST指令设定3种操作方式，分别用S0、S1、S2作为这3种操作方式的初始状态步。

M8040：禁止转移；S0：手动操作初始状态方式。

M8041：传送开始；S1：回原点初始状态方式。

M8042：起始脉冲；S2：自动操作初始状态方式。

M8047：STL监控有效。

使用IST指令时，S10～S19用于回原点操作，在编程时不要将其作为普通状态继电器使用。S0～S9用于状态初始化处理，其中，S3～S9可自由使用。若不用IST指令，S10～S19可作为普通状态继电器，只是在这种情况下，仍需将S0～S9作为初始化状态，而S0～S2可自由使用。图5.46为状态初始化指令的功能说明。

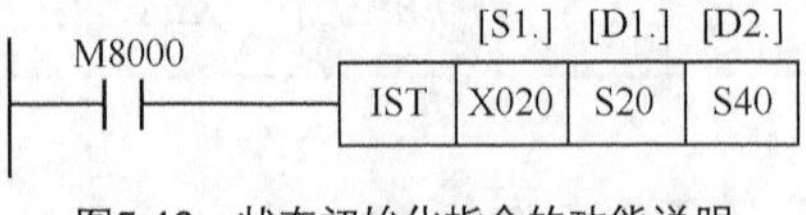

图5.46　状态初始化指令的功能说明

IST的[S1]指定操作方式输入的首元件，在该指令中的X020表示X020～X027共8点输入控制信号。X020为手动操作方式控制，当X020=1时，启动S0初始状态步，执行手动操作方式。X021为返回原点控制，当X021=1时，启动S1初始状态步，执行返回原点操作，按下返回原点按钮X025，被控制设备将按规定程序返回原点。X022～X024用于自动操作，其中，X022为单步运行，当X022=1，如果满足转换条件，状态步不再自动转移，必须按下启动按钮X026，状态步才能移动。X023为单循环（半自动）运行，当X023=1时，按下启动按钮X026，被控制设备按规定方式工作一次循环，返回原点后停止。X024为自动循环运行（全自动），当X024=1时，按下启动按钮X026，被控制设备按规定方式

工作一次循环，返回原点后不停止，继续循环工作，直到按下停止按钮 X027 才停止工作。IST 的[D1.]和[D2.]分别指定自动操作方式所用状态寄存器 S 的范围为 S20～S40。

2. 数据查找指令［SER（FNC61）］

（1）指令格式

数据查找指令的指令名称、助记符、功能号、操作数及程序步长见表 5.66。

表 5.66　数据查找指令的指令名称、助记符、功能号、操作数及程序步长

指令名称	助记符、功能号	操作数				程序步长	备注
		[S1.]	[S2.]	[D.]	*n*		
数据查找	FNC61 DSERP	KnX、KnY、C、KnM、KnS、T、D、V、Z	K、H、KnX、KnY、C、KnM、KnS、T、D、V、Z	KnY、C、KnM、KnS、T、D	16 位：1～256；32 位：1~128	16 位—9 步；32 位—17 步	①16/32 位指令；②连续执行

（2）指令说明

SER（Data Search）指令为数据表查找指令。图 5.47 为数据查找指令的功能说明。

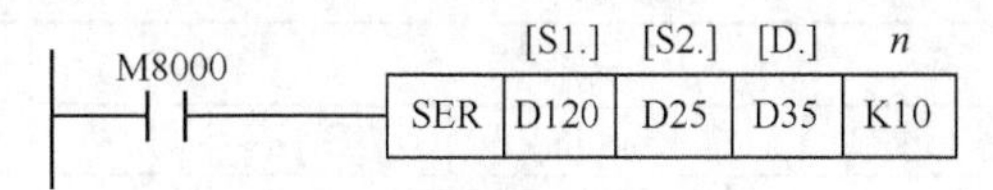

图5.47　数据查找指令的功能说明

这是对以 D120 为起始位置的连续 10 个数据与 D25 中的内容进行比较，将比较结果送入以 D35 为起始的连续 5 个单元中。数据查找与比较表见表 5.67，执行数据查找指令之后，运行的结果见表 5.68。

表 5.67　数据查找与比较表

序号	0	1	2	3	4	5	6	7	8	9
[S1.]数据	D120	D121	D122	D123	D124	D125	D126	D127	D128	D129
	K89	K99	K130	K52	K99	K124	K99	K45	K99	K132
[S2.]数据	D25=K99									
查找结果		相同			相同		相同	最小	相同	最大

表 5.68　运行的结果

比较结果存放元件	存放结果	说明
D35	4	相同值的个数
D36	1	相同值的首个位置
D37	8	相同值的末个位置
D38	7	最小值的位置
D39	9	最大值的位置

3. 绝对式凸轮控制指令［ABSD（FNC62）］

（1）指令格式

绝对式凸轮控制指令的指令名称、助记符、功能号、操作数及程序步长见表 5.69。

表 5.69　　绝对式凸轮控制指令的指令名称、助记符、功能号、操作数及程序步长

指令名称	助记符、功能号	操作数				程序步长	备注
		[S1.]	[S2.]	[D.]	*n*		
绝对式凸轮控制	FNC62 DABSD	KnX、KnY、C、KnM、KnS、T、D	C	Y、M、S	1～64	16 位—9 步； 32 位—17 步	①16/32 位指令； ②连续执行

（2）指令说明

绝对式凸轮控制 ABSD（Absolute Drum）指令用于模拟凸轮控制器的工作方式，将凸轮控制器的旋转角度转换成一组数据以应对计数器数值变化的输出波形，用来控制最多 64 个输出变量[D.]的接通或关断。ABSD 在程序中只能使用一次。

4. 增量式凸轮控制指令［INCD（FNC63）］

（1）指令格式

增量式凸轮控制指令的指令名称、助记符、功能号、操作数及程序步长见表 5.70。

表 5.70　　增量式凸轮控制指令的指令名称、助记符、功能号、操作数及程序步长

指令名称	助记符、功能号	操作数				程序步长	备注
		[S1.]	[S2.]	[D.]	*n*		
增量式凸轮控制	FNC63 INCD	KnX、KnY、C、KnM、KnS、T、D	C	Y、M、S	1～64	16 位—9 步	①16 位指令； ②连续执行

（2）指令说明

增量式凸轮控制 INCD（Increment Drum）指令用于模拟凸轮控制器的工作方式，将凸轮控制器的旋转角度转换成一组数据以应对计数器数值变化的输出波形，用来控制最多 64 个输出变量[D.]的循环顺序控制，并使它们依次为 ON。INCD 指令在程序中只能使用一次。

5. 示教定时器指令［TTMR（FNC64）］

（1）指令格式

示教定时器指令的指令名称、助记符、功能号、操作数及程序步长见表 5.71。

表 5.71　　示教定时器指令的指令名称、助记符、功能号、操作数及程序步长

指令名称	助记符、功能号	操作数		程序步长	备注
		[D.]	*n*		
示教定时器	FNC64 TTMR	数据寄存器	0、1、2	16 位—5 步	①16 位指令； ②连续执行

（2）指令说明

示教定时器 TTMR（Teaching Timer）指令是将按钮闭合的时间记录在数据寄存器中，由此通过按钮可以调整定时器的设置时间。TTMR 指令是将按钮闭合时间（由[D.]的下一单元进行记录）乘以系数 10^n 作为定时器的预置值，预置值送入[D.]中。

6. 特殊定时器指令［STMR（FNC65）］

（1）指令格式

特殊定时器指令的指令名称、助记符、功能号、操作数及程序步长见表 5.72。

表 5.72　　特殊定时器指令的指令名称、助记符、功能号、操作数及程序步长

指令名称	助记符、功能号	操作数			程序步长	备注
		[S.]	*m*	[D.]		
特殊定时器	FNC65 STMR	T0～T99	1～32 767	输出电路	16 位—7 步	①16 位指令；②连续执行

（2）指令说明

特殊定时器 STMR（Special Timer）指令用来产生延时断开定时器、单脉冲定时器和闪动定时器。特殊定时器指令中已使用的定时器在程序中不能再使用。

7. 交替输出指令［ALT（FNC66）］

（1）指令格式

交替输出指令的指令名称、助记符、功能号、操作数及程序步长见表 5.73。

表 5.73　　交替输出指令的指令名称、助记符、功能号、操作数及程序步长

指令名称	助记符、功能号	操作数	程序步长	备注
		[D.]		
交替输出	FNC66 ALT(P)	Y、M、S	16 位—3 步	①16 位指令；②连续执行

（2）指令说明

对于交替输出 ALT（Alternate）指令，在输入信号的上升沿改变时，[D.]的输出状态发生改变。ALT 指令相当于二分频电路或单按钮控制电路的启动与停止。

8. 斜波信号指令［RAMP（FNC67）］

（1）指令格式

斜波信号指令的指令名称、助记符、功能号、操作数及程序步长见表 5.74。

表 5.74　　斜波信号指令的指令名称、助记符、功能号、操作数及程序步长

指令名称	助记符、功能号	操作数				程序步长	备注
		[S1.]	[S2.]	[D.]	*n*		
斜波信号	FNC67 RAMP(P)	D			1～32 767	16 位—9 步	①16 位指令；②脉冲/连续执行；③标志位 M8026

（2）指令说明

斜波信号指令 RAMP 的作用是根据设定要求产生一个斜波信号。源操作数[S1.]为斜波信号的起始值，[S2.]为斜波信号的最终值，*n* 为扫描周期。执行该指令前，应先将起始值和最终值写入相应的寄存器[D.]中。若要改变斜波信号输出指令执行的扫描周期，应先将设

定的扫描周期写入 D8039，并驱动 D8039。如果该值稍大于实际程序的扫描周期，PLC 将进入恒定扫描运行模式。保持标志 M8026 决定 RAMP 指令的输出方式。M8026 为 ON 时，斜波输出为保持方式；M8026 为 OFF 时，斜波输出为重复方式。

9. 旋转工作台控制指令 [ROTC（FNC68）]

（1）指令格式

旋转工作台控制指令的指令名称、助记符、功能号、操作数及程序步长见表 5.75。

表 5.75　旋转工作台控制指令的指令名称、助记符、功能号、操作数及程序步长

指令名称	助记符、功能号	操作数				程序步长	备注
		[S.]	*m*1	*m*2	[D.]		
旋转工作台控制	FNC68 ROTC	D	2～32 767	0～32 767	Y、M、S	16 位—9 步	①16 位指令；②连续执行

（2）指令说明

旋转工作台控制指令 ROTC 控制旋转工作台旋转，使备选工作台以最短路径转到出口位置。*m*1 为工作台的分割数，*m*2 为低速区间数，*m*1 必须大于 *m*2。ROTC 指令只能使用一次。

10. 数据排序指令 [SORT（FNC69）]

（1）指令格式

数据排序指令的指令名称、助记符、功能号、操作数及程序步长见表 5.76。

表 5.76　数据查找指令的指令名称、助记符、功能号、操作数及程序步长

指令名称	助记符、功能号	操作数					程序步长	备注
		[S.]	*m*1	*m*2	[D.]	*n*		
数据排序	FNC69 SORT	D	1～32	1～6	D	1～*m*2	16 位—9 步	①16 位指令；②脉冲/连续执行；③标志位 M8029

（2）指令说明

数据排序指令 SORT 是将源操作数[S.]组成一个 *m*1 行、*m*2 列的表格，并按指定的数据内容进行排序。源操作数[S.]为排序表的首地址；目的操作数[D.]为排序后的首地址。数据排序指令执行完毕后，结束标志 M8029 置 1 并停止工作。SORT 指令在程序中只能使用一次，若源操作数[S.]和目的操作数[D.]为同一元件，在排序过程中不允许改变操作数[S.]的内容。图 5.48 为数据排序指令的功能说明。

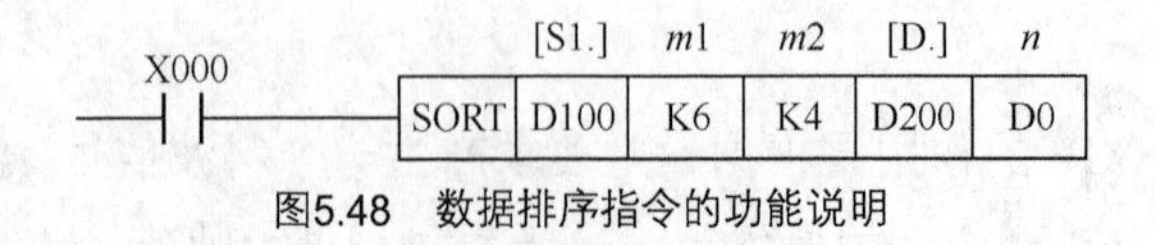

图5.48　数据排序指令的功能说明

将 24（*m*1=6，*m*2=4）个数据写入 D100～D123 中，执行如图 5.48 所示的数据排序指

令。当 X000 有效时，执行数据指令，将 D100～D123 中的数据传送到 D200～D223 中，组成一个 6×4 的表格，并根据 D0 中的列号排列好，将该列数据按从小到大的顺序进行数据排序。数据安排排序过程如图 5.49 所示。

	1	2	3	4
	学号	语文	数字	英语
1	D100 001	D106 78	D112 83	D118 80
2	D100 002	D107 85	D113 76	D119 90
3	D102 003	D108 79	D114 90	D120 87
4	D103 004	D109 85	D115 78	D121 89
5	D104 005	D110 82	D116 87	D122 95
6	D105 006	D111 87	D117 93	D123 80

（a）源数据

	1	2	3	4
	学号	语文	数字	英语
1	D100 001	D106 78	D112 83	D118 80
3	D102 003	D108 79	D114 90	D120 87
5	D104 005	D110 82	D116 87	D122 95
2	D101 002	D107 85	D113 76	D119 90
4	D103 004	D109 85	D115 78	D121 89
6	D105 006	D111 87	D117 93	D123 80

（b）（D0）=K2 时进行排序

	1	2	3	4
	学号	语文	数字	英语
1	D100 001	D106 78	D112 83	D118 80
6	D105 006	D111 87	D117 93	D123 80
3	D102 003	D108 79	D114 90	D120 87
4	D103 004	D109 85	D115 78	D121 89
2	D101 002	D107 85	D113 76	D119 90
5	D104 005	D110 82	D116 87	D122 95

（c）（D0）=K4 时进行排序

图5.49　数据安排排序过程

5.2.8　外部输入与输出处理指令

常用的外部输入与输出处理指令共有 10 条，见表 5.77。

表 5.77　外部输入与输出处理指令表

指令代号	指令助记符	指令名称	适用机型
FNC70	TKY	10 键输入指令	FX_{2N}、FX_{3UC}
FNC71	HKY	16 键输入指令	FX_{2N}、FX_{3UC}
FNC72	DSW	数字开关指令	FX_{1S}、FX_{1N}、FX_{2N}、FX_{3UC}
FNC73	SEGD	七段译码指令	FX_{2N}、FX_{3UC}
FNC74	SEGL	带锁存七段译码指令	FX_{1S}、FX_{1N}、FX_{2N}、FX_{3UC}
FNC75	ARWS	方向开关指令	FX_{2N}、FX_{3UC}
FNC76	ASC	ASCII 码转换指令	FX_{2N}、FX_{3UC}
FNC77	PR	ASCII 码打印指令	FX_{2N}、FX_{3UC}

1. 10 键输入指令［TKY（FNC70）］

（1）指令格式

10 键输入指令的指令名称、助记符、功能号、操作数及程序步长见表 5.78。

表 5.78　10 键输入指令的指令名称、助记符、功能号、操作数及程序步长

指令名称	助记符、功能号	操作数			程序步长	备注
		[S.]	[D1.]	[D2.]		
10 键输入	FNC70 DTKY	0~9	数据寄存器	数据寄存器	16 位—7 步； 32 位—13 步	①16/32 位指令； ②连续执行

（2）指令说明

10 键输入 TKY（Ten Key）指令用于将接在 PLC 的 10 个输入端输入 0～9 这 10 个数字。16 位操作数时，最大输入的数据是 9999；32 位操作数时，最大输入数据为 99 999 999；超出最大限制时高位溢出并丢失。10 键输入指令在程序中只能使用一次。

2. 16 键输入指令［HKY（FNC71）］

（1）指令格式

16 键输入指令的指令名称、助记符、功能号、操作数及程序步长见表 5.79。

表 5.79　16 键输入指令的指令名称、助记符、功能号、操作数及程序步长

指令名称	助记符、功能号	操作数				程序步长	备注
		[S.]	[D1.]	[D2.]	[D3.]		
16 键输入	FNC71 DHKY	X	Y	C、T、D、V、Z	Y、M、S	16 位—9 步； 32 位—17 步	①16/32 位指令； ②连续执行

（2）指令说明

16 键输入 HKY（Hex Decimal Key）指令用矩阵方式排列的 16 个按键输入 0～9 数字和 6 个功能键 A～F。源操作数[S.]指定 4 个输入元件的首地址，目的操作数[D1.]指定 4 个扫描输出元件的首地址，[D2.]指定输入的存储元件，[D3.]指定键状态的存储元件首地址。若将 M8167 置 1，则 0～F 将以十六进制形式存入目的操作数[D2.]指定的数据寄存器中。该指令与 PLC 的扫描时间同期执行，这 16 个按键的扫描需要 8 个扫描周期，为防止由于输入的滤波延迟而造成的存储错误，建议使用恒定扫描模式和定时器中断处理。

3. 数字开关指令［DSW（FNC72）］

（1）指令格式

数字开关指令的指令名称、助记符、功能号、操作数及程序步长见表 5.80。

表 5.80　数字开关指令的指令名称、助记符、功能号、操作数及程序步长

指令名称	助记符、功能号	操作数				程序步长	备注
		[S.]	[D1.]	[D2.]	*n*		
数字开关	FNC72 DSW	X	Y	C、T、D、V、Z	开关组数	16 位—9 步	①16 位指令； ②连续执行

（2）指令说明

数字开关 DSW（Digital Switch）指令用来读取 1 组或 2 组 4 位 BCD 码数字开关状态的设定值。源操作数[S.]指定 4 个输入元件的首地址，目的操作数[D1.]用于指定 4 个开关选通输出元件的首地址，[D2.]为指定的开关状态存储寄存器，*n* 指定开关组数。为了连续输入数字开关的数据，应采用晶体管输出型 PLC。该指令可以使用两次。

4. 七段译码指令［SEGD（FNC73）］

（1）指令格式

七段译码指令的指令名称、助记符、功能号、操作数及程序步长见表 5.81。

表 5.81　七段译码指令的指令名称、助记符、功能号、操作数及程序步长

指令名称	助记符、功能号	操作数		程序步长	备注
		[S.]	[D.]		
七段译码	FNC73 SEGD	K、H、KnX、KnY、C、KnM、KnS、T、D、Z	KnY、C、KnM、KnS、T、D、Z	16 位—5 步	①16 位指令； ②连续执行

（2）指令说明

七段译码 SEGD（Seven Segment Decoder）指令是将源操作数[S.]指定元件的低 4 位中的十六进制数（0～F）译成七段显示码的数据送到[D.]中，[D.]的高 8 位不变。七段显示器的 a、b、c、d、e、f、g（D0～D6）段分别对应于输出字节的第 0 位～第 6 位，若输出字节的某位为 1，则其对应的段显示；若输出字节的某位为 0，则其对应的段不亮。

5. 带锁存七段译码指令［SEGL（FNC74）］

（1）指令格式

带锁存七段译码指令的指令名称、助记符、功能号、操作数及程序步长见表 5.82。

表 5.82　带锁存七段译码指令的指令名称、助记符、功能号、操作数及程序步长

指令名称	助记符、功能号	操作数			程序步长	备注
		[S.]	[D.]	*n*		
带锁存七段译码	FNC74 SEGL P	K、H、KnX、KnY、C、KnM、KnS、T、D、Z	KnY、C、KnM、KnS、T、D、Z	K1 或 K2	16 位—17 步	①16 位指令； ②脉冲/连续执行； ③标志位 M8029

（2）指令说明

带锁存七段译码 SEGL（Seven Segment with Latch）指令用于控制 1 组或 2 组 4 位带锁存七段译码显示器。SEGL 指令只能使用一次，且必须使用晶体管输出型 PLC。SEGL 指令用 12 个扫描周期显示 1 组或 2 组 4 位数据，需占用 8 个或 12 个晶体管输出点。每显示完一组或 2 组 4 位数据后，标志位 M8029 置 1。该指令可与 PLC 的扫描周期同时执行，为执行一系列的显示，PLC 的扫描周期应大于 10ms，当小于 10ms 时，应使用恒定扫描方式。*n* 用于选择七段数据输入、选通信号的正负逻辑及显示组数的缺点（1 组或 2 组）。七段译码显示逻辑见表 5.83。*n* 的设定取决于 PLC 的正负逻辑与数码显示正负逻辑是否一致，见表 5.84。*n* 的取值范围是 0～7，当显示 1 组时 *n* 的取值为 0～3，显示 2 组时 *n* 的取值为 4～7。例如，PLC 为负逻辑，显示器的数据输入也为负逻辑，显示器的选通脉冲信号为正逻辑时，若是 4 位 1 组，则 *n*=K1；若是 4 位 2 组，则 *n*=K2。

表 5.83　　七段译码显示逻辑

信号	正逻辑	负逻辑
数据输入	以高电平变为 BCD 码数据	以低电平变为 BCD 码数据
选通脉冲信号	以高电平保持锁存的数据	以低电平保持锁存的数据

表 5.84　　参数 *n* 的选择

<table>
<tr><th colspan="3">4 位 1 组</th><th colspan="3">4 位 2 组</th></tr>
<tr><th>数据输入</th><th>选通脉冲信号</th><th>n</th><th>数据输入</th><th>选通脉冲信号</th><th>n</th></tr>
<tr><td rowspan="2">一致</td><td>一致</td><td>K0</td><td rowspan="2">一致</td><td>一致</td><td>K4</td></tr>
<tr><td>不一致</td><td>K1</td><td>不一致</td><td>K5</td></tr>
<tr><td rowspan="2">不一致</td><td>一致</td><td>K2</td><td rowspan="2">不一致</td><td>一致</td><td>K6</td></tr>
<tr><td>不一致</td><td>K3</td><td>不一致</td><td>K7</td></tr>
</table>

6. 方向开关指令 [ARWS（FNC75）]

（1）指令格式

方向开关指令的指令名称、助记符、功能号、操作数及程序步长见表 5.85。

表 5.85　　方向开关指令的指令名称、助记符、功能号、操作数及程序步长

<table>
<tr><th rowspan="2">指令名称</th><th rowspan="2">助记符、功能号</th><th colspan="4">操作数</th><th rowspan="2">程序步长</th><th rowspan="2">备注</th></tr>
<tr><th>[S.]</th><th>[D1.]</th><th>[D2.]</th><th>n</th></tr>
<tr><td>方向开关</td><td>FNC75
ARWS</td><td>X、Y、
M、S</td><td>T、C、
D、Z</td><td>Y</td><td>0～3</td><td>16 位—9 步</td><td>①16 位指令；
②连续执行</td></tr>
</table>

（2）指令说明

方向开关 ARWS（Arrow Switch）指令用 4 个方向开关来逐位输入或修改 4 位 BCD 码数据，用带锁存的 4 位或 8 位七段数码管显示器来显示当前设置的数值。源操作数[S.]用来指定 4 个方向开关的输入端的首地址，用带锁存的 4 位或 8 位七段数码管显示器来显示当前设置的数值。ARWS 指令只能使用一次，且必须使用晶体管输出型 PLC。

7. ASCII 码转换指令 [ASC（FNC76）]

（1）指令格式

ASCII 码转换指令的指令名称、助记符、功能号、操作数及程序步长见表 5.86。

表 5.86 ASCII 码转换指令的指令名称、助记符、功能号、操作数及程序步长

指令名称	助记符、功能号	操作数		程序步长	备注
		[S.]	[D.]		
ASCII 码转换	FNC76 ASC(P)	计算机输入的 8 字节以下的字母或数字	T、D、V、Z	16 位—11 步	①16 位指令；②脉冲/连续执行；③标志位 M8161

（2）指令说明

ASCII 码转换指令 ASC 的功能是将源操作数[S.]中最多 8 个字母或数字转换成 ASCII 码存放在目的操作数[D.]中。该指令适用于在外部显示器上选择显示出错误信息。使用 ASC 指令将“12ABCDEF”转换成 ASCII 码，功能说明如图 5.50 所示。

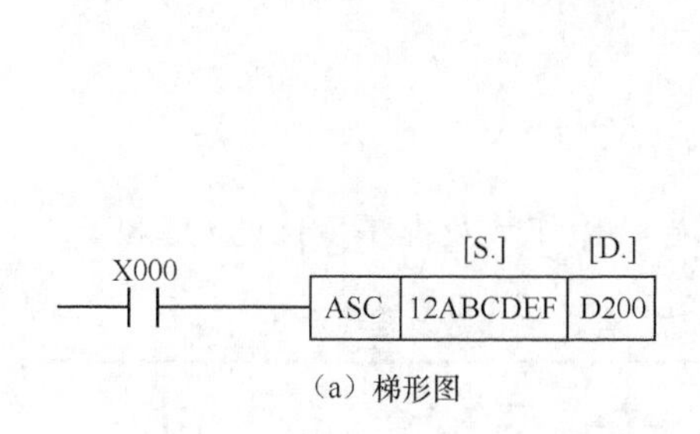

（a）梯形图

寄存器	高 8 位 待转换字符	高 8 位 ASCII 码	低 8 位 待转换字符	低 8 位 ASCII 码
D200	2	32	1	31
D201	B	42	A	41
D202	D	44	C	43
D203	F	46	E	45

（b）转换过程

图5.50 功能说明

X000 有效时，执行 ASC 指令，将 8 个字符转换成 ASCII 码存放在数据存储器 D200～D203 中。当 M8161 为 ON 时，将转换的 ASCII 码只传送给 D200～D207 的低 8 位，此时 D200～D207 的高 8 位为 0。

8. ASCII 码打印指令［PR（FNC77）］

（1）指令格式

ASCII 码打印指令的指令名称、助记符、功能号、操作数及程序步长见表 5.87。

表 5.87 ASCII 码打印指令的指令名称、助记符、功能号、操作数及程序步长

指令名称	助记符、功能号	操作数		程序步长	备注
		[S.]	[D.]		
ASCII 码打印	FNC77 PR(P)	C、T、D	Y	16 位—5 步	①16 位指令；②脉冲/连续执行；③标志位 M8027

（2）指令说明

ASCII 码打印指令 PR 的功能是将源操作数指定的 ASCII 码经指定元件输出。PR 指令只能使用两次，且必须使用晶体管输出型 PLC。该指令是依次串联输出 8 位并行数据的指令，当 M8027 为 OFF 时，为 8 字节串联输出；当 M8027 为 ON 时，为 1～16 字节串联输出。

9. 读特殊功能模块指令［FROM（FNC78）］

（1）指令格式

读特殊功能模块指令的指令名称、助记符、功能号、操作数及程序步长见表 5.88。

表 5.88　　读特殊功能模块指令的指令名称、助记符、功能号、操作数及程序步长

指令名称	助记符、功能号	操作数				程序步长	备注
		*m*1	*m*2	[D.]	*n*		
读特殊功能模块	FNC78 [D]FROM[P]	0～7	0～32767	数据寄存器	1～32767	16 位—9 步；32 位—17 步	①16/32 位指令；②脉冲/连续执行

（2）指令说明

读特殊功能模块指令 FROM 的功能是将增设的特殊功能模块单元缓冲寄存器中的内容读到 PLC 中，并存入指定的数据寄存器 D 中。

10. 写特殊功能模块指令［TO（FNC79）］

（1）指令格式

写特殊功能模块指令的指令名称、助记符、功能号、操作数及程序步长见表 5.89。

表 5.89　　写特殊功能模块指令的指令名称、助记符、功能号、操作数及程序步长

指令名称	助记符、功能号	操作数				程序步长	备注
		*m*1	*m*2	[S.]	*n*		
写特殊功能模块	FNC79 [D]TO[P]	0～7	0～32 767	KnY、C、KnM、KnS、T、D、Z、V	1～32 767	16 位—9 步 32 位—17 步	①16/32 位指令 ②脉冲/连续执行

（2）指令说明

写特殊功能模块指令 TO 的功能是将 PLC 指定数据寄存器的内容写入特殊模块的缓冲寄存器中。

5.2.9 外部设备指令

外部设备指令主要用于连接串行口的特殊适配器并进行控制、模拟量功能扩展模块处理和 PID 运算等操作。外部设备指令共 8 条，指令功能编号为 FNC80～FNC86、FNC88，见表 5.90。

表 5.90　　外部设备指令表

指令代号	指令助记符	指令名称	适用机型
FNC80	RS	串行数据传送指令	FX_{1S}、FX_{1N}、FX_{2N}、FX_{3UC}
FNC81	PRUN	八进制位传送指令	FX_{1S}、FX_{1N}、FX_{2N}、FX_{3UC}
FNC82	ASCI	十六进制数转 ASCII 码指令	FX_{1S}、FX_{1N}、FX_{2N}、FX_{3UC}
FNC83	HEX	ASCII 码转十六进制数指令	FX_{1S}、FX_{1N}、FX_{2N}、FX_{3UC}
FNC84	CCD	校验码指令	FX_{1S}、FX_{1N}、FX_{2N}、FX_{3UC}

续表

指令代号	指令助记符	指令名称	适用机型
FNC85	VRRD	电位器值读出指令	FX_{1S}、FX_{1N}、FX_{2N}、FX_{3UC}
FNC86	VRSC	电位器值刻度指令	FX_{1S}、FX_{1N}、FX_{2N}、FX_{3UC}
FNC88	PID	PID 运算指令	FX_{1S}、FX_{1N}、FX_{2N}、FX_{3UC}

1. 串行数据传送指令 [RS（FNC80）]

（1）指令格式

串行数据传送指令 RS 的功能为使用 RS-232C、RS-485 功能扩展板及特殊适配器，进行发送接收串行数据。

FX 系列 PLC 与外部设备进行串行发送或接收数据时，必须先对 D8120 进行相关参数设置。其参数设置见表 5.91。

表 5.91　D8120 参数设置

<table>
<tr><th rowspan="2">D8120 位号</th><th rowspan="2">名称</th><th colspan="6">参数设置</th></tr>
<tr><th colspan="3">位=0（OFF）</th><th colspan="3">位=1（ON）</th></tr>
<tr><td>b0</td><td>数据长</td><td colspan="3">7 位</td><td colspan="3">8 位</td></tr>
<tr><td>b1
b2</td><td>奇偶性</td><td colspan="6">b2，b1=00：无；
b2，b1=01：奇数（ODD）；
b2，b1=11：偶数（EVEN）</td></tr>
<tr><td>b3</td><td>停止位</td><td colspan="3">1 位</td><td colspan="3">2 位</td></tr>
<tr><td rowspan="5">b4
b5
b6
b7</td><td rowspan="5">传送速率/（bit/s）</td><td>位</td><td>设置值</td><td>速率/（bit/s）</td><td>位</td><td>设置值</td><td>速率/（bit/s）</td></tr>
<tr><td>b7，b6，b5，b4</td><td>0011</td><td>300</td><td>b7，b6，b5，b4</td><td>0111</td><td>4 800</td></tr>
<tr><td>b7，b6，b5，b4</td><td>0100</td><td>600</td><td>b7，b6，b5，b4</td><td>1000</td><td>9 600</td></tr>
<tr><td>b7，b6，b5，b4</td><td>0101</td><td>1 200</td><td>b7，b6，b5，b4</td><td>1001</td><td>19 200</td></tr>
<tr><td>b7，b6，b5，b4</td><td>0110</td><td>2 400</td><td></td><td></td><td></td></tr>
<tr><td>b8*</td><td>起始符</td><td>无</td><td colspan="5">有（D8124），初始值：STX（02H）</td></tr>
<tr><td>b9*</td><td>终止符</td><td>无</td><td colspan="5">有（D8125），初始值：EXT（03H）</td></tr>
<tr><td rowspan="2">b10
b11</td><td rowspan="2">控制线</td><td>无顺序</td><td colspan="5">b11，b10=00：无（RS-232 接口）；
b11，b10=01：普通模式（RS-232C 接口）；
b11，b10=10：互锁模式（RS-232C 接口）***；
b11，b10=11：调制解调器模式（RS-232C 接口、RS-485 接口）****</td></tr>
<tr><td>计算机链接通信*****</td><td colspan="5">b11，b10=00：RS-485 接口；
b11，b10=10：RS-232C 接口</td></tr>
<tr><td>b12</td><td colspan="7">不可使用</td></tr>
<tr><td>b13**</td><td>和校验</td><td colspan="3">不附加</td><td colspan="3">附加</td></tr>
<tr><td>b14**</td><td>协议</td><td colspan="3">不使用</td><td colspan="3">使用</td></tr>
<tr><td>b15**</td><td>控制顺序</td><td colspan="3">方式 1</td><td colspan="3">方式 4</td></tr>
</table>

注：*：表示起始符和终止符的内容可由用户更改。使用计算机通信时，必须设定为 0。

**：b13～b15 是计算机链接通信连接时的设定项目，使用 RS 指令时，必须设定为 0。

***：适用于 FX_{2N}、FX_{2NC}、FX_{3UC} 版本 V2.00 以上。

****：RS-485 未考虑设置控制线的方法，使用 FX_{2N}-485-BD 时，设定（b11，b10=11）。

*****：在计算机链接通信连接时设定，与 RS 指令没有关系。

串行数据传送指令的指令名称、助记符、功能号、操作数及程序步长见表 5.92。

表 5.92　串行数据传送指令的指令名称、助记符、功能号、操作数及程序步长

指令名称	助记符、功能号	操作数				程序步长	备注
		[S.]	*m*	[D.]	*n*		
串行数据传送	FNC80 RS	D	D、H、K	D	D、H、K	16 位—9 步	①16 位指令；②连续执行

（2）指令说明

① [S.]为发送数据首地址，只能是 D；*m* 为发送数据点数，可以是 D、H、K；[D.]为接收数据首地址，只能是 D；*n* 为接收数据点数，可以是 D、H、K。

② 不执行数据的发送或接收时，可将 *m* 或 *n* 置为 K0。

③ FX_{1S}、FX_{2N} 型 PLC V2.00 以下的产品采用半双工方式进行通信；FX_{3U}、FX_{2NC} 和 FX_{2N} 型 PLC V2.00 以上的产品采用全双工方式进行通信。

④ RS 指令还涉及相关数据寄存器和特殊辅助继电器，见表 5.93。

⑤ 用 RS 指令收发信息时，需指定 PLC 发送数据的首地址与点数，以及接收数据存储用的首地址与可以接收的最大数据字数。

表 5.93　RS 指令涉及的相关数据寄存器和特殊辅助继电器

数据寄存器	说明	特殊辅助继电器	说明
D8120	串行通信参数设置	M8121	发送待机标志
D8122	发送数据剩余数	M8122	发送请求标志
D8123	已接收数据的数量	M8123	接收完成标志
D8124	存放数据开始辨识的 ASCII 码。默认为“STX”，02H	M8124	载波检测标志
D8125	存放数据开始辨识的 ASCII 码。默认为“EXT”，03H		
D8129	超时判定时间	M8129	超时判定标志

2. 八进制位传送指令 [PRUN（FNC81）]

（1）指令格式

八进制位传送指令的指令名称、助记符、功能号、操作数及程序步长见表 5.94。

表 5.94　八进制位传送指令的指令名称、助记符、功能号、操作数及程序步长

指令名称	助记符、功能号	操作数		程序步长	备注
		[S.]	[D.]		
八进制位传送	FNC81 (D)PRUN	KnX 或 KnM		16 位—5 步；32 位—9 步	①16/32 位指令；②连续执行

（2）指令说明

八进制位传送 PRUN（Parallel Run）指令的功能是将源操作数[S.]和目的操作数[D.]以

八进制处理，传送数据。源操作数和目的操作数元件号的末位取 0，如 X0、M10 等。数据传送过程中，末位为 8 或 9 的 M 元件不传送。

3. 十六进制数转 ASCII 码指令［ASCI（FNC82）］

（1）指令格式

十六进制数转 ASCII 码指令的指令名称、助记符、功能号、操作数及程序步长见表 5.95。

表 5.95　十六进制数转 ASCII 码指令的指令名称、助记符、功能号、操作数及程序步长

指令名称	助记符、功能号	操作数			程序步长	备注
		[S.]	[D.]	*n*		
十六进制数转 ASCII 码指令	FNC82 ASCI(P)	K、H、KnX、KnY、KnM、KnS、T、C、D、V、Z	KnY、KnM、KnS、T、C、D	1～256	16 位—7 步	①16 位指令；②脉冲/连续执行

（2）指令说明

十六进制数转 ASCII 码指令 ASCI 的功能是将指定源操作数[S.]中的十六进制数转换成 ASCII 码，并存入目的操作数[D.]中。

① 该指令有两种转换模式，由 M8161 控制。当 M8161 为 OFF 时，为 16 位模式；当 M8161 为 ON 时，为 8 位模式。在 16 位模式下，[S.]中的十六进制数据转换成 ASCII 码向[D.]的高 8 位和低 8 位都进行传送；在 8 位模式下，只向[D.]的低 8 位传送，而[D.]的高 8 位为 0。

② 使用打印等操作输出 BCD 数据时，在执行 ASCI 指令前应将二进制转换成 BCD 码。

4. ASCII 码转十六进制数指令［HEX（FNC83）］

（1）指令格式

ASCII 码转十六进制数指令的指令名称、助记符、功能号、操作数及程序步长见表 5.96。

表 5.96　ASCII 码转十六进制数指令的指令名称、助记符、功能号、操作数及程序步长

指令名称	助记符、功能号	操作数			程序步长	备注
		[S.]	[D.]	*n*		
ASCII 码转十六进制数	FNC83 HEX(P)	K、H、KnX、KnY、KnM、KnS、T、C、D、V、Z	KnY、KnM、KnS、T、C、D	1～256	16 位—7 步	①16 位指令；②脉冲/连续执行

（2）指令说明

ASCII 码转十六进制数指令 HEX 的功能是将指定源操作数[S.]中的 ASCII 码转换成十六进制数，并存入目的操作数[D.]中。

① 指令有两种转换模式，由 M8161 控制。当 M8161 为 OFF 时，为 16 位模式；当 M8161 为 ON 时，为 8 位模式。在 16 位模式下，[S.]中的高 8 位和低 8 位的 ASCII 码转换

为十六进制数并进行传送；在8位模式下，只向[D.]的低8位传送，而[D.]的高8位为0。可见，该HEX与ASCI是两条互逆指令。

② 输入数据为BCD时，在本指令执行后，需进行BCD→BIN转换。

5. 校验码指令［CCD（FNC84）］

（1）指令格式

校验码指令的指令名称、助记符、功能号、操作数及程序步长见表5.97。

表5.97　校验码指令的指令名称、助记符、功能号、操作数及程序步长

指令名称	助记符、功能号	操作数			程序步长	备注
		[S.]	[D.]	*n*		
校验码	FNC84 CCD(P)	KnX、KnY、KnM、KnS、T、C、D、V、Z	KnM、KnS、T、C、D	1～256	16位—7步	①16位指令； ②脉冲/连续执行

（2）指令说明

校验码CCD（Check Code）指令的功能是将从源操作数[S.]指定元件开始的*n*位组成堆栈（高位和低位拆开），将各数据的总和送到目的操作数[D.]指定的元件中，而将堆栈中的水平奇偶校验数据（即各数据相应位进行"异或"逻辑运算）送到目的操作数[D.]的下一元件中。

① 指令有两种转换模式，由M8161控制。当M8161为OFF时，为16位模式；当M8161为ON时，为8位模式。在16位模式下，校验[S.]中的高8位和低8位并进行传送；在8位模式下，只校验[S.]的低8位，而[S.]的高8位忽略。

② 该指令适用于通信数据的校验。

6. 电位器值读出指令［VRRD（FNC85）］

（1）指令格式

电位器值读出指令的指令名称、助记符、功能号、操作数及程序步长见表5.98。

表5.98　电位器值读出指令的指令名称、助记符、功能号、操作数及程序步长

指令名称	助记符、功能号	操作数		程序步长	备注
		[S.]	[D.]		
电位器值读出	FNC85 VRRD(P)	VR0～VR7	KnY、KnM、KnS、T、C、D、V、Z	16位—5步	①16位指令； ②脉冲/连续执行

（2）指令说明

电位器值读出VRRD（Variable Resistor Read）指令的功能是将源操作数[S.]指定的模块量扩展板上某个可调电位器输入的模拟值转换成8位二进制数（0～255），并传送到PLC的目的操作数[D.]中。

7. 电位器值刻度指令［VRSC（FNC86）］

（1）指令格式

电位器值刻度指令的指令名称、助记符、功能号、操作数及程序步长见表 5.99。

表 5.99 电位器值刻度指令的指令名称、助记符、功能号、操作数及程序步长

指令名称	助记符、功能号	操作数		程序步长	备注
		[S.]	[D.]		
电位器值刻度	FNC86 VRSC(P)	VR0～VR7	KnY、KnM、KnS、T、C、D、V、Z	16 位—5 步	①16 位指令 ②脉冲/连续执行

（2）指令说明

电位器值刻度 VRSC（Variable Resistor Scale）指令的作用是将源操作数[S.]指定的模块量扩展板上某个可调电位器的刻度 0～10 转换成二进制值，并传送到 PLC 的目的操作数[D.]中。旋转可调电位器 VR0～VR7 的刻度 0～10，可以将数值通过四舍五入化成 0～10 的整数值。

8. PID 运算指令［PID（FNC88）］

（1）指令格式

PID 运算指令的指令名称、助记符、功能号、操作数及程序步长见表 5.100。

表 5.100 PID 运算指令的指令名称、助记符、功能号、操作数及程序步长

指令名称	助记符、功能号	操作数				程序步长	备注
		[S1.]	[S2.]	[S3.]	[D.]		
PID 运算指令	FNC88 PID	见“指令说明”				16 位—9 步	①16 位指令； ②连续执行

（2）指令说明

在 FX 系列 PLC 中提供 PID（Proportional Integral Derivative，比例-微分-积分）功能，以完成有模拟量的自动控制领域中需要按照 PID 控制规律进行自动调节的控制任务，如温度、压力、流量等。PID 根据被控制输入的模拟物理量的实际数值与用户设定的调节目标值的相对差值，按照 PID 算法计算出结果，输出到执行机构进行调节，以达到自动维持被控制的量跟随用户设定的调节目标值变化的目的。[S1.]用于设定目标值（SV）；[S2.]用于设定测定现在值（PV）；[S3.]位控制参数的设定；[D.]为输出值（MV），执行程序时，运算结果（即输出值）被存入[D.]中。对于[D.]最好指定为非电池保持的数据寄存器，若指定为 D200 以上的电池保持的数据寄存器，在 PLC 运行时，必须用程序清除保持的内容。

5.2.10 浮点数运算指令

浮点数运算指令主要用于二进制浮点数的比较、加、减、乘、除、开方及三角函数等操作，共有 14 条指令，见表 5.101。

表 5.101　　　　浮点数运算指令表

指令代号	指令助记符	指令名称	适用机型
FNC110	ECMP	二进制浮点数比较	FX_{2N}、FX_{3UC}
FNC111	EZCP	二进制浮点数区间比较	FX_{2N}、FX_{3UC}
FNC118	EBCD	二转十进制浮点数	FX_{2N}、FX_{3UC}
FNC119	EBIN	十转二进制浮点数	FX_{2N}、FX_{3UC}
FNC120	EADD	二进制浮点数加法	FX_{2N}、FX_{3UC}
FNC121	ESUB	二进制浮点数减法	FX_{2N}、FX_{3UC}
FNC122	EMUL	二进制浮点数乘法	FX_{2N}、FX_{3UC}
FNC123	EDIV	二进制浮点数除法	FX_{2N}、FX_{3UC}
FNC127	ESQR	二进制浮点数开平方	FX_{2N}、FX_{3UC}
FNC129	INT	二进制浮点数转整数	FX_{2N}、FX_{3UC}
FNC130	SIN	二进制浮点数正弦运算	FX_{2N}、FX_{3UC}
FNC131	COS	二进制浮点数余弦运算	FX_{2N}、FX_{3UC}
FNC132	TAN	二进制浮点数正切运算	FX_{2N}、FX_{3UC}
FNC147	SWAP	高低字节交换指令	FX_{2N}、FX_{3UC}

1. 二进制浮点数比较指令和二进制浮点数区间比较指令

（1）指令格式

二进制浮点数比较指令 ECMP 的功能是将两个源操作数[S1.]和[S2.]的内容（二进制）进行比较，比较结果送到以目的操作数[D.]开始的 3 个连续继电器中。二进制浮点数比较指令的指令名称、助记符、功能号、操作数及程序步长见表 5.102。

表 5.102　二进制浮点数比较指令的指令名称、助记符、功能号、操作数及程序步长

指令名称	助记符、功能号	操作数			程序步长	备注
		[S1.]	[S2.]	[D.]		
二进制浮点数比较	FNC110 DECMPP	K、H、D		Y、M、S	16位—13步	①16/32 位指令 ②脉冲/连续执行

二进制浮点数区间比较指令 ECMP 的功能是将源操作数[S1.]、[S2.]和[S.]进行区间比较（源操作数为浮点数），比较结束将比较结果送到以目的操作数[D.]开始的 3 个连续继电器中。二进制浮点数比较指令的指令名称、助记符、功能号、操作数及程序步长见表 5.103。

表 5.103　二进制浮点数区间比较指令的指令名称、助记符、功能号、操作数及程序步长

指令名称	助记符、功能号	操作数				程序步长	备注
		[S1.]	[S2.]	[S.]	[D.]		
二进制浮点数区间比较	FNC111 DEZCPP	K、H、D			Y、M、S	16位—17步	①16/32 位指令； ②脉冲/连续执行

（2）指令说明

源操作数[S1.]、[S2.]和[S.]进行比较时，[S1.]的内容不得大于[S2.]的内容，将比较结果放入3个连续的目的操作数继电器中。比较的结果存放方法同CMP指令和ZCP指令。当源操作数为常数*K*、*H*时，将自动转换成二进制浮点数。

2. 二转十进制浮点数指令和十转二进制浮点数指令

（1）指令格式

二转十进制浮点数指令 EBCD 的功能是将源操作数[S.]指定的二进制浮点数转换成十进制浮点数，存入目的操作数[D.]中。二转十进制浮点数指令的指令名称、助记符、功能号、操作数及程序步长见表5.104。

表5.104　二转十进制浮点数指令的指令名称、助记符、功能号、操作数及程序步长

指令名称	助记符、功能号	操作数		程序步长	备注
		[S.]	[D.]		
二转十进制浮点数	FNC118 DEBCDP	D		16位—9步	①16/32位指令 ②脉冲/连续执行

十转二进制浮点数指令EBIN的功能是将源操作数[S.]指定的十进制浮点数转换成二进制浮点数，存入目的操作数[D.]中。十转二进制浮点数指令的指令名称、助记符、功能号、操作数及程序步长见表5.105。

表5.105　十转二进制浮点数指令的指令名称、助记符、功能号、操作数及程序步长

指令名称	助记符、功能号	操作数		程序步长	备注
		[S.]	[D.]		
十转二进制浮点数	FNC119 DEBINP	D		16位—9步	①16/32位指令；②脉冲/连续执行

（2）指令说明

转换后[D.]中存放的二进制浮点数尾数部分23位，指数部分8位，符号1位。

3. 二进制浮点数加、减、乘、除法指令

（1）指令格式

二进制浮点数加法指令EADD的功能是将源操作数的二进制浮点数进行相加，运算结果送到目的操作数中。二进制浮点数加法指令的指令名称、助记符、功能号、操作数及程序步长见表5.106。

表5.106　二进制浮点数加法指令的指令名称、助记符、功能号、操作数及程序步长

指令名称	助记符、功能号	操作数			程序步长	备注
		[S1.]	[S2.]	[D.]		
二进制浮点数加法	FNC120 DEADDP	K、H、D		D	16位—13步	①16/32位指令；②脉冲/连续执行

二进制浮点数减法指令 ESUB 的功能是将源操作数的二进制浮点数进行相减，运算结果送到目的操作数中。二进制浮点数减法指令的指令名称、助记符、功能号、操作数及程序步长见表 5.107。

表 5.107　二进制浮点数减法指令的指令名称、助记符、功能号、操作数及程序步长

指令名称	助记符、功能号	操作数			程序步长	备注
		[S1.]	[S2.]	[D.]		
二进制浮点数减法	FNC121 DESUBP	K、H、D		D	16 位—13 步	①16/32 位指令 ②脉冲/连续执行

二进制浮点数乘法指令 EMUL 是将源操作数的二进制浮点数进行相乘，运算结果送到目的操作数中。二进制浮点数乘法指令的指令名称、助记符、功能号、操作数及程序步长见表 5.108。

表 5.108　二进制浮点数乘法指令的指令名称、助记符、功能号、操作数及程序步长

指令名称	助记符、功能号	操作数			程序步长	备注
		[S1.]	[S2.]	[D.]		
二进制浮点数乘法	FNC122 DEMULP	K、H、D		D	16 位—13 步	①16/32 位指令； ②脉冲/连续执行

二进制浮点数除法指令 EMUL 是将源操作数的二进制浮点数进行相除，运算结果送到目的地操作数中。二进制浮点数除法指令的指令名称、助记符、功能号、操作数及程序步长见表 5.109。

表 5.109　二进制浮点数除法指令的指令名称、助记符、功能号、操作数及程序步长

指令名称	助记符、功能号	操作数		程序步长	备注
		[S.]	[D.]		
二进制浮点数除法	FNC123 DEDIVP	K、H、D	D	16 位—13 步	①16/32 位指令 ②脉冲/连续执行

（2）指令说明

二进制浮点数的加、减、乘、除法与加法（ADD）、减法（SUB）、乘法（MUL）、除法（DIV）指令的使用方法类似，运算结果同样影响相应位标志。当源操作数为常数 *K*、*H* 时，将自动转换成二进制浮点数。

4. 二进制浮点数开平方指令

（1）指令格式

二进制浮点数开平方指令的指令名称、助记符、功能号、操作数及程序步长见表 5.110。

（2）指令说明

二进制浮点数开平方指令 ESQR 的功能是将源操作数的二进制浮点数开平方运算，结果以二进制浮点数的形式存放在目的操作数[D.]中。源操作数[S.]中的二进制浮点数值应为

正，否则运算出错，M8067 置 1。如果运算结果为 0，则零标志 M8020 置 1。当源操作数为常数 *K*、*H* 时，将自动转换成二进制浮点数。

表 5.110 二进制浮点数开平方指令的指令名称、助记符、功能号、操作数及程序步长

指令名称	助记符、功能号	操作数		程序步长	备注
		[S.]	[D.]		
二进制浮点数开平方	FNC127 DESQRP	K、H、D	D	16 位—9 步	①16/32 位指令 ②脉冲/连续执行

5. 二进制浮点数转整数指令

（1）指令格式

二进制浮点数转整数指令的指令名称、助记符、功能号、操作数及程序步长见表 5.111。

表 5.111 二进制浮点数转整数指令的指令名称、助记符、功能号、操作数及程序步长

指令名称	助记符、功能号	操作数		程序步长	备注
		[S.]	[D.]		
二进制浮点数转整数	FNC129 DINTP	D		16 位—5 步； 32 位—9 步	①16/32 位指令； ②脉冲/连续执行； ③标志位 M8020

（2）指令说明

二进制浮点数转整数指令 INT 的功能是将源操作数的二进制浮点数转换成二进制整数，舍去小数点后的值，取其二进制整数存放在目的操作数[D.]中。该指令是 FLT 指令的逆变换。当运算结果为 0 时，零标志 M8020 置 1；若转换时的值小于 1 舍去小数后，整数位为 0，借位标志 M8021 置 1；运算结果超过 16 位或 32 位的数据范围时，进位标志 M8022 置 1。

6. 二进制浮点数正弦、余弦、正切指令

（1）指令格式

二进制浮点数正弦指令 SIN 用于计算源操作数[S.]中的二进制浮点数弧度值对应的正弦值，并将结果存入目的操作数[D.]中。二进制浮点数正弦指令的指令名称、助记符、功能号、操作数及程序步长见表 5.112。

表 5.112 二进制浮点数正弦指令的指令名称、助记符、功能号、操作数及程序步长

指令名称	助记符、功能号	操作数		程序步长	备注
		[S.]	[D.]		
二进制浮点数正弦	FNC129 DSINP	D		16 位—9 步	①16/32 位指令 ②脉冲/连续执行

二进制浮点数余弦指令 COS 用于计算源操作数[S.]中的二进制浮点数弧度值对应的余弦值，并将结果存入目的操作数[D.]中。二进制浮点数余弦指令的指令名称、助记符、功能号、操作数及程序步长见表 5.113。

表 5.113　二进制浮点数余弦指令的指令名称、助记符、功能号、操作数及程序步长

指令名称	助记符、功能号	操作数		程序步长	备注
		[S.]	[D.]		
二进制浮点数余弦	FNC130 DCOSP	D		16 位—9 步	①16/32 位指令；②脉冲/连续执行

二进制浮点数正切指令 TAN 用于计算源操作数[S.]中的二进制浮点数弧度值对应的正切值，并将结果存入目的操作数[D.]中。二进制浮点数正切指令的指令名称、助记符、功能号、操作数及程序步长见表 5.114。

表 5.114　二进制浮点数正切指令的指令名称、助记符、功能号、操作数及程序步长

指令名称	助记符、功能号	操作数		程序步长	备注
		[S.]	[D.]		
二进制浮点数正切	FNC131 DTANP	D		16 位—9 步	①16/32 位指令；②脉冲/连续执行

（2）指令说明

弧度（RAD）=角度×π/180，角度的范围为 0≤角度＜2π。

7. 高低字节交换指令

（1）指令格式

高低字节交换指令的指令名称、助记符、功能号、操作数及程序步长见表 5.115。

表 5.115　高低字节交换指令的指令名称、助记符、功能号、操作数及程序步长

指令名称	助记符、功能号	操作数	程序步长	备注
		[D.]		
高低字节交换	FNC147 DSWAPP	KnY、KnM、KnS、T、C、D、V、Z	16 位—3 步；32 位—5 步	①16/32 位指令；②脉冲/连续执行

（2）指令说明

高低字节交换指令 SWAP 将源操作数[S.]中的高 8 位和低 8 位字节交换。执行 16 位交换时，将[S.]中的高 8 位和低 8 位字节交换；执行 32 位交换时将[S.]中的高 8 位和低 8 位字节交换，同时[S.]+1 中的高 8 位和低 8 位字节也进行交换。

5.2.11 定位控制指令

定位控制指令可用于执行 PLC 内置式脉冲输出功能的定位，共有 5 条指令，见表 5.116。

表 5.116　定位控制指令表

指令代号	指令助记符	指令名称	适用机型
FNC155	ABS	读当前绝对值指令	FX_{1S}、FX_{1N}
FNC156	ZRN	原点回归指令	FX_{1S}、FX_{1N}
FNC157	FLSV	可变速的脉冲输出指令	FX_{1S}、FX_{1N}

续表

指令代号	指令助记符	指令名称	适用机型
FNC158	DRVI	相对位置控制指令	FX_{1S}、FX_{1N}
FNC159	DRVA	绝对位置控制指令	FX_{1S}、FX_{1N}

1. 读当前绝对值指令［ABS（FNC155）］

（1）指令格式

读当前绝对值指令的指令名称、助记符、功能号、操作数及程序步长见表 5.117。

表 5.117　读当前绝对值指令的指令名称、助记符、功能号、操作数及程序步长

指令名称	助记符、功能号	操作数			程序步长	备注
		[S.]	[D1.]	[D2.]		
读当前绝对值	FNC155 DABS	X、Y、M、S	Y、M、S	KnY、KnM、KnS、T、C、D、V、Z	32 位—13 步	①32 位指令 ②连续执行

（2）指令说明

读当前绝对值 ABS（Absolute Current Value Read）指令用来读取绝对位置数据（当 PLC 与 MR-H 或 MR-J2 型伺服电动机连接时）。

① [S.]为位元件，它是来自伺服装置的控制信号，占有[S.]、[S.]+1、[S.]+2 这 3 点；[D1.]为位元件，它是传送至伺服装置的控制信号，占有[D1.]、[D1.]+1、[D1.]+2 这 3 点；[D2.]为字元件，它是从伺服装置读取的 ABS 数据（32 位数据），占有[D2.]+1、[D2.]+2 两点。

② 由于读取的 ABS 数据必须写入当前值数据寄存器 D8141、D8140（使用 32 位），因此通常需指定 D8140。

③ 使用指令时在驱动触点的上升沿开始读取。当读取操作完成后，执行完成标志 M8029 置 1。读取过程中指令驱动触点为 OFF 时，中断读取操作。

④ 该指令为 32 位，因此必须为 DABS，PLC 最好使用晶体管输出型。

2. 原点回归指令［ZRN（FNC156）］

（1）指令格式

原点回归指令的指令名称、助记符、功能号、操作数及程序步长见表 5.118。

表 5.118　原点回归指令的指令名称、助记符、功能号、操作数及程序步长

指令名称	助记符、功能号	操作数				程序步长	备注
		[S1.]	[S2.]	[S3.]	[D.]		
原点回归	FNC156 DZRNP	K、H、KnY、KnX、KnM、KnS、T、C、D、V、Z		X、Y、M、S	Y000 或 Y001	16 位—9 步； 32 位—17 步	①16/32 位指令； ②脉冲/连续执行

（2）指令说明

原点回归 ZRN（Zero Return）指令用于开机或初始设置时使机器返回原点（当 PLC 与

MR-H 或 MR-J2 型伺服电动机连接时）。

① [S1.]指定原点回归开始的速度，为字元件，16 位指令时，速度为 10～32 767Hz；32 位指令时，速度为 10Hz～100kHz。[S2.]指定近点信号 DOG 变为 ON 后的低速部分的速度，为字元件，低速部分的速度为 10～32 767Hz。[S3.]指定近点信号输入（a 触点输入），为位元件，当指定输入继电器（X）以外的元件时，由于受到 PLC 运算周期的影响，因此会引起原点位置的偏移增大。[D.]指定脉冲输出起始地址，为位元件，只能是 Y000 或 Y001。

② 若先将 M8140 置 1，在原点回归完成时将伺服电动机输出清零信号，清零信号的输出地址号，可根据不同脉冲输出地址号决定。

③ 原点回归动作按如下顺序进行：首先驱动指令后，以原点回归速度[S1.]开始移动，当近点信号（DOG）由 OFF 变为 ON 时，减速至爬行速度[S2.]。当近点信号（DOG）由 ON 变为 OFF 时，在停止脉冲输出的同时，向当前值寄存器（Y000：D8141、D8140；Y001：D8143、D8142）中写入 0。如果 M8140 为 ON，同时输出清零信号。然后，当执行完成标志 M8029 动作的同时，脉冲输出中监控（Y000：D8147；Y001：D8148）变为 OFF。

④ PLC 最好使用晶体管输出型。

3. 可变速的脉冲输出指令［FLSV（FNC157）］

（1）指令格式

可变速的脉冲输出指令的指令名称、助记符、功能号、操作数及程序步长见表 5.119。

表 5.119　可变速的脉冲输出指令的指令名称、助记符、功能号、操作数及程序步长

指令名称	助记符、功能号	操作数			程序步长	备注
		[S.]	[D1.]	[D2.]		
可变速的脉冲输出	FNC157 DFLSVP	K、H、KnY、KnX、KnM、KnS、T、C、D、V、Z	Y000 或 Y001	ON 或 OFF	16 位—9 步；32 位—17 步	①16/32 位指令；②脉冲/连续执行

（2）指令说明

可变速的脉冲输出指令 FLSV 是带方向的可变速脉冲输出指令，输出脉冲的频率可以在运行中修改。

① [S.]为输出脉冲频率，为字元件，16 位指令时，频率为 1～32767Hz 或-1～-32767Hz；32 位指令时，频率为 1Hz～100kHz 或-1Hz～-100kHz。[D1.]为脉冲输出起始地址，只能是 Y000 或 Y001，PLC 输出必须采用晶体管输出方式。[D2.]为旋转方向信号输出起始地址，对应[S.]的正负，当[D2.]为 ON 时，[S.]为正数；当[D2.]为 OFF 时，[S.]为负数。

② 由于在启动/停止时不执行加减速，如果要暂缓开始/停止，可使用 RAMP 指令改变输出频率[S.]的数值。

③ 在脉冲输出过程中，指令驱动触点由 ON 变为 OFF 时，不进行减速而停止输出，此时若脉冲输出中断标志（Y000：D8147；Y001：D8148）处于 ON 时，不接受指令的再

次驱动。

4. 相对位置控制指令［DRVI（FNC158）］

（1）指令格式

相对位置控制指令的指令名称、助记符、功能号、操作数及程序步长见表5.120。

表5.120 相对位置控制指令的指令名称、助记符、功能号、操作数及程序步长

指令名称	助记符、功能号	操作数				程序步长	备注
		[S1.]	[S2.]	[D1.]	[D2.]		
相对位置控制	FNC158 DDRVIP	K、H、KnY、KnX、KnM、KnS、T、C、D、V、Z		Y000或Y001	ON或OFF	16位—9步； 32位—17步	①16/32位指令； ②脉冲/连续执行

（2）指令说明

相对位置控制指令DRVI以相对驱动方式执行单速位置控制。

① [S1.]为相对指定输出脉冲数，为字元件，16位指令时，脉冲数为–32 768～+32 767；32位指令时，脉冲数为–999 999～+999 999。[S2.]为输出脉冲频率，为字元件，16位指令时，频率为10～32767Hz；32位指令时，频率为10Hz～100kHz。[D1.]为脉冲输出起始地址，只能是Y000或Y001，PLC输出必须采用晶体管输出方式。[D2.]为旋转方向信号输出起始地址，对应[S1.]的正负，当[D2.]为ON时，[S1.]为正数；[D2.]为OFF时，[S1.]为负数。

② 向Y000输出时，当前值寄存器D8141（高位）、D8140（低位）作为相对位置（32位）。向Y001输出时，当前值寄存器D8143（高位）、D8142（低位）作为相对位置（32位）。

③ 在指令执行过程中，即使改变操作数的内容，不能立即更改当前运行状态，只能在下一次指令执行时才有效。但是，指令驱动的触点由ON变为OFF时，停止减速，此时执行完成标志M8029不动作，而脉冲输出中断标志（Y000：D8147；Y001：D8148）处于ON时，不接受指令的再次驱动。

5. 绝对位置控制指令［DRVA（FNC159）］

（1）指令格式

绝对位置控制指令的指令名称、助记符、功能号、操作数及程序步长见表5.121。

表5.121 绝对位置控制指令的指令名称、助记符、功能号、操作数及程序步长

指令名称	助记符、功能号	操作数				程序步长	备注
		[S1.]	[S2.]	[D1.]	[D2.]		
绝对位置控制	FNC159 DDRVAP	K、H、KnY、KnX、KnM、KnS、T、C、D、V、Z		Y000或Y001	ON或OFF	16位—9步； 32位—17步	①16/32位指令； ②脉冲/连续执行

（2）指令说明

绝对位置控制指令DRVA以绝对驱动方式执行单速位置控制，使用方法与DRVI指令

类似，只是[S1.]为绝对指定输出脉冲数。

5.2.12 实时时钟指令

实时时钟指令可对时钟数据进行运行及比较，还可以对 PLC 内置的实时时钟进行时间校准和时钟数据格式化等操作，共有 7 条指令，见表 5.122。

表 5.122 实时时钟指令表

指令代号	指令助记符	指令名称	适用机型
FNC160	TCMP	时钟数据比较指令	FX_{1S}、FX_{1N}、FX_{2N}、FX_{3UC}
FNC161	TZCP	时钟数据区域比较指令	FX_{1S}、FX_{1N}、FX_{2N}、FX_{3UC}
FNC162	TADD	时钟数据加法运算指令	FX_{1S}、FX_{1N}、FX_{2N}、FX_{3UC}
FNC163	TSUB	时钟数据减法运算指令	FX_{1S}、FX_{1N}、FX_{2N}、FX_{3UC}
FNC166	TRD	时钟数据读取指令	FX_{1S}、FX_{1N}、FX_{2N}、FX_{3UC}
FNC167	TWR	时钟数据写入指令	FX_{1S}、FX_{1N}、FX_{2N}、FX_{3UC}
FNC169	HOUR	计时表指令	FX_{1S}、FX_{1N}

1. 时钟数据比较指令 [TCMP（FNC160）]

（1）指令格式

时钟数据比较指令的指令名称、助记符、功能号、操作数及程序步长见表 5.123。

表 5.123 时钟数据比较指令的指令名称、助记符、功能号、操作数及程序步长

指令名称	助记符、功能号	操作数					程序步长	备注
		[S1.]	[S2.]	[S3.]	[S.]	[D.]		
时钟数据比较	FNC160 TCMP(P)	K、H、KnY、KnX、KnM、KnS、T、C、D、V、Z			“时”	ON 或 OFF	16 位—11 步	①16 位指令 ②脉冲/连续执行

（2）指令说明

时钟数据比较 TCMP（Time Compare）指令是将源数据[S1.]、[S2.]、[S3.]的时间与[S.]起始的 3 点数据进行比较，根据大小输出以[D.]为起始的 3 点 ON/OFF 状态。[S1.]指定比较基准时间的“时”，[S2.]指定比较基准时间的“分”，[S3.]指定比较基准时间的“秒”。[S]为指定时钟数据的“时”，[S.]+1 为指定时钟数据的“分”，[S.]+2 为指定时钟数据的“秒”。时间比较方法与 CMP 指令类似。

2. 时钟数据区域比较指令 [TZCP（FNC161）]

（1）指令格式

时钟数据区域比较指令的指令名称、助记符、功能号、操作数及程序步长见表 5.124。

（2）指令说明

时钟数据区间比较 TZCP（Time Zone Compare）指令是将[S.]起始的 3 点时钟数据同上[S2.]、下[S1.]两点的时钟比较范围进行比较，然后根据区域大小输出起始[D.]的 3 点 ON/OFF

状态。[S1.]、[S1.]+1、[S1.]+2 是以“时”,“分”,“秒”方式指定比较基准时间下限；[S2.]、[S2.]+1、[S2.]+2 是以“时”“分”“秒”方式指定比较基准时间上限；[S.]、[S.]+1、[S.]+2 是以“时”“分”“秒”方式指定时钟数据。时间区间比较方法与 ZCP 指令类似。

表 5.124 时钟数据区域比较指令的指令名称、助记符、功能号、操作数及程序步长

指令名称	助记符、功能号	操作数				程序步长	备注
		[S1.]	[S2.]	[S.]	[D.]		
时钟数据区域比较	FNC161 TZCP(P)	K、H、KnY、KnX、KnM、KnS、T、C、D、V、Z		Y000 或 Y001	ON 或 OFF	16 位—9 步	①16 位指令；②脉冲/连续执行

3. 时钟数据加法运算指令［TADD（FNC162）］

（1）指令格式

时钟数据加法运算指令的指令名称、助记符、功能号、操作数及程序步长见表 5.125。

表 5.125 时钟数据加法运算指令的指令名称、助记符、功能号、操作数及程序步长

指令名称	助记符、功能号	操作数			程序步长	备注
		[S1.]	[S2.]	[D.]		
时钟数据加法运算	FNC162 TADD(P)	见“指令说明”			16 位—7 步	①16 位指令；②脉冲/连续执行

（2）指令说明

时钟数据加法运算 TADD（Time Addition）指令是将存于[S1.]起始的 3 点内的时钟数据与[S2.]起始的 3 点内的时钟数据相加，并将其结果保存于以[D.]起始的 3 点元件内。

① [S1.]、[S1.]+1、[S1.]+2 是以“时”“分”“秒”方式指定加数。[S2.]，[S2.]+1，[S2.]+2 是以“时”“分”“秒”方式指定被加数。[D.]、[D.]+1、[D.]+2 是以“时”“分”“秒”方式保存时钟数据加法结果。

② 当运算结果超过 24 小时，进位标志 M8022 置为 ON，将进行加法运算的结果减去 24 小时后将该值作为运算结果保存。

③ 当运算结果为 0（即 0 时 0 分 0 秒）时，零标志 M8020 置为 ON。

4. 时钟数据减法运算指令［TSUB（FNC163）］

（1）指令格式

时钟数据减法运算指令的指令名称、助记符、功能号、操作数及程序步长见表 5.126。

表 5.126 时钟数据减法运算指令的指令名称、助记符、功能号、操作数及程序步长

指令名称	助记符、功能号	操作数			程序步长	备注
		[S1.]	[S2.]	[D.]		
时钟数据减法运算	FNC163 TSUB(P)	见“指令说明”			16 位—7 步	①16 位指令；②脉冲/连续执行

（2）指令说明

时钟数据减法运算 TSBU（Time Substraction）指令是将存于以[S1.]起始的 3 点内的时钟数据与以[S2.]起始的3点内的时钟数据相减，并将其结果保存于以[D.]起始的3点元件内。

① [S1.]、[S1.]+1、[S1.]+2 是以“时”“分”“秒”方式指定减数。[S2.]、[S2.]+1、[S2.]+2 是以“时”“分”“秒”方式指定被减数。

② [D.]、[D.]+1、[D.]+2 是以“时”“分”“秒”方式保存时钟数据减法结果。当运算结果小于 0 小时，借位标志 M8022 置为 ON，将进行减法运算的结果加上 24 小时后将该值作为运算结果保存。

③ 当运算结果为 0（即 0 时 0 分 0 秒）时，零标志 M8020 置为 ON。

5. 时钟数据读取指令［TRD（FNC166）］

（1）指令格式

时钟数据读取指令的指令名称、助记符、功能号、操作数及程序步长见表 5.127。

表 5.127　时钟数据读取指令的指令名称、助记符、功能号、操作数及程序步长

指令名称	助记符、功能号	操作数	程序步长	备注
		[D.]		
时钟数据读取	FNC166 TRD(P)	K、H	16 位—3 步	①16 位指令； ②脉冲/连续执行

（2）指令说明

时钟数据读取 TRD（Time Read）指令是将 PLC 特殊寄存器 D8013～D8019 中的实时时钟数据读入以目的操作数[D.]为起始的 7 点数据寄存器中。特殊寄存器 D8013～D8019 用于存放年、月、日、时、分、秒和星期，以目的操作数[D.]为起始的 7 点数据寄存器中分别存储相应时钟数据，见表 5.128。

表 5.128　实时时钟读取指令所占存储器空间

	元件	时间	时钟数据		元件	时间
实时时钟所用特殊寄存器	D8018	年	00～99（公历后 2 位）	存储相应时钟数据的寄存器	[D.]	年
	D8017	月	1～12		[D.]+1	月
	D8016	日	1～31		[D.]+2	日
	D8015	时	0～23		[D.]+3	时
	D8014	分	0～59		[D.]+4	分
	D8013	秒	0～59		[D.]+5	秒
	D8019	星期	0（星期日）～6（星期六）		[D.]+6	星期

6. 时钟数据写入指令［TWR（FNC167）］

（1）指令格式

时钟数据写入指令的指令名称、助记符、功能号、操作数及程序步长见表 5.129。

表 5.129　　时钟数据写入指令的指令名称、助记符、功能号、操作数及程序步长

指令名称	助记符、功能号	操作数	程序步长	备注
		[D.]		
时钟数据写入	FNC167 TWR(P)	K、H	16 位—3 步	①16 位指令； ②脉冲/连续执行

（2）指令说明

时钟数据写入 TER（Time Write）指令的功能是将时钟数据写入 PLC 的实时时钟中。首先需要将时钟数据存储在以[D.]起始的 7 点数据寄存器中，然后执行该指令，将时钟数据写入特殊寄存器 D8013～D8019 中。

7. 计时表指令［HOUR（FNC169）］

（1）指令格式

计时表指令的指令名称、助记符、功能号、操作数及程序步长见表 5.130。

表 5.130　　计时表指令的指令名称、助记符、功能号、操作数及程序步长

指令名称	助记符、功能号	操作数			程序步长	备注
		[S.]	[D1.]	[D2.]		
计时表	FNC169 HOUR(P)	K、H、KnY、KnX、KnM、KnS、T、C、D、V、Z	D	Y、M、S	16 位—7 步	①16 位指令； ②脉冲/连续执行

（2）指令说明

计时表指令 HOUR 的功能是对输入触点处于 ON 状态的时间以小时为单位进行加法运算。

在 16 位指令中，若触点处于 ON 的时间数超过[S.]中的数据，则[D2.]报警输出；[D1.]暂存以小时为单位的当前值；[D1.]+1 暂存以秒为单位小于 1 小时的当前值。在 32 位指令中，若触点处于 ON 的时间数超过[S.]中的数据，[D2.]报警输出；[D1.]、[D1.]+1 暂存以小时为单位的当前值，其中[D1.]+1 保存高位，[D1]保存低位；[D1]+2 暂存以秒为单位小于 1 小时的当前值。报警输出的同时，仍能计算触点处于 ON 的时间。如果当前时间值达到 16 位或 32 位的最大值，则停止计算触点处于 ON 的时间，此时，若还想继续计算触点处于 ON 的时间应使用相关指令将[D1.]、[D1.]+1（16 位指令时）或[D1.]、[D1.]+1、[D1.]+2（32 位指令时）的当前值清除。

5.2.13　格雷码变换与模拟量模块读/写指令

格雷码的特点是用二进制数表示的相邻的两个数的各位中，只有一位的值不同。它常用于绝对式编码器。模拟量模块读/写指令用于读取模拟量模块 FX_{1N}-3A 的值或将数据写入模拟量模块 FX_{1N}-3A，见表 5.131。

表 5.131　　格雷码变换与模拟量模块读/写指令表

指令代号	指令助记符	指令名称	适用机型
FNC170	GRY	格雷码变换指令	FX_{2N}、FX_{3UC}
FNC171	GBIN	格雷码逆变换指令	FX_{2N}、FX_{3UC}
FNC176	RD3A	模拟量模块读指令	FX_{1N}
FNC177	WR3A	模拟量模块写指令	FX_{1N}

1. 格雷码变换指令［GRY（FNC170）］

（1）指令格式

格雷码变换指令的指令名称、助记符、功能号、操作数及程序步长见表 5.132。

表 5.132　　格雷码变换指令的指令名称、助记符、功能号、操作数及程序步长

指令名称	助记符、功能号	操作数		程序步长	备注
		[S.]	[D.]		
格雷码变换	FNC170 DGRYP	K、H、KnY、KnX、KnM、KnS、T、C、D、V、Z	KnX、KnM、KnS、T、C、D、V、Z	16 位—5 步；32 位—9 步	①16/32 位指令 ②脉冲/连续执行

（2）指令说明

格雷码变换 GRY（Gray Code）指令的功能是将二进制的源操作数转换成格雷码并送入目的操作数中。16 位指令时，[S.]的范围是 0～32767；32 位指令时，[S.]的范围是 0～2147483647。

2. 格雷码逆变换指令［GBIN（FNC171）］

（1）指令格式

格雷码逆变换指令的指令名称、助记符、功能号、操作数及程序步长见表 5.133。

表 5.133　　格雷码逆变换指令的指令名称、助记符、功能号、操作数及程序步长

指令名称	助记符、功能号	操作数		程序步长	备注
		[S.]	[D.]		
格雷码逆变换	FNC171 DGBINP	K、H、KnY、KnX、KnM、KnS、T、C、D、V、Z	KnX、KnM、KnS、T、C、D、V、Z	16 位—5 步；32 位—9 步	①16/32 位指令； ②脉冲/连续执行

（2）指令说明

格雷码逆变换 GBIN（Gray Code to Binary）指令的功能是将格雷码编码器输入的源操作数转换成二进制数并送入目的操作数中。16 位指令时，[S.]的范围是 0～32 767；32 位指令时，[S.]的范围是 0～2 147 483 647。

3. 模拟量模块读指令［RD3A（FNC176）］

模拟量模块读指令 RD3A 用于读取模拟量模块 FX_{0N}-3A 输入的值。模拟量模块读指令的指令名称、助记符、功能号、操作数及程序步长见表 5.134。

表 5.134　　模拟量模块读指令的指令名称、助记符、功能号、操作数及程序步长

指令名称	助记符、功能号	操作数			程序步长	备注
		*m*1	*m*2	[D.]		
模拟量模块读	FNC176 RD3A	K0～K7	K1 或 K2	保存读取的模拟量模块的数据	16 位—7 步	①16 位指令；②脉冲/连续执行

4. 模拟量模块写指令［WR3A（FNC177）］

模拟量模块写指令 WR3A 用于将数据写入模拟量模块 FX_{0N}-3A。模拟量模块写指令的指令名称、助记符、功能号、操作数及程序步长见表 5.135。

表 5.135　　模拟量模块写指令的指令名称、助记符、功能号、操作数及程序步长

指令名称	助记符、功能号	操作数			程序步长	备注
		*m*1	*m*2	[D.]		
模拟量模块写	FNC177 WR3A	K0～K7	K1 或 K2	写入模拟量模块的数字量	16 位—7 步	①16 位指令②脉冲/连续执行

5.2.14 触点比较指令

触点比较指令的功能是使用触点符号进行触点比较，它分为 LD 触点比较、AND 串联连接触点比较和 OR 并联连接触点比较这 3 种形式，每种形式又有 6 种比较形式（=等于、>大于、<小于、<>不等于、<=小于等于、>=大于等于），共有 18 条指令，见表 5.136。

表 5.136　　触点比较指令表

指令代号	指令助记符	指令名称	导 通 条 件	适用机型
FNC224	LD=	LD 触点比较	[S1]=[S2]	FX_{1S}、FX_{1N}、FX_{2N}、FX_{3UC}
FNC225	LD>		[S1]>[S2]	FX_{1S}、FX_{1N}、FX_{2N}、FX_{3UC}
FNC226	LD<		[S1]<[S2]	FX_{1S}、FX_{1N}、FX_{2N}、FX_{3UC}
FNC228	LD<>		[S1]<>[S2]	FX_{1S}、FX_{1N}、FX_{2N}、FX_{3UC}
FNC229	LD<=		[S1]<=[S2]	FX_{1S}、FX_{1N}、FX_{2N}、FX_{3UC}
FNC230	LD>=		[S1]>=[S2]	FX_{1S}、FX_{1N}、FX_{2N}、FX_{3UC}
FNC232	AND=	AND 触点比较	[S1]=[S2]	FX_{1S}、FX_{1N}、FX_{2N}、FX_{3UC}
FNC233	AND>		[S1]>[S2]	FX_{1S}、FX_{1N}、FX_{2N}、FX_{3UC}
FNC234	AND<		[S1]<[S2]	FX_{1S}、FX_{1N}、FX_{2N}、FX_{3UC}
FNC236	AND<>		[S1]<>[S2]	FX_{1S}、FX_{1N}、FX_{2N}、FX_{3UC}
FNC237	AN<=		[S1]<=[S2]	FX_{1S}、FX_{1N}、FX_{2N}、FX_{3UC}
FNC238	AND>=		[S1]>=[S2]	FX_{1S}、FX_{1N}、FX_{2N}、FX_{3UC}
FNC240	OR=	OR 触点比较	[S1]=[S2]	FX_{1S}、FX_{1N}、FX_{2N}、FX_{3UC}
FNC241	OR>		[S1]>[S2]	FX_{1S}、FX_{1N}、FX_{2N}、FX_{3UC}
FNC242	OR<		[S1]<[S2]	FX_{1S}、FX_{1N}、FX_{2N}、FX_{3UC}
FNC244	OR<>		[S1]<>[S2]	FX_{1S}、FX_{1N}、FX_{2N}、FX_{3UC}
FNC245	OR<=		[S1]<=[S2]	FX_{1S}、FX_{1N}、FX_{2N}、FX_{3UC}
FNC246	OR>=		[S1]>=[S2]	FX_{1S}、FX_{1N}、FX_{2N}、FX_{3UC}

1. LD 触点比较指令

LD 触点比较（Load Compare）指令，当条件满足指令要求时导通。[S1]、[S2]可以是 K、H、KnY、KnX、KnM、KnS、T、C、D、V、Z。当源数据的最高位（16 位指令：b15；32 位指令：b31）为 1 时，将该数值作为负数进行比较。32 位数据比较时，必须以 32 位指令来进行，如果用 16 位指令进行 32 位数据比较，会导致出错或运算错误。

2. AND 串联连接触点比较指令

AND 串联连接触点比较（And Compare）指令，当条件满足指令要求时导通。[S1]、[S2]可以是 K、H、KnY、KnX、KnM、KnS、T、C、D、V、Z。当源数据的最高位（16 位指令：b15；32 位指令：b31）为 1 时，将该数值作为负数进行比较。32 位数据比较时，必须以 32 位指令来进行，如果用 16 位指令进行 32 位数据比较，会导致出错或运算错误。

3. OR 并联连接触点比较指令

OR 并联连接触点比较（Or Compare）指令，当条件满足指令要求时导通。[S1]、[S2]可以是 K、H、KnY、KnX、KnM、KnS、T、C、D、V、Z。当源数据的最高位（16 位指令：b15；32 位指令：b31）为 1 时，将该数值作为负数进行比较。32 位数据比较时，必须以 32 位指令来进行，如果用 16 位指令进行 32 位数据比较，会导致出错或运算错误。

5.3 本章小结

FX 系列 PLC 根据使用的 CPU 不同，所适用的编程软元件不同，书中分别做了介绍。本章重点从指令格式、指令说明讲解了 FX 系列 PLC 的基本指令，并加入了大量实例，便于读者更好的理解。在 PLC 程序编制过程中，为了进一步简化编程、增强 PLC 的应用功能和范围，常采用应用指令进行编程。FX 系列 PLC 共有 136 条应用指令，根据型号不同，所对应的应用指令有所不同。本章对 FX 系列 PLC 中常用的应用指令进行了说明。

5.4 习题与思考

1. 写出如图 5.51 所示梯形图的语句表。

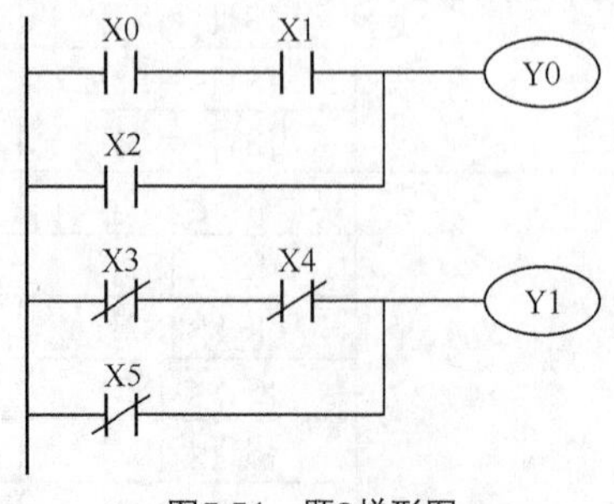

图5.51 题2梯形图

2．用 PLS 指令设计梯形图程序，要求 M1 在 X6 的下降沿 ON 一个扫描周期。试编写其梯形图。

3．按下按钮 X0 后，Y0 接通并保持，15s 后 Y0 自动断开，试编写其梯形图。

4．用光电开关检测传送带上通过的产品数量，有产品通过时信号灯亮并计数；如果 10s 内没有产品通过，则发出报警信号，报警信号只能手动解除，试编写其梯形图。

5．用 CMP 指令实现下面功能：X0 为脉冲输入，当脉冲数大于 5 时，Y1 为 ON；反之，Y0 为 ON。试编写其梯形图。

6．当 X1 为 ON 时，用定时器中断，每 99ms 将 Y0～Y3 组成的位元件组 K1Y0 加 1，设计主程序和中断子程序。

7．用 X10 控制接在 Y0～Y17 上的 16 个彩灯移位，每 0.5s 移 1 位，用 MOV 指令将彩灯的初值设定为十六进制数 000CH，试编写其梯形图。

8．把 A/D 转换得到的 8 个 12 位二进制数据存放在 D0～D7 中，A/D 转换得到的数值 0～4095 对应温度值 0～1 000℃，分别用循环指令和 MEAN 指令求 A/D 转换的平均值，并将它转换为对应的温度值，存放在 D12 中，试编写其梯形图。

9．用时钟运算指令控制路灯的定时接通和断开，20:00 时开灯，06:00 时关灯，试编写其梯形图。

第 6 章　三菱 PLC 编程软件

PLC 的程序输入可以通过手持编程器、专用编程器或计算机完成。手持编程器体积小，携带方便，在现场调试时更显其优越性，但在程序输入或阅读理解分析时，就比较烦琐。专用编程器功能强，可视化程度高，使用也很方便，但其价格高，通用性差。近年来，计算机技术发展迅速，利用计算机进行 PLC 编程、通信更具优势，计算机除可进行 PLC 编程外，还可作为一般计算机使用，兼容性好，利用率高。因此，采用计算机进行 PLC 编程已成为一种趋势，所有生产 PLC 的企业，都研究开发了 PLC 的编程软件和专用通信模块。本章主要为读者介绍 3 种主流的三菱 PLC 编程软件——FX-GP/WIN-C 编程软件、GX Developer 编程软件和 GX Works2 编程软件的安装和应用等。

6.1　FX–GP/WIN–C 编程软件

由于软件版本的不同，其操作、显示方法可能略有区别，此类情况以读者实际安装的软件版本为准。

6.1.1　软件概述

1. 软件简介

FX-GP/WIN-C 是三菱公司用于 FX 系列 PLC 的编程软件，该软件可在 Windows 3.1 及 Windows 95/98 等操作系统下运行。FX-GP/WIN-C 软件具有以下功能。

（1）脱机编程

利用 FX-GP/WIN-C 可以在计算机上通过专用软件采用梯形图、指令表及顺序功能图来创建 PLC 程序。另外，编程后可进行语法检查、双线圈检验、电路检查，并提示错误步，对编程元件、程序块、线圈进行注释等操作。

（2）文件管理

所编写的程序可作为文件进行保存，这些文件的管理与 Windows 中其他文件的管理方法一致，可进行复制、删除、重命名、打印等操作。

（3）程序传输

通过专用的电线、接口，将计算机与 PLC 建立起通信连接后，可实现程序的写入与读出。

（4）运行监控

PLC 与计算机建立通信后，计算机可对 PLC 进行监控，实时观察各编程元件 ON/OFF 的情况。

2. 操作环境

运行 FX-GP/WIN-C 软件的计算机的最低配置如下。

CPU：80486 及以上。

内存：8MB（推荐 16MB 以上）。

分辨率：800×600 像素，16 色。

操作系统：MS-DOS（MS-DOS/V）、Windows 3.1、Windows 95/98/2000 等。

3. 操作界面

图 6.1 为 FX-GP/WIN-C 软件的操作界面，该操作界面由下拉菜单栏、工具栏、梯形图编程区、程序状态栏、功能栏、功能图等部分组成。

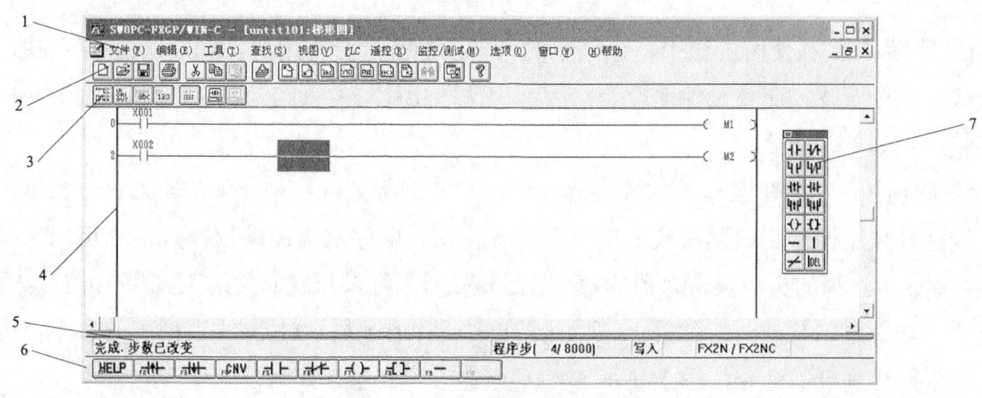

图6.1　FX-GP/WIN-C软件的操作界面（一）

1. 下拉菜单栏；2. 工具栏 1；3. 工具栏 2；4. 梯形图编程区；5. 程序状态栏；6. 功能栏；7. 功能图

（1）下拉菜单

下拉菜单按功能分为[文件]、[编辑]、[工具]等几个功能区（见图 6.1），软件的所有功能均能在下拉菜单中找到。但在实际使用过程中，下拉菜单的使用频率不高，而且很多常用的功能在工具栏中都可以找到。因此，下拉菜单只是作为工具栏的必要补充和延伸。

[文件]菜单：包括新建、打开、保存、打印及显示最近打开的几个文件等功能。因为这部分内容与其他软件相类似，所以在此不再赘述。

[编辑]菜单：剪切、复制、粘贴、删除、撤销等功能与其他软件是完全一样的。但是，在这里软件新增了一些功能。在梯形图编辑模式下[编辑]菜单增加了线圈注释、程序块注释、元件注释、元件名等功能。在指令表编程模式下[编辑]菜单中增加的则是 NOP 覆盖/写入、NOP 插入、NOP 删除等功能。

[工具]菜单：在梯形图编程模式下[工具]菜单中涵盖了各种触点、线圈、功能指令、连线及全部清除、转换功能。在指令表编程模式下[工具]菜单中仅有全部清除、指令表两个功能命令，但是，打开指令对话框（见图 6.2），也可以找到所有的触点、线圈、功能指令等。尽管在两种模式下该菜单显示的命令有所不同，但是所涵盖的内容是完全一样的。

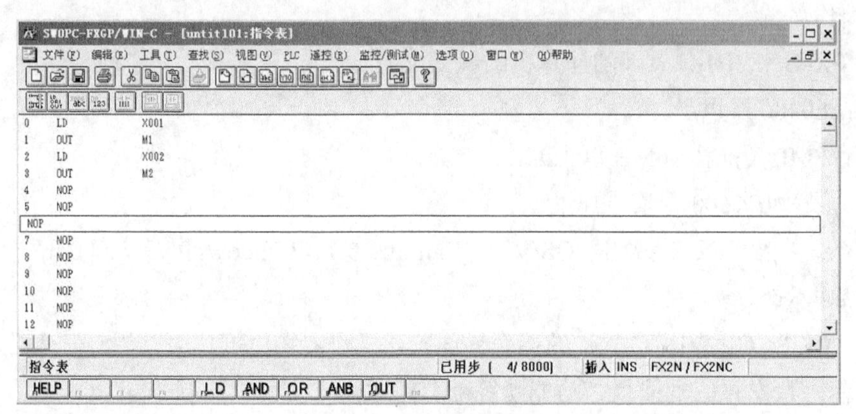

图6.2 指令表工具栏

[查找]菜单：在使用过程中，该菜单的许多功能是十分常用的，如线圈/触点查找、元件查找、指令查找、交换元件地址等。因此，这些功能均罗列在工具栏 1 中（见图 6.1），使其使用更简单、快捷。

[视图]菜单：[视图]菜单的部分内容与工具栏 2 的部分内容是一致的。通过该菜单，用户可以选择使用梯形图编程模式、指令表编程模式、顺序功能图编程模式，还可以选择显示注释、显示注释的类型及寄存器的值。通过该菜单，可以开启或关闭工具栏 1、工具栏 2、状态栏、功能栏、功能图。此外，[视图]菜单中还有用于显示触点/线圈列表的命令，用于显示已用元件列表的命令，用于显示 T/C（定时器/计数器）数据设定列表的命令。

[PLC]菜单：该菜单中的功能，主要是在 PC 与 PLC 通信时使用。较常用的有传送（用于程序的写入与读出）、实时监控的开启与停止、端口设置、串行口设置等。

[遥控]菜单：该菜单的各功能主要用于 PC 通过调制解调器与 PLC 连接。该软件可通过电话网络与远程站点连接，从而实现数据的传送、接收。

[监控/测试]菜单：当与 PLC 连接进行在线调试时，该菜单可提供程序监控、元件监控、强制 Y 输出、强制 ON/OFF 等功能。这些功能在现场调试时非常实用。

[选项]菜单：该菜单提供了程序检查、参数设置、口令设置、PLC 类型设置、串行口设置等功能。程序检查功能主要进行语法检查、双线圈检查、线路检查，检查完毕后显示结果，提示错误步。

[窗口]菜单和[帮助]菜单：[窗口]菜单可选择已打开窗口的布局类型，可水平、垂直、顺序排列以方便编程，编程人员使用时在各种编程模式下可自由切换。[帮助]菜单提供了该软件的版本信息及简单的使用说明。

（2）工具栏 1

为方便使用，该软件将部分使用频率较高的功能置于工具栏 1（见图 6.1），便于编程人员使用。工具栏 1 主要选取下拉菜单[文件]、[编辑]、[查找]中常用的功能，以简洁的图标排列组成。使用时，将鼠标指针移至工具栏图标上，此时会自动弹出该图标的名称，单击图标该功能即被选定。

（3）工具栏 2

工具栏 2 由下拉菜单[视图]、[监控/测试]中常用的功能组成。其结构特点、使用与工具栏 1 完全相同。

（4）梯形图编程区

梯形图以其直观、简洁、通俗易懂等特点为大部分编程人员所采用。因此，在此仅以梯形图编程区为典型进行说明。

左侧粗实线为母线，母线左侧数字为程序步号。编程区中蓝色实心阴影区为当前选定的操作区域，该操作区域为元件写入、删除位置或连线的写入、删除位置。该区域可通过鼠标或键盘上的方向键选定。此外，在该区域可直接进行指令输入，无须切换到指令表编辑模式。灰色区域是编辑后未进行转换的区域，转换功能在[工具]菜单、功能栏中均能找到。

（5）程序状态栏

在梯形图编程下方就是程序状态栏（见图 6.3），状态栏自左向右依次如下。

① 显示当前窗口的名称，图 6.3 为梯形图编程窗口，另外，还有指令表编辑窗口、顺序功能图编辑窗口、注释窗口、寄存器窗口。

② 在梯形图、指令表编辑器模式下显示已编辑程序步数和程序步总数，在顺序功能图编程模式下显示光标当前位置。例如，图 6.3 为“程序步[0/8000]”，即已经编辑 0 步程序/程序步总数为 8000 步。

③ 显示当前状态，有写入、读入、写出等。

④ 显示 PLC 的类型，如图 6.3 为 FX_{2N}/FX_{2NC}。

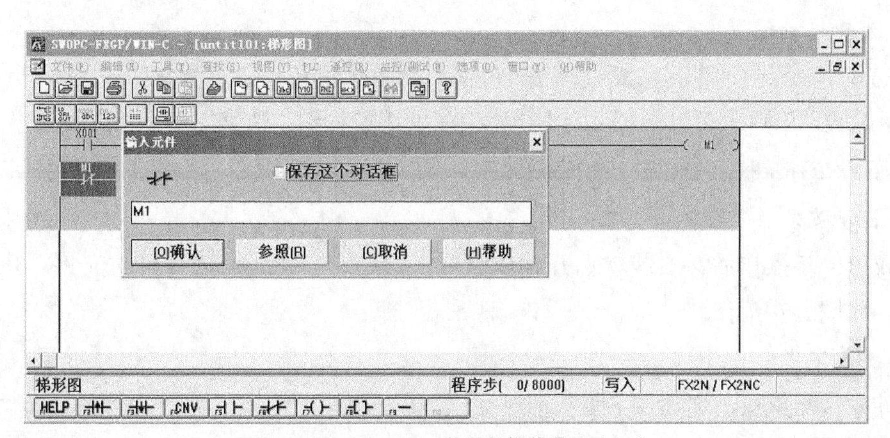

图6.3　FX-GP/WIN-C软件的操作界面（二）

（6）功能栏

如图 6.3 所示，位于程序状态栏下方的是功能栏，位于梯形图编程区的是功能图。特别需要说明的是，功能图仅出现在梯形图编程模式下，在指令模式或顺序功能图编程模式等状态下仅有功能栏。功能栏与功能图所涉及的内容大致相同，相比之下，功能栏较功能图功能稍多一点。

功能栏的使用有两种方法，一是可通过鼠标单击直接选定；二是每个功能键分别与键盘上 F1～F9 键相对应，分别标注在功能键的左下角，因此，按[F1～F9]键也可选定相应的功能。功能栏包括 17 个功能，分两行显示，通过[Shift]键相互切换。

（7）功能图

功能图中涵盖 14 个功能。为方便编程人员的使用，功能图可就近置于梯形图编程区任意位置。功能图只能通过鼠标单击选定。编程人员可根据自己的喜好选择合适的编辑方法。

6.1.2 软件的安装

1. 开始安装

在 FX-GP/WIN-C 安装程序文件夹中找到 SETUP-32 安装文件，并双击运行该文件。桌面显示安装窗口，显示[欢迎]对话框，如图 6.4 所示。

此时，为保证程序安装的顺利进行，对话框建议计算机退出其他运行中的 Windows 程序。准备就绪后，单击[下一个]按钮。

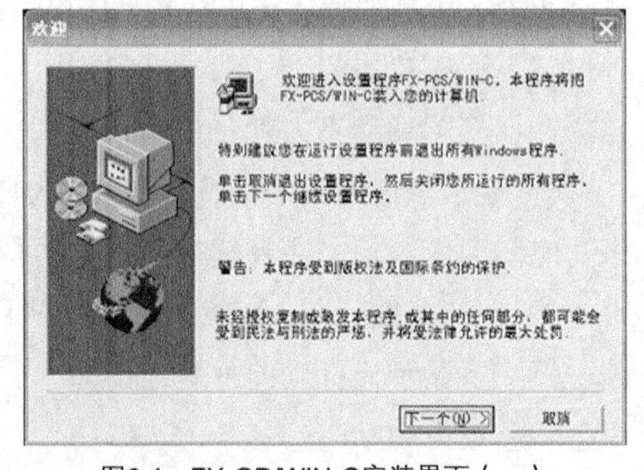

图6.4 FX-GP/WIN-C安装界面（一）

2. 填写用户信息

完成上一步操作后，进入[用户信息]对话框，如图 6.5 所示，这里要求用户填写用户名字、公司名称等信息，填写完毕后，单击[下一个]按钮，进入下一步操作。

3. 选择目标位置

图 6.6 所示界面用于完成程序安装目标地址的设定，安装程序默认的目标地址是 C:\FXGPWIN，用户也可以根据实际情况，单击[浏览]按钮，选择其他目标地址，完成设定后单击[下一个]按钮，进入下一步操作。

4. 自动安装

完成上一步操作后，安装软件开始按照用户设定的安装路径进行自动安装，并显示安装进程，如图 6.7 所示。

5. 安装完成

软件安装结束后出现如图 6.8 所示对话框，单击[确定]按钮，完成软件的安装。

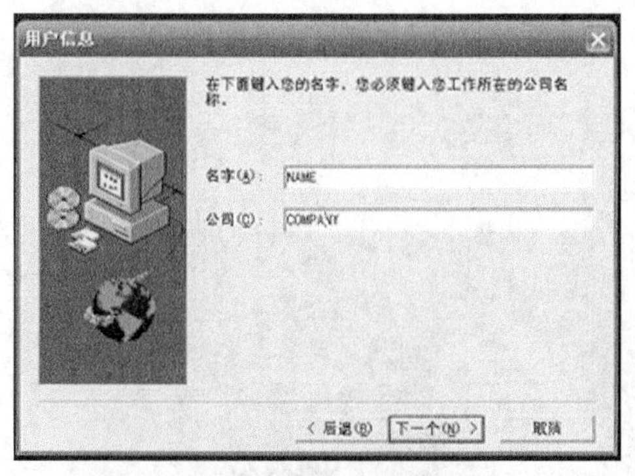

图6.5　FX-GP/WIN-C安装界面（二）

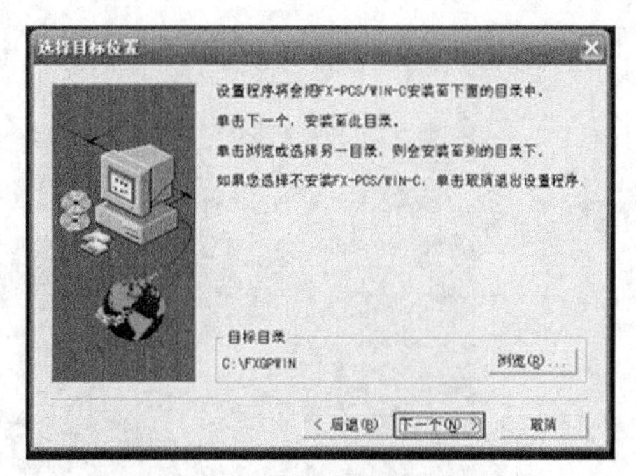

图6.6　FX-GP/WIN-C安装界面（三）

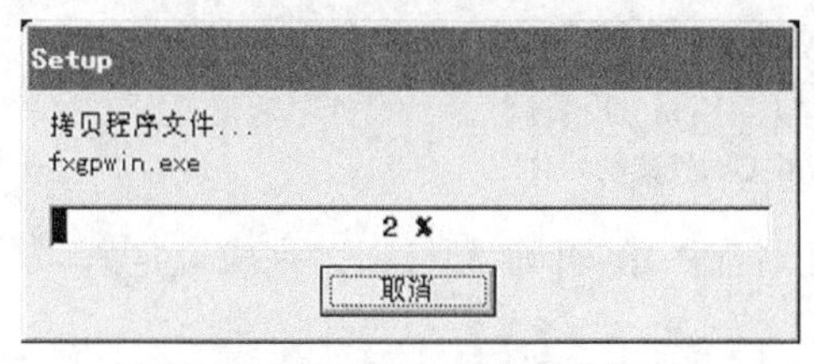

图6.7　FX-GP/WIN-C安装界面（四）

图6.8　FX-GP/WIN-C安装界面（五）

6.1.3　梯形图编辑

1. 新文件的建立

（1）打开 FX-GP/WIN-C 软件

单击[开始]按钮，打开[所有程序]菜单，选择[MELSEC-F FX Applications]→[FXGP_WIN-C]命令，如图 6.9 所示，启动软件。

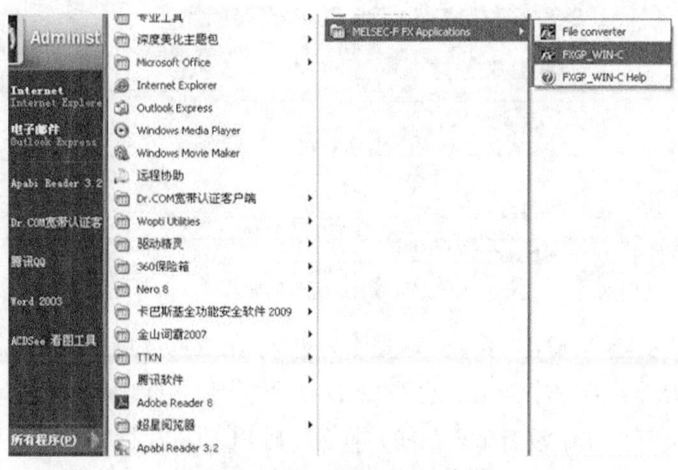

图6.9　打开FX-GP/WIN-C软件

（2）FX-GP/WIN-C 软件的初始化

软件打开后，创建新的文件，必须进行初始化设定。具体操作步骤如下。

① 单击[文件]菜单，选择[新文件]命令，或单击工具栏的[新文件]按钮，均可新建文件。

② 完成上述操作后，显示[PLC类型设置]对话框，如图6.10所示。

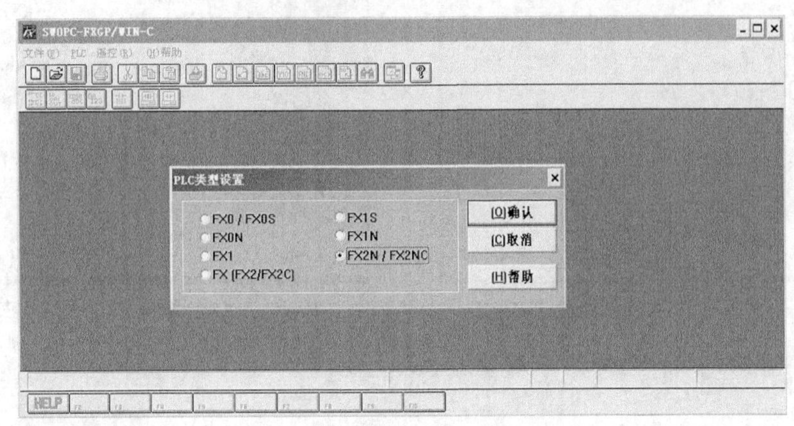

图6.10　FX-GP/WIN-C软件的初始化

③ 根据PLC的型号进行设定，务必相互对应，单击[确认]按钮，完成设定。

（3）编程元件的输入

单击功能图或功能栏中待输入的编程软元件（如常开触点等），此时，显示[输入元件]对话框，如图6.11所示，在该对话框中输入编程软元件的地址（如X1等），单击[确认]按钮完成该编程软元件的输入。

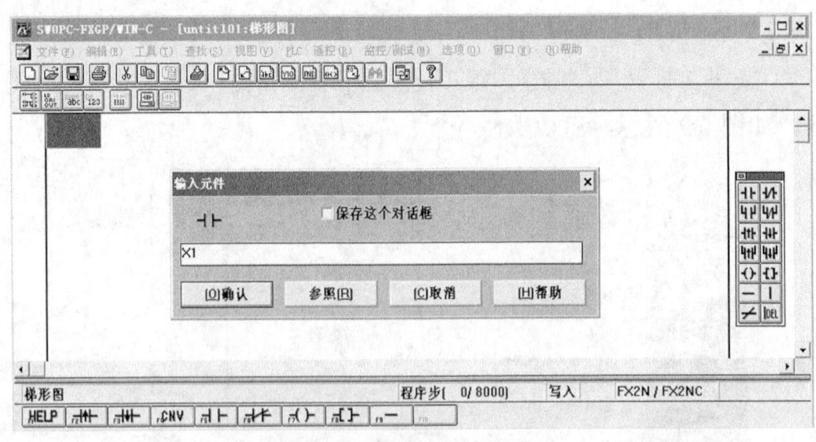

图6.11　编程软元件的输入

编程结束后需要输入END指令，这是因为PLC在运行过程中循环地进行输入处理、程序执行、输出处理。若程序结束后输入END指令，则END以后的程序步将不再执行，而进行输出处理；若程序中没有输入END指令，则PLC将执行完全部程序步后再从0步开始重复处理。

2. 文件的保存与打开

（1）文件的保存

中断或完成程序的编辑时，必须对文件进行保存，执行该操作可通过以下3种途径来完成。

① 单击[文件]菜单，选择[保存]命令。

② 单击工具栏中的[保存]按钮。

③ 通过按[Ctrl+S]组合键，完成文件的保存。

以上 3 种方式均可实现文件的保存，无须其他操作。但是，如果是保存新建文件的话，执行保存操作后将打开[文件另存为]（File Save As）对话框，如图 6.12 所示，这时要求输入“文件名”，选择文件保存的类型及文件保存的位置等。

（2）文件的打开

当需要编辑或修改已有文件时，首先启动 FX-GP/WIN-C 软件，而后可通过以下 3 种途径来打开已有文件。

① 单击[文件]菜单，选择[打开]命令。

② 单击工具栏中的[打开]按钮。

③ 通过按[Ctrl+O]组合键，完成文件的打开。

以上 3 种方式均可打开[打开文件]（File Open）对话框，如图 6.13 所示。在该对话框中选择待打开文件所在的驱动器，然后选择文件所在目录，在[文件名]文本框中选择该文件，并按[确定]按钮打开。此外，根据不同的文件格式选择匹配的文件类型。

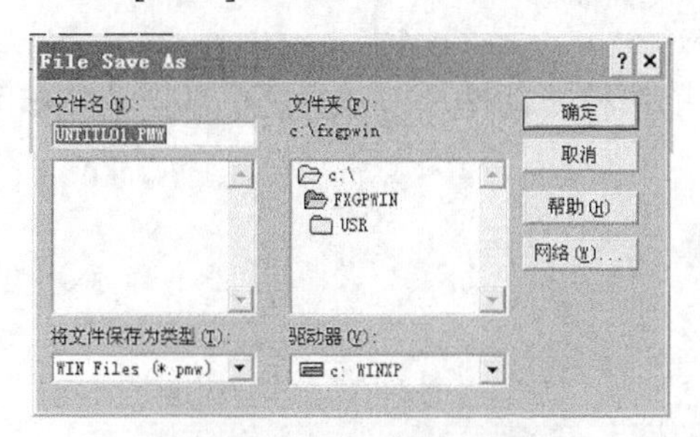

图6.12　文件的另存为对话框

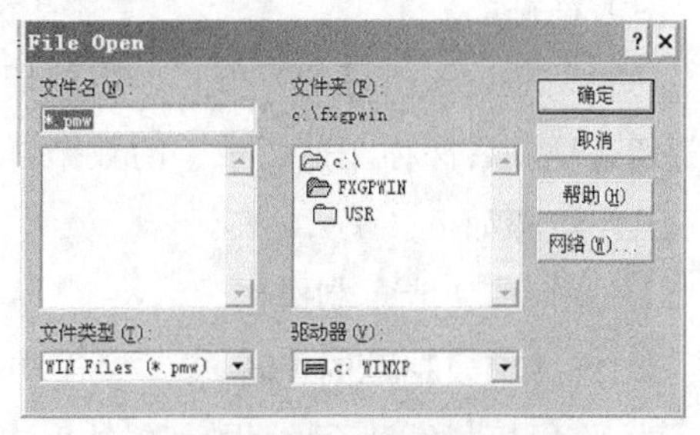

图6.13　[文件打开]对话框

3. 基本操作

（1）剪切

功能：通过该指令的操作可以对梯形图元件执行剪切操作，执行该命令后所选位置元件被删除，并暂时保存在剪切板中。因此，当被剪切的数据超过剪切板的容量时，该操作不生效。

操作步骤如下。

① 选择需要剪切的元件。

② 将鼠标指针移至[编辑]菜单并单击。

③ 将鼠标指针移至[剪切]命令并单击，如图 6.14 所示。

（2）复制

功能：通过该指令的操作可以对梯形图元件执行复制操作，执行该命令后所选位置元件不变化，同时保存在剪切板中。因此，当所选的数据超过剪切板的容量时，该操作不生效。

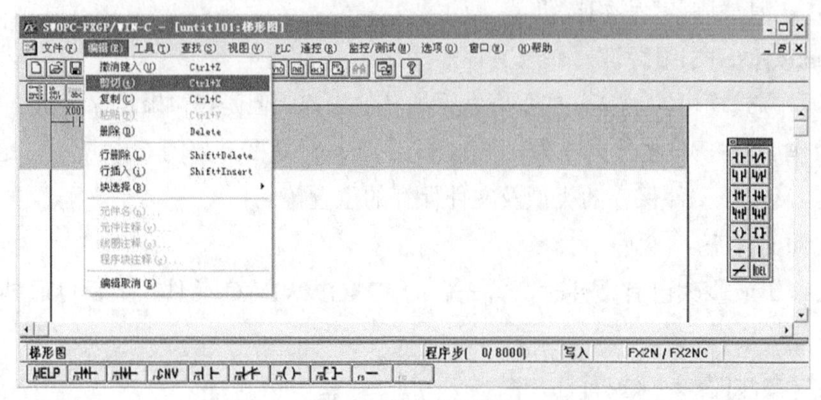

图6.14　剪切操作说明

操作步骤如下。

① 选择需要复制的元件，操作与剪切操作相似。

② 将鼠标指针移至[编辑]菜单并单击。

③ 将鼠标指针移至[复制]命令并单击。

（3）粘贴

功能：通过该指令的操作可以将剪切板中的数据粘贴到梯形图中所选位置，被粘贴的是剪切或复制后保存在剪切板中的数据。

操作步骤如下。

① 执行剪切或复制操作。

② 选择将要粘贴的位置。

③ 将鼠标指针移至[编辑]菜单并单击。

④ 将鼠标指针移至[粘贴]命令并单击。

（4）删除

功能：通过该指令的操作可以将梯形图中所选元件删除。

操作步骤如下。

① 选择需要删除的元件。

② 将鼠标指针移至[编辑]菜单并单击。

③ 将鼠标指针移至[删除]命令并单击。

4. 行操作

（1）行删除

功能：该指令主要用于梯形图行或梯形图块的一次性删除。

操作步骤如下。

① 将鼠标指针移至[编辑]菜单并单击。

② 将鼠标指针移至[块选择]命令并单击。

③ 选择[向上]或[向下]命令并单击，此时，在梯形图上会自动选择相应的程序块。

④ 选择[行删除]命令并单击，删除所选程序块的最上面一行。

（2）行插入

功能：该指令主要用于在梯形图中插入一个程序行。

操作步骤如下。

① 将鼠标指针移至需要插入行的位置并单击。

② 选择[编辑]菜单并单击。

③ 选择[行插入]命令并单击。

5. 其他操作

（1）连线

功能：该指令主要用于垂直或水平连线的连接，垂直线的删除和累加器结果的取反。

操作步骤如下。

① 将鼠标指针移至需要连线的位置并单击，如图 6.15 所示。

② 选择[工具]菜单并单击。

③ 选择[连线]命令并单击。

④ 选择连接垂直线、水平线或取反操作。

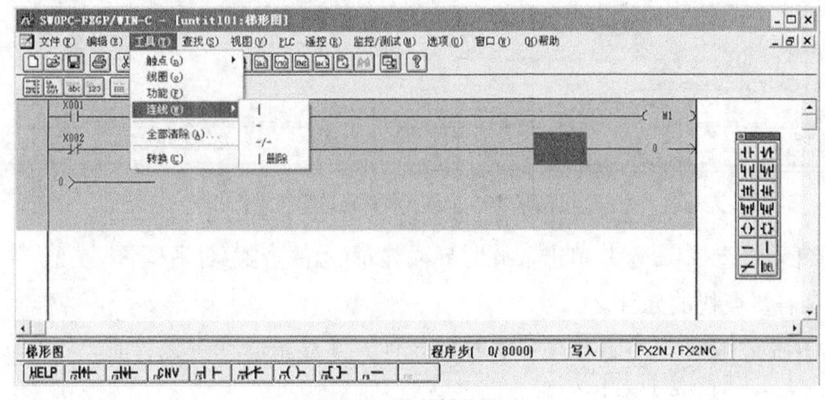

图6.15　连线操作说明

（2）全部清除

功能：该指令主要用于清除程序区的所有指令。

操作步骤如下。

① 选择[工具]菜单并单击。

② 选择[全部清除]命令并单击。此时，界面显示清除画面，通过按[Enter]键或单击[确认]按钮，执行清除过程。

（3）转换

功能：该指令用于将创建的 PLC 程序转换格式存入计算机中。

操作步骤如下。

① 选择[工具]菜单并单击。

② 选择[转换]命令并单击（被转换的程序段为灰色）。

③ 执行转换后的程序段被保存到计算机中。

6.1.4 查找及注释

1. 查找

（1）元件查找

功能：该指令用于查找元件。

操作步骤如下。

① 选择[查找]菜单并单击，如图 6.16 所示。

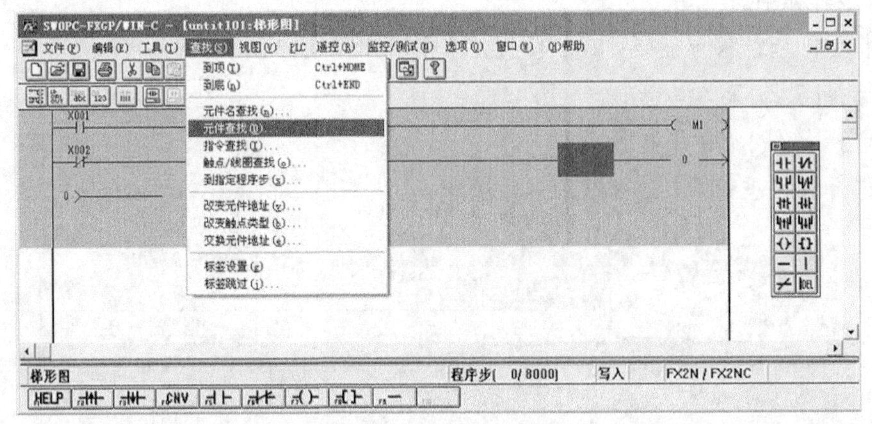

图6.16 元件查找操作说明

② 选择[元件查找]命令并单击，此时界面显示[元件查找]对话框。

③ 输入需要查找的元件。

④ 单击[确定]按钮，光标移至所查找的元件，并显示继续查找界面。

⑤ 执行继续查找或不查找操作。

（2）触点/线圈查找

功能：该指令用于查找元件触点/线圈。

操作步骤如下。

① 选择[查找]菜单并单击，如图 6.17 所示。

② 选择[触点/线圈查找]命令并单击，此时界面显示[触点/线圈查找]对话框。

③ 输入所要查找的元件类型和元件名称。

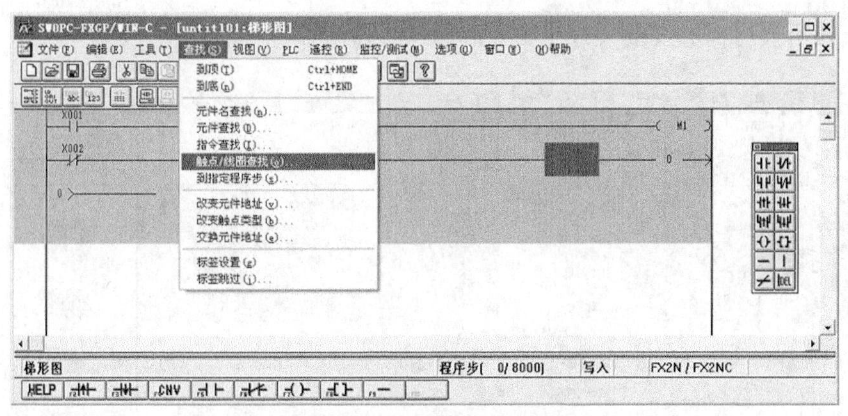

图6.17　触点/线圈查找操作说明

④ 单击[确定]按钮，执行查找过程。

（3）程序步检索

功能：该指令用于检索程序步。

操作步骤如下。

① 选择[查找]菜单并单击。

② 选择[到指定程序步]命令并单击，此时界面显示程序步检索对话框。

③ 输入所要查找的程序步。

④ 按[Enter]键或单击[确定]按钮，执行查找过程。

2. 注释

（1）元件注释

功能：该指令用于元件的注释。

操作步骤如下。

① 选择[视图]菜单并单击。

② 选择[注释视图]命令并单击。

③ 单击[元件注释/元件名称]命令。

④ 输入元件名称并单击[确定]按钮，进行元件查找。

⑤ 查找到所要注释的元件后输入注释内容。

（2）线圈/程序块注释

功能：该指令用于元件的注释。

操作步骤如下。

① 选择[视图]菜单并单击，如图 6.18 所示。

② 选择[注释视图]命令并单击。

③ 选择[线圈注释]命令并单击（当需要对程序块进行注释时，单击[程序块注释]命令）。

④ 输入线圈（程序块）所在的步数并单击[确定]按钮，执行程序步查找。

⑤ 查找所要注释的线圈（程序块）后输入注释内容。

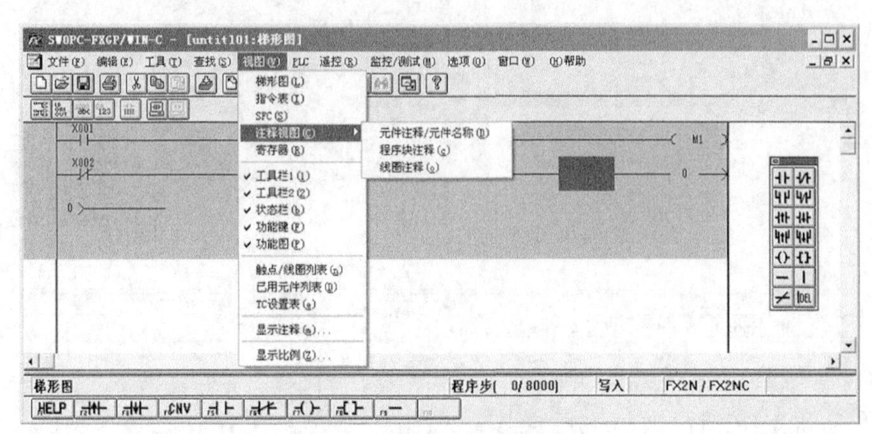

图6.18　线圈/程序块操作说明

6.1.5　在线监控与诊断

1. 元件监控

功能：该指令用于在线监控元件的当前状态，通过监控画面可以直观地了解各元件的动作情况。

操作步骤如下。

① 运行 PLC 程序，并使该软件处于在线监控状态。

② 选择[监控/测试]菜单并单击，如图 6.19 所示。

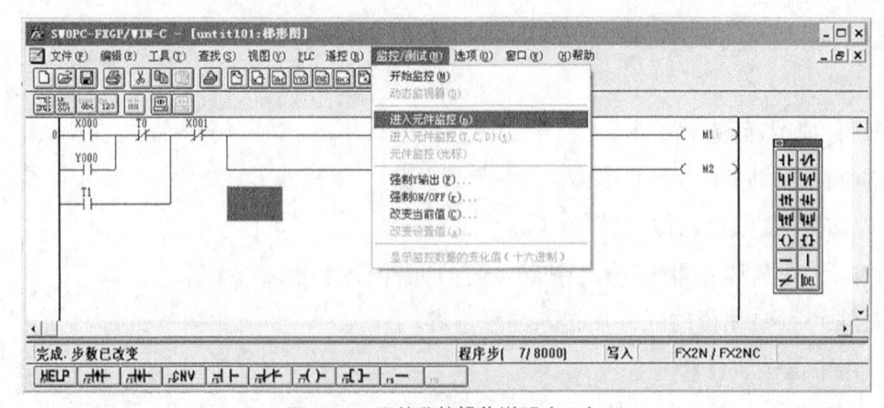

图6. 19　元件监控操作说明（一）

③ 选择[进入元件监控]命令并单击，此时，界面显示如图 6.20 所示。

④ 输入相应的元件名称，即可进行元件运行状态的监控。

2. 强制操作

强制操作可以通过通信端口利用软件使某个元件置 OFF 或 ON，也可以通过软件改变寄存器的当前值。

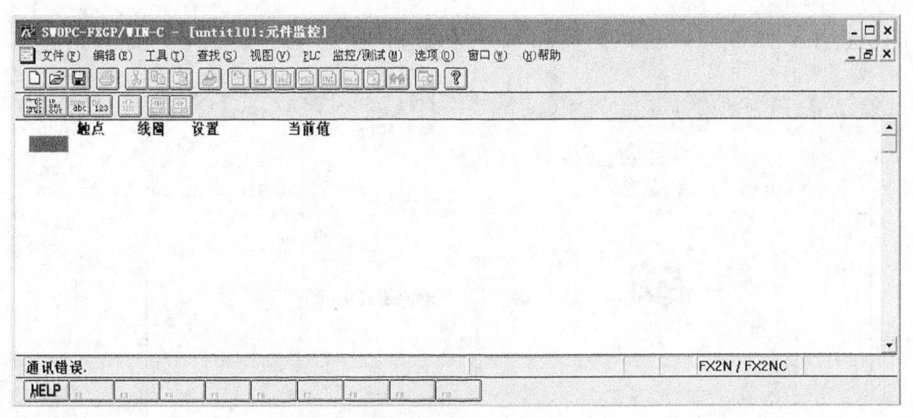

图6.20　元件监控操作说明（二）

（1）强制输出

功能：该指令用于在线强制将继电器置 1。

操作步骤如下。

① 选择[监控/测试]菜单并单击。

② 选择[强制 Y 输出]命令并单击。

③ 进入[强制 Y 输出]界面。

④ 输入需要强制的输出继电器，并单击[确定]按钮，执行强制操作。

（2）强制 ON/OFF

功能：该指令用于在线强制元件（可以为 X、Y、M 等元件）置 0 或置 1。

操作步骤如下。

① 选择[监控/测试]菜单并单击。

② 选择[强制 ON/OFF]命令并单击。

③ 进入[强制 ON/OFF]界面。

④ 输入需要强制的元件，并单击[确定]按钮，执行强制操作。

（3）改变当前值

功能：该指令用于改变 PLC 字元件的当前值。

操作步骤如下。

① 选择[监控/测试]菜单并单击，如图 6.21 所示。

② 选择[改变当前值]命令并单击，屏幕显示改变当前值界面。

③ 选定元件及当前值。

④ 单击[运行]按钮或按[Enter]键执行操作。

注意以下几点。

① 该指令对字元件（T、C、D 和特殊的 D、V、Z）有效。

② 当设置的值为二进制时，在数据前加 B；当设置的值为十进制时，在数据前加 K；

当设置的值为十六进制时，在数据前加 H；当设置的值为 ASCII 码时，在数据前加 A。

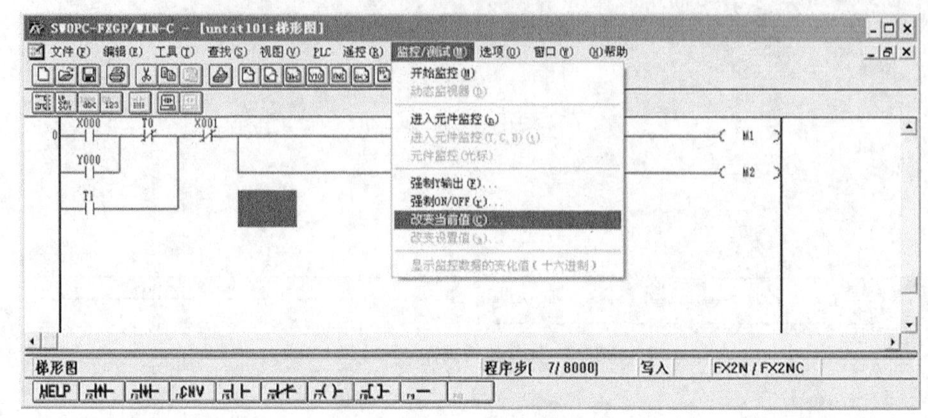

图6.21　改变当前值操作说明

（4）改变设置值

功能：该指令用于在监控状态下改变 PLC 中计数器或定时器的设置值。

操作步骤如下。

① 使 PLC 处于监控状态。

② 将光标移至计数器或定时器的输出命令处。

③ 选择[监控/测试]菜单并单击。

④ 选择[改变设置值]命令并单击，屏幕显示改变设置值界面。

⑤ 输入待改变的值，单击[运行]按钮或按[Enter]键执行操作。

注意以下几点。

① 如果设置的命令是数据寄存器或光标正在应用命令位置，并且 D、V、Z 当前可用，该功能同样可被使用。

② 在运行该命令时，必须确保 PC 中的程序与 PLC 中程序一致。

6.2　GX Developer 编程软件

6.2.1　软件概述

1. GX Developer 的特点

GX Developer 是三菱通用性强的编程软件，它能够完成 Q 系列、QnA 系列、A 系列（包括运动控制 CPU）、FX 系列 PLC 梯形图、指令表、顺序功能图等的编辑。该编程软件能够将编辑的程序转换成 GPPQ、GPPA 格式的文档，当选择 FX 系列时，还能将程序存储为 FXGP（DOS）、FXGP（WIN）格式的文档，以实现与 FX-GP/WIN-C 软件的文件互换。该编程软件能够将 Excel、Word 等软件编辑的说明性文字、数据，通过复制、粘贴等简单操作导入程序中，使软件的使用、程序的编辑更加便捷。

此外，GX Developer 编程软件还具有以下特点。

（1）操作简便

① 标号编程。用标号编程制作程序的话，就不需要认识软元件的号码而能够根据标示制作成标准程序。用标号编程做成的程序能够进行汇编，从而作为实际的程序来使用。

② 功能块。功能块是以提高顺序程序的开发效率为目的而开发的一种功能。把开发顺序程序时反复使用的顺序程序回路块零件化，使顺序程序的开发变得容易。此外，零件化后，能够防止将其运用到别的顺序程序时的顺序输入错误。

③ 宏。只要在任意的回路模式上加上名称（宏定义名）登录（宏登录）到文档，然后输入简单的命令，就能够读出登录过的回路模式，变更软元件就能够灵活利用了。

（2）能够用各种方法和 PLC 的 CPU 连接

① 经由串行通信口与 PLC 的 CPU 连接。

② 经由 USB 接口与 PLC 的 CPU 连接。

③ 经由 MELSECNET/10（H）与 PLC 的 CPU 连接。

④ 经由 MELSECNET（Ⅱ）与 PLC 的 CPU 连接。

⑤ 经由 CC-Link 与 PLC 的 CPU 连接。

⑥ 经由 Ethernet 与 PLC 的 CPU 连接。

⑦ 经由计算机接口与 PLC 的 CPU 连接。

（3）丰富的调试功能

① 由于运用了梯形图逻辑测试功能，能够更加简单地进行调试作业。通过该软件可进行模拟在线调试，不需要与 PLC 连接。

② 在[帮助]菜单中有 CPU 出错信息、特殊继电器/特殊寄存器的说明等内容，所以对于在线调试过程中发生错误，或是程序编辑中想知道特殊继电器/特殊寄存器的内容的情况时，通过[帮助]菜单可非常方便地查询到相关信息。

③ 程序编辑过程中发生错误时，软件会提示错误信息或错误原因，所以能大幅度缩短程序编辑的时间。

2. GX Developer 与 FX-GP/WIN-C 的区别

这里主要就 GX Developer 编程软件和 FX-GP/WIN-C 编程软件操作、使用的不同进行简单说明。

（1）软件适用范围不同

FX-GP/WIN-C 编程软件为 FX 系列 PLC 的专用编程软件，而 GX Developer 编程软件适用于 Q 系列、QnA 系列、A 系列（包括运动控制 SCPU）、FX 系列所有类型的 PLC。这里需要注意的是，使用 FX-GP/WIN-C 编程软件编辑的程序是能够在 GX Developer 中运行，但是使用 GX Developer 编程软件编辑的程序并不都能在 FX-GP/WIN-C 编程软件中打开。

GX Developer V8.98C 以上版本可以在 Windows 7 64 位系统中使用。

（2）操作运行不同

① 步进梯形图命令（STL、RET）的表示方法不同。

② GX Developer 编程软件中新增了监视功能，包括回路监视、软元件同时监视、软元件登录监视。

③ GX Developer 编程软件中新增了诊断功能，如 PLC CPU 诊断、网络诊断、CC-Link 诊断等。

④ FX-GP/WIN-C 编程软件在顺序控制程序中没有 END 命令，程序依然可以正常运行，而 GX Developer 在程序中强制输入 END 命令，否则不能运行。

3. 操作界面

图 6.22 为 GX Developer 编程软件的操作界面，该操作界面由下拉菜单栏、各种工具栏、操作编辑区、工程数据列表、状态栏等部分组成。这里需要特别注意的是，在 FX-GP/WIN-C 编程软件里称编辑的程序为文件，而在 GX Developer 编程软件中称为工程。

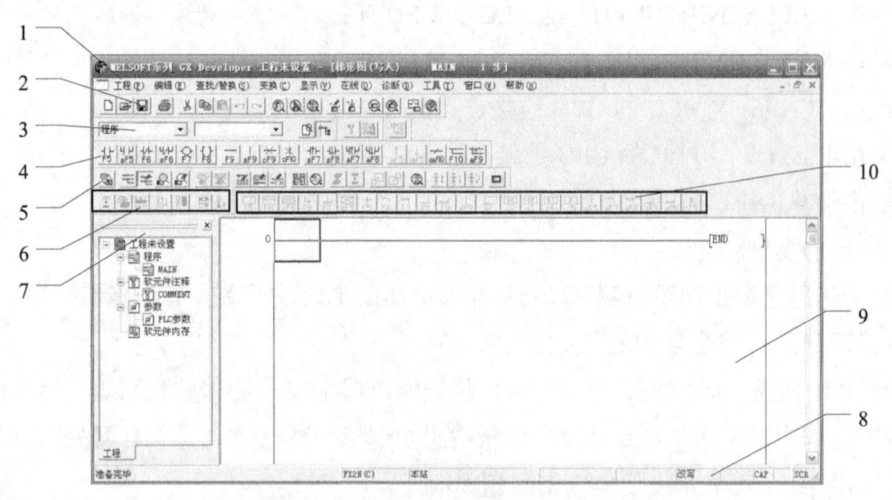

图6.22 GX Developer 编程软件的操作界面

图 6.22 引出线所指示的名称、内容说明见表 6.1。

表 6.1 图 6.22 引出线所指示的名称、内容说明

序号	名称	内容
1	下拉菜单栏	包含工程、编辑、查找/替换、变换、显示、在线、诊断、工具、窗口、帮助，共 10 个菜单
2	标准工具栏	由[工程]菜单、[编辑]菜单、[查找/替换]菜单、[在线]菜单、[工具]菜单中常用的功能组成。例如，工程的建立、保存、打印；程序的剪切、复制、粘贴；元件或指令的查找、替换；程序的读入、写出；编程软元件的监视、测试及参数检查等
3	数据切换工具栏	可在程序、参数、注释、编程软元件内存这 4 个项目中切换
4	梯形图标记工具栏	包括梯形图编辑所需要使用的常开触点、常闭触点、应用指令等内容

续表

序号	名称	内容
5	程序工具栏	可进行梯形图模式、指令表模式的转换；进行读出模式、写入模式、监视模式、监视写入模式的转换
6	SFC工具栏	可对顺序功能图程序进行块变速、块信息设置、排序、块监视操作
7	工程数据列表	显示程序、编程软元件注释、参数、编程软元件内存等内容，可实现这些项目的数据的设定
8	状态栏	提示当前的操作：显示PLC类型及当前操作状态等
9	操作编辑区	完成程序的编辑、修改、监控等的区域
10	顺序功能图符号工具栏	包含顺序功能图程序编辑所需要使用的步、块启动步、结束步、选择合并、平行合并等功能键

与FX-GP/WIN-C编程软件的操作界面相比，该软件取消了功能图、功能栏，并将这两部分内容合并，作为梯形图标记工具栏；新增加了工程数据列表、数据切换工具栏等。这样友好的、直观的操作界面使操作更加简单。

6.2.2 参数设定

1. PLC参数设定

通常选定PLC后，在开始程序编辑前都需要根据所选择的PLC进行必要的参数设定，否则会影响程序的正常编辑。PLC的参数设定包含PLC名称设定、PLC系统设定、PLC文件设定等12项内容，不同型号的PLC需要设定的内容是有区别的。各类型PLC参数设定一览表见表6.2。

表6.2　各类型PLC参数设定一览表

设定项目 \ PLC类型	QnA	Q			FX
		Q02(H)/Q06H/Q12H/Q25H	Q00J/Q00/Q01	Remote I/O	
PLC名称设定	○	○	○	×	○
PLC系统设定	○	○	○	○	○
PLC文件设定	○	○	○*	×	×
PLC RAS设定	○	○	○	○	×
软元件设定	○	○	○	×	○
程序设定	○	○	×	×	×
启动设定		○	○	×	×
顺序功能图设定	○	○	×	×	×
I/O分配	○	○	○	○	○
存储器容量设定	×	×	×	×	○
运作设定	×	×	×	○	×
串行通信设定	×	×	○	×	×

注：○—可设定的项目；×—无此项目；*—其中Q00J无此项目。

2. 远程密码设定

Q系列PLC能够进行远程链接，因此，为了防止因非正常的远程链接而造成的恶意程序的破坏、参数的修改等事故的发生，Q 系列 PLC 可以设定密码，以避免类似事故的发生。通过双击工程参数列表中[远程口令]按钮（见图 6.23），打开[远程口令设置]，即可设定口令及口令有效的模块。口令为 4 个字符，有效字符为“A～Z”“a～z”“0～9”“@”“!”“#”“S”“%”“&”“/”“*”“，”“"”“；”“<”“>”“？”“{”“}”“[”“]”“:”“=”“’”“-”“～”。这里需要注意的是，当变更连接对象时或变更 PLC 类型时（PLC 系列变更），远程密码失效。

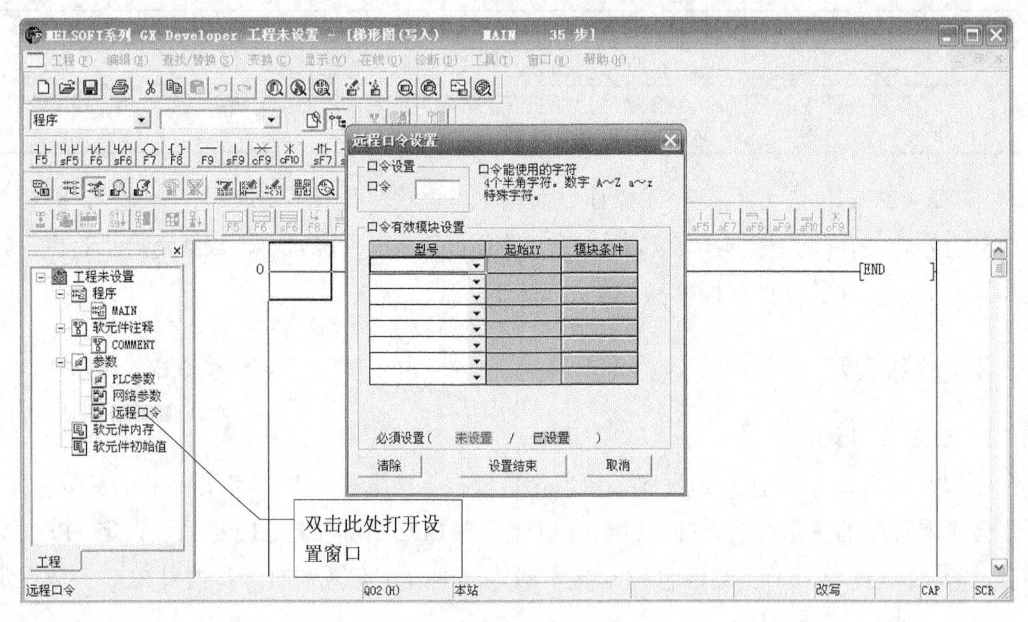

图6.23 远程密码设置

6.2.3 梯形图编辑

梯形图在编辑时的基本操作步骤和操作的含义与 FX-GP/WIN-C 编程软件类似，但在操作界面和软件的整体功能方面有了很大的提高。在使用 GX Developer 编程软件进行梯形图基本功能操作时，可以参考 FX-GP/WIN-C 编程软件的操作步骤进行编辑。

1. 梯形图的创建

功能：该操作主要执行梯形图的创建和输入操作，下面就以实例介绍梯形图创建的方法。创建要求：在 GX Developer 中创建如图 6.24 所示的梯形图。

X1 [SET M20]
M20 (Y20)
Y25
[END]

图6-24 用GX Developer创建的梯形图

操作步骤如图 6.25 所示。

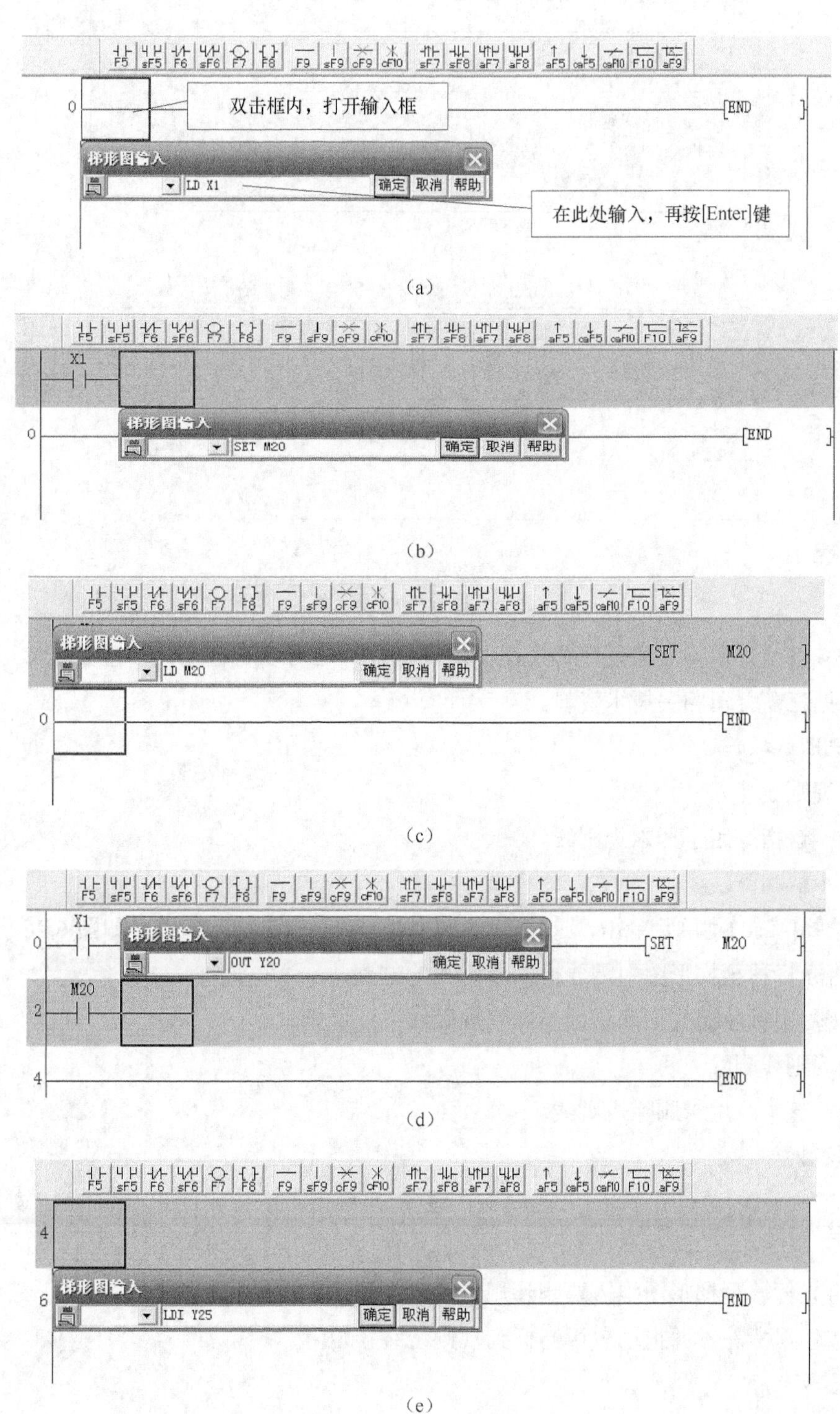

图6.25 梯形图创建步骤

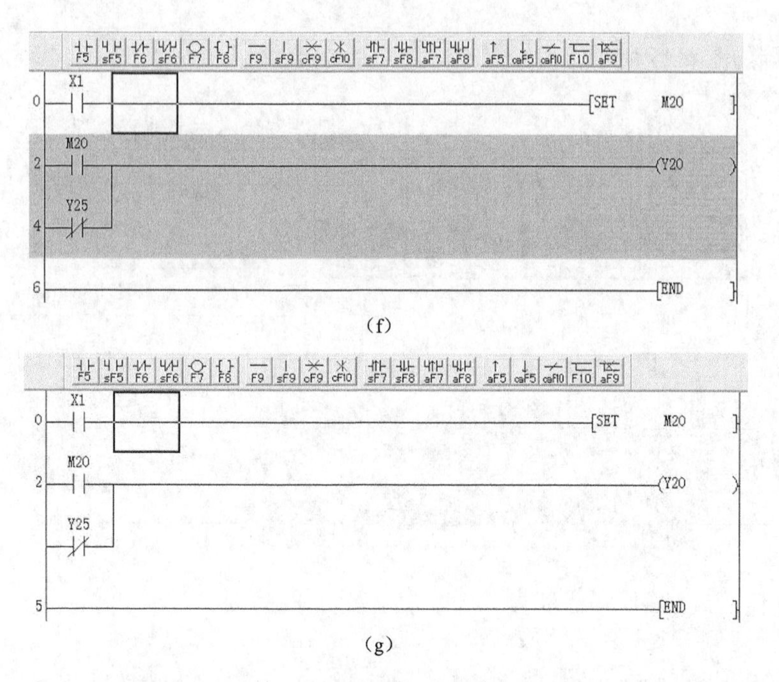

（f）

（g）

图6.25　梯形图创建步骤（续）

以上方法是采用指令表创建梯形图，除此之外，还可以通过工具按钮创建梯形图，操作方法参见三菱公司相关技术资料。

2. 规则线操作

（1）规则线插入

功能：该指令用于插入规则线。

操作步骤如下。

① 选择[编辑]菜单并单击，选择[划线写入]并单击，或按[F10]键，如图 6.26 所示。

② 将光标移至梯形图中需要插入规则线的位置。

③ 按住鼠标左键并拖动鼠标光标到规则线终止位置。

（2）规则线删除

功能：该指令用于删除规则线。

操作步骤如下。

① 选择[编辑]菜单并单击，选择[划线删除]并单击，或按[Alt+F9]组合键，如图 6.27 所示。

② 将光标移至梯形图中需要删除规则线的位置。

③ 按住鼠标左键并拖动鼠标光标到规则线终止位置。

3. 标号程序

（1）标号编程简介

标号编程是 GX Developer 编程软件中新添的功能。通过标号编程用宏制作顺序控制程序能够使程序标准化，且能够与实际的程序一样进行回路制作和监视的操作。

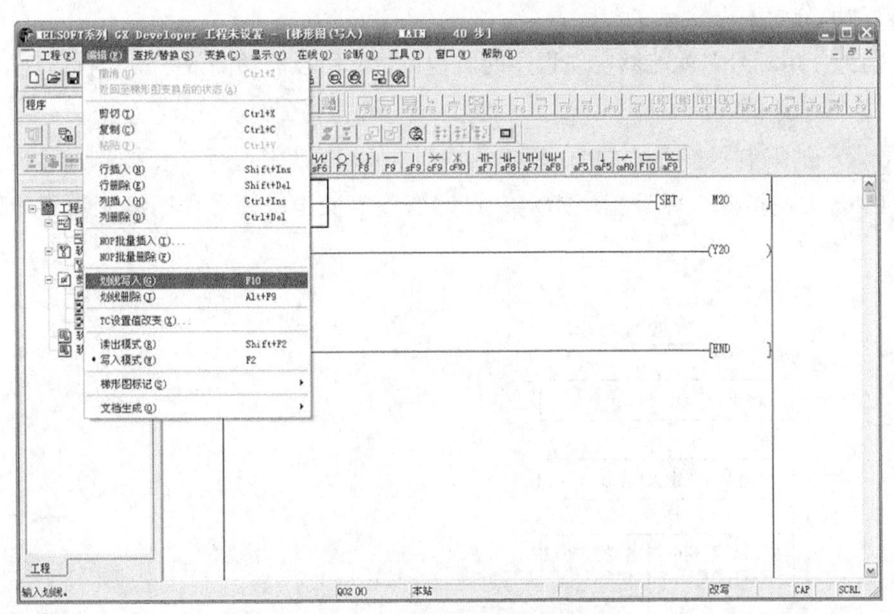

图6.26　规则线插入操作说明

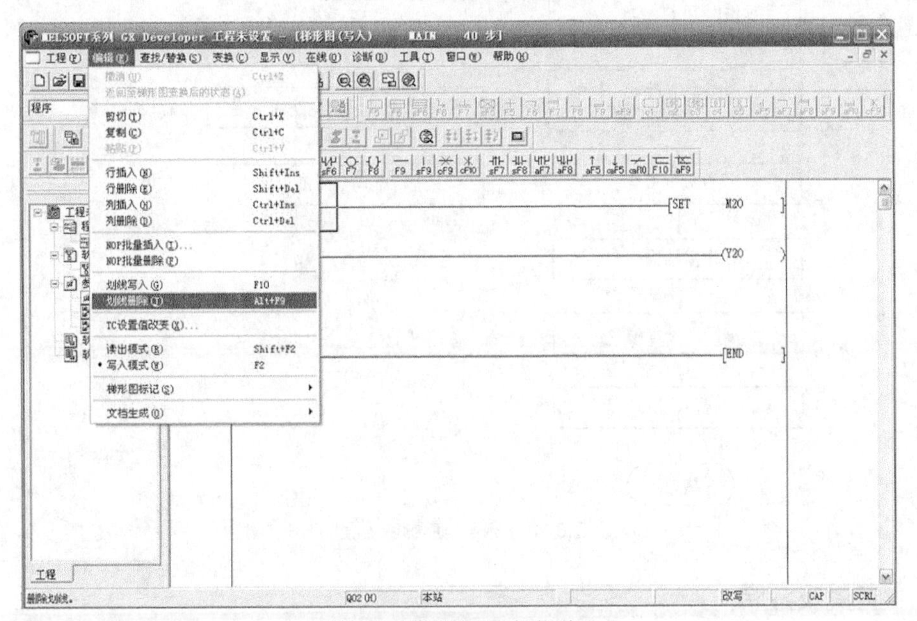

图6.27　规则线删除操作说明

标号编程与普通的编程方法相比主要有以下几个优点。

① 可根据机器的构成方便地改变其编程软元件的配置，从而能够简单地被其他程序使用。

② 即使不明白机器的构成，通过标号也能够编程，当决定了机器的构成以后，通过合理配置标号和实际的编程软元件就能够简单地生成程序。

③ 只要指定标号分配方法就可以不用在意编程软元件名/编程软元件号码，只用编译操作来自动地分配编程软元件。

④ 因为使用标号名就能够实现程序的监视调试，所以能够高效率地实行监视。

（2）标号程序的编制流程

标号程序的编制只能在 QCPU 或 QnACPU 系列 PLC 中进行，在编制过程中首先需要进行 PLC 类型指定、标号程序指定、设定变量等操作。标号程序编制流程如图 6.28 所示。

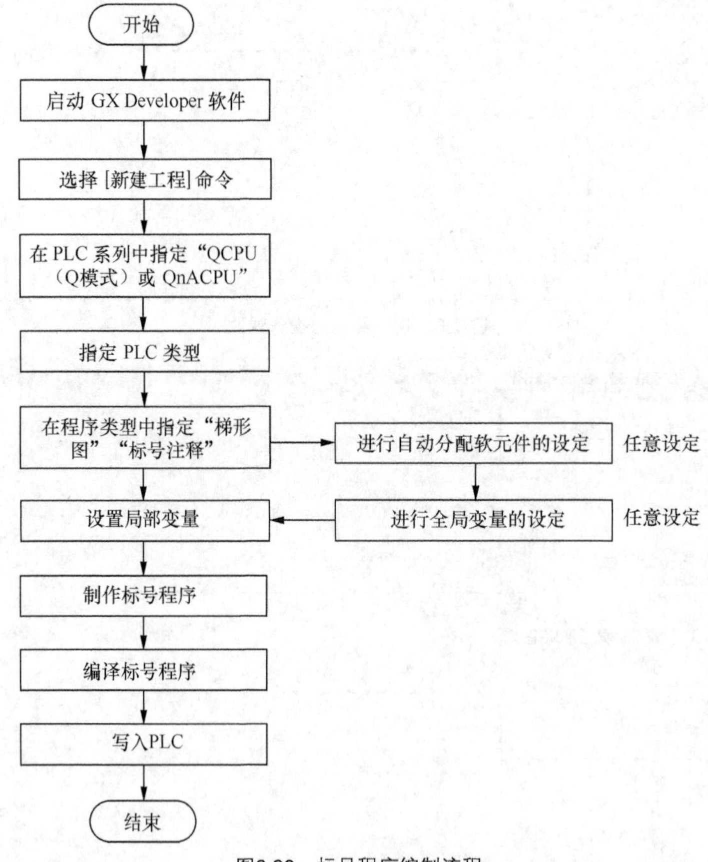

图6.28　标号程序编制流程

6.2.4　查找及注释

1. 查找/替代

与 FX-GP/WIN-C 编程软件一样，GX Developer 编程软件也为用户提供了查找功能，相比之下后者的使用更加方便。选择查找功能时可以通过以下两种方式来实现（见图 6.29）。

① 通过单击[查找/替换]菜单，选择相应的查找命令。

② 在操作编辑区单击鼠标，在弹出的快捷菜单中选择相应的查找命令。

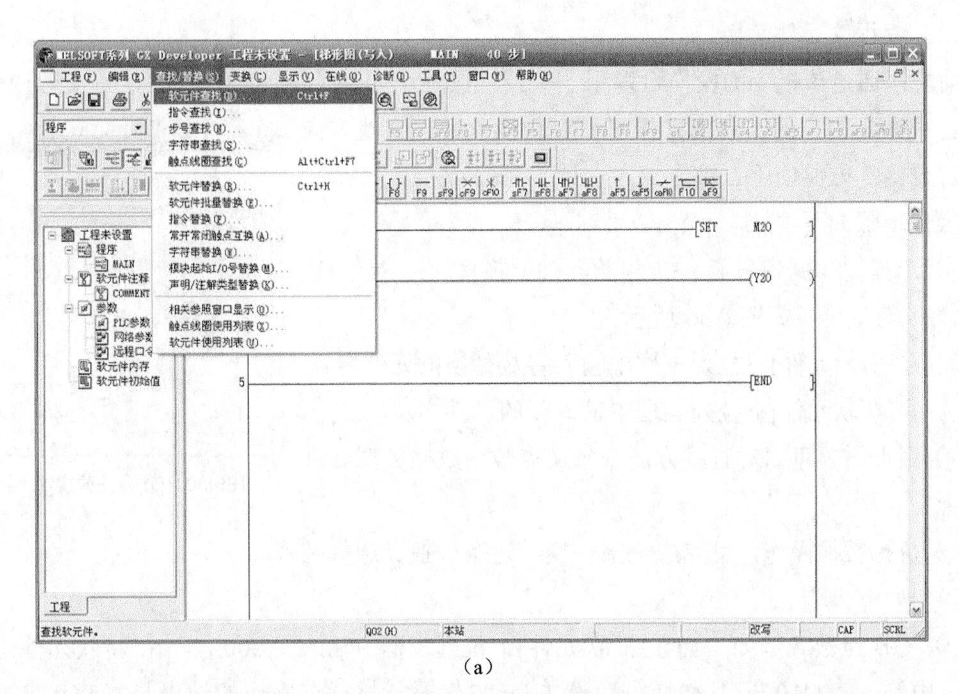

（a）

（b）

图6.29　选择查找指令的两种方式

此外，该软件还新增了替换功能，这为程序的编辑、修改提供了极大的便利。因为查找功能与 FX-GP/WIN-C 编程软件的查找功能基本一致，所以这里着重介绍替换功能的使用。[查找/替换]菜单中的替换功能根据替换对象不同，可分为编程软元件替换、指令替换、常开/常闭触点互换、字符串替换等。下面介绍常用的几个替换功能。

（1）编程软元件替换

功能：通过该指令的操作可以用一个或连续几个元件把旧元件替换掉，在实际操作过程中，可根据用户的需要或操作习惯对替换点数、查找方向等进行设定，方便使用者操作。

操作步骤如下。

① 选择[查找/替换]菜单中的[软元件替换]命令，显示[软元件替换]对话框，如图6.30所示。

② 在[旧软元件]下拉列表框中输入将被替换的元件名。

③ 在[新软元件]下拉列表框中输入新的元件名。

④ 根据需要可以对查找方向、替换点数、数据类型等进行设置。

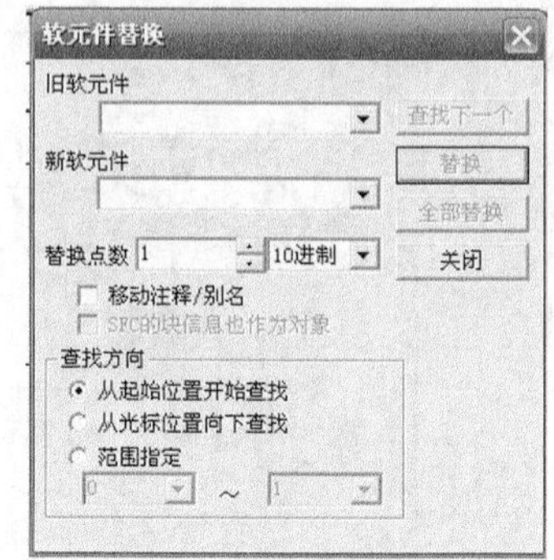

图6.30 [软元件替换]对话框

⑤ 执行替换操作，可完成全部替换、逐个替换、选择替换。

说明如下。

① 替换点数。例如，当在[旧软元件]下拉列表框中输入“X002”，在[新软元件]下拉列表框中输入“M10”，且替换点数设定为“3”时，执行该操作的结果是“X002”替换为“M10”，“X003”替换为“M11”；“X004”替换为“M12”。此外，设定替换点数时可选择输入的数据为十进制或十六进制。

② 移动注释/别名。在替换过程中可以选择注释/别名不跟随旧软元件移动，而是留在原位成为新软元件的注释/别名。若选中[移动注释/机器名]复选框，则说明注释/别名将跟随旧软元件移动。

③ 查找方向。可选择从起始位置开始查找、从光标位置向下查找、在设定的范围内查找。

（2）指令替换

功能：通过该指令的操作可以用一个新的指令把旧指令替换掉，在实际操作过程中，可根据用户的需要或操作习惯进行替换类型、查找方向的设定，方便使用者操作。

操作步骤如下。

① 选择[查找/替换]菜单中的[指令替换]命令，显示[指令替换]对话框，如图6.31所示。

② 选择旧指令的类型（常开、常闭），输入软元件名。

③ 选择新指令的类型，输入软元件名。

④ 根据需要可以对查找方向、查找范围进行设定。

⑤ 执行替换操作，可完成全部替换、逐个替换、选择替换。

（3）常开常闭触点互换

功能：通过该指令的操作可以将一个或连续若干个编程软元件的常开、常闭触点进行互换，该操作为编程人员的编辑修改程序提供了极大的方便，避免因遗漏导致个别编程软元件未能修改而产生的错误。

操作步骤如下。

① 选择[查找/替换]菜单中[常开常闭触点互换]命令，显示[常开常闭触点互换]对话框，如图 6.32 所示。

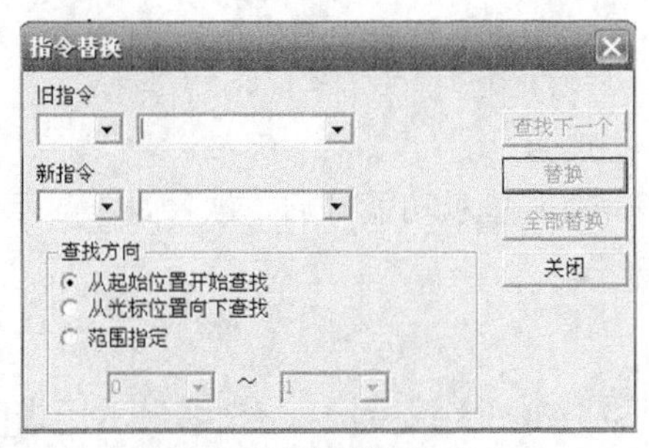

图6.31　[指令替换]对话框

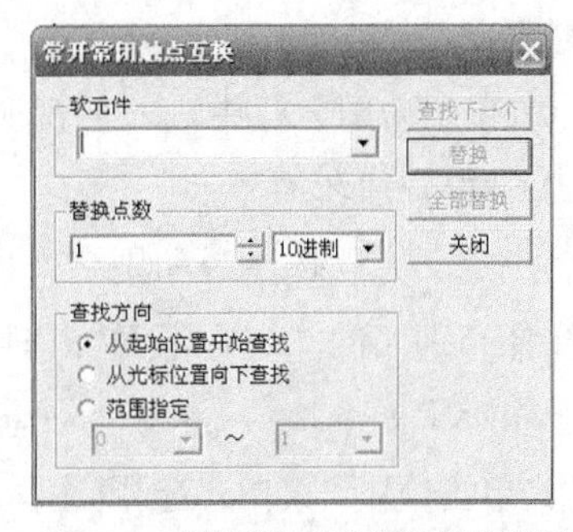

图6.32　常开常闭触点互换操作说明

② 输入软元件名。

③ 根据需要对查找方向、替换点数等进行设置，这里的替换点数与编程软元件替换中的替换点数的使用方法和含义是相同的。

④ 执行替换操作，可完成全部替换、逐个替换、选择替换。

2. 注释/机器名

在梯形图中引入注释/机器名后，使用户可以更加直观地了解各编程软元件在程序中所起的作用。下面介绍怎样编辑编程软元件的注释及别名。

（1）注释/别名的输入

操作步骤如下。

① 单击[显示]菜单，选择[工程数据列表]命令，打开[工程数据列表]窗格，也可按[Alt+O]组合键打开、关闭[工程数据列表]窗格（见图 6.33）。

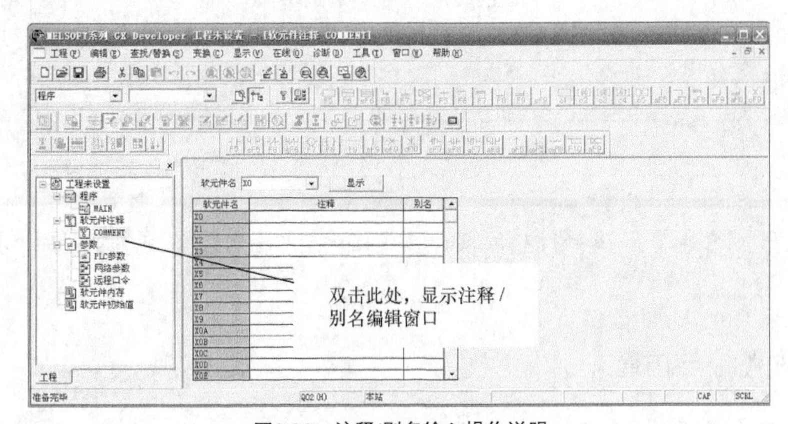

图6.33　注释/别名输入操作说明

② 在[工程数据列表]窗格中选择[软元件注释]选项，显示[COMMENT]（注释）选项，双击该选项。

③ 显示注释编辑界面。

④ 在[软元件名]下拉列表框中输入要编辑的软元件名，单击[显示]按钮，界面就显示编辑对象。

⑤ 在注释/别名栏中输入要说明内容，即完成注释/别名的输入。

（2）注释/别名的显示

用户定义完软件注释和别名，如果没有将注释/别名显示功能开启，软件是不显示编辑好的注释和别名的，进行下面操作可显示注释和别名。

操作步骤如下。

① 单击[显示]菜单，选择[注释显示形式]（可按[Alt+F5]组合键）、[别名显示形式]命令（可按[Alt+Ctrl+F6]组合键），即可显示编辑好的注释、别名（见图 6.34）。

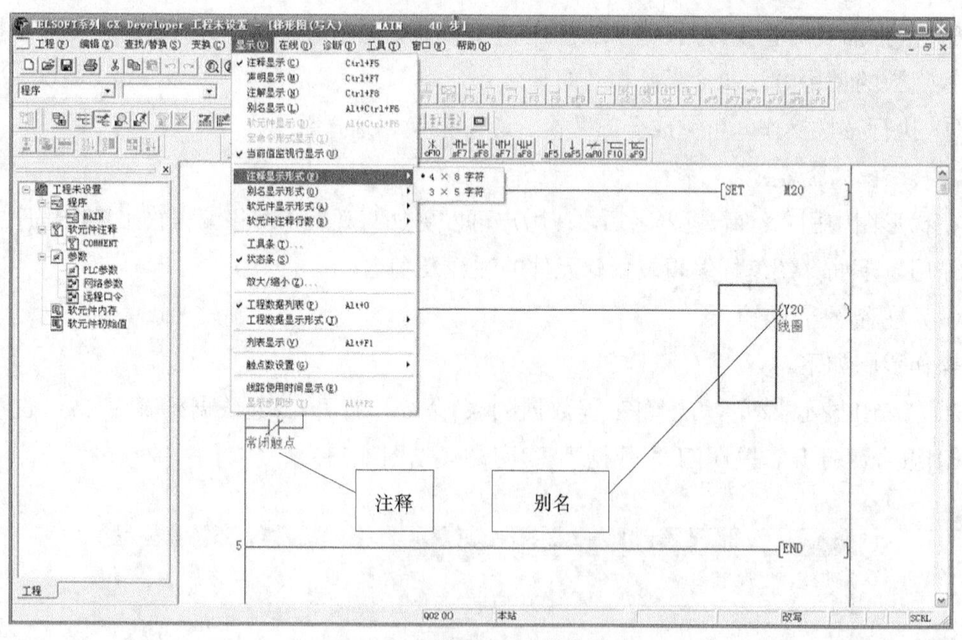

图6.34 注释/别名显示操作说明

② 单击[显示]菜单，选择[注释显示形式]命令，还可定义显示注释、别名字体的大小。

6.2.5 在线监控与仿真

GX Developer 软件提供了在线监控和仿真的功能。

1. 在线监控

所谓在线监控，主要就是通过 GX Developer 软件对当前各个编程软元件的运行状态和当前性质进行监控，GX Developer 软件的在线监控功能与 FX-GP/WIN-C 编程软件的功能和操作方式基本相同，但操作界面有所差异，在此不再讲述。

2. 仿真

在 GX Developer 7C 软件中增添了 PLC 程序的离线调试功能，即仿真功能。通过该软件可以实现在没有 PLC 的情况下运行 PLC 程序，并实现程序的在线监控和时序图的仿真功能。

功能：不连接 PLC，实现程序的离线调试和状态监控。

操作步骤如下。

① 打开已经编写完成的 PLC 程序。

② 单击[工具]菜单，选择[梯形图逻辑测试起动]命令，如图 6.35 所示。

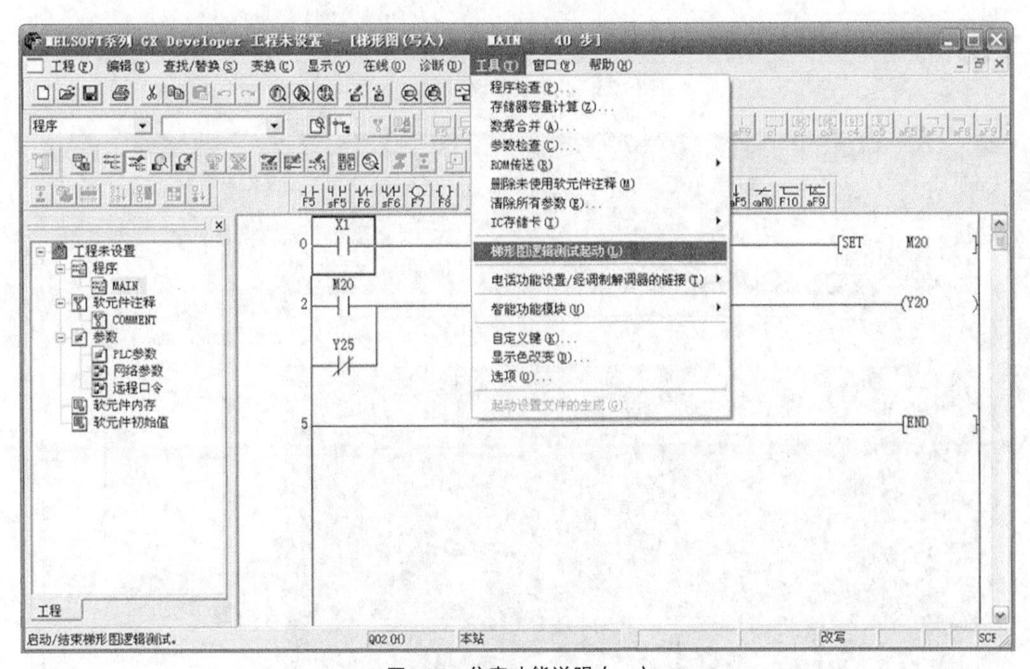

图6.35　仿真功能说明（一）

③ 等几秒后会出现如图 6.36 所示界面，此时 PLC 程序进入运行状态，选择[菜单启动]菜单中的[继电器内存监视]命令。

④ 此时，出现如图 6.37 所示界面，选择[时序图]菜单中的[启动]命令。

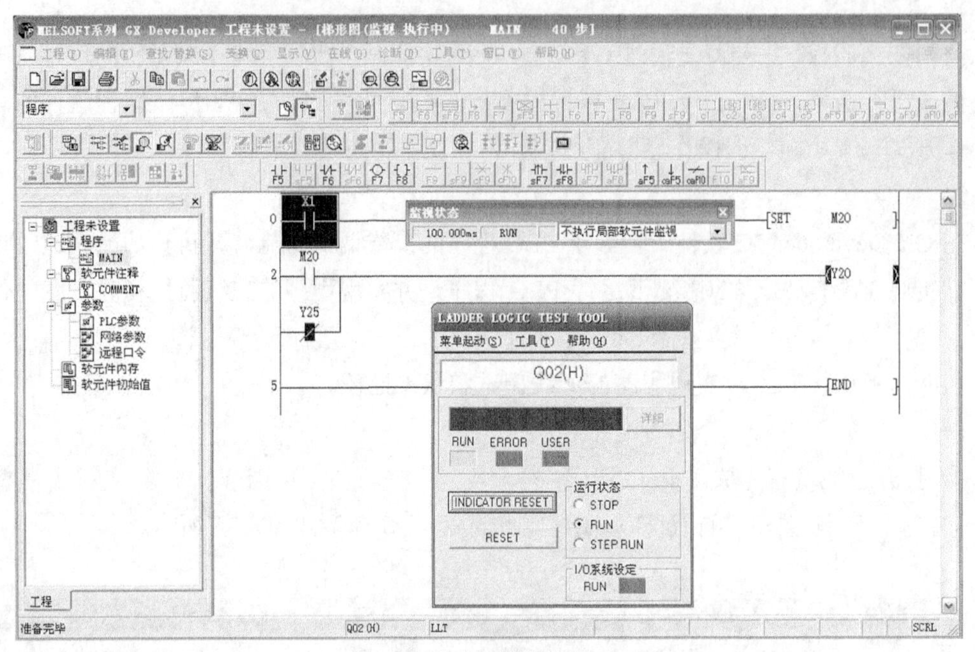

图6.36 仿真功能说明（二）

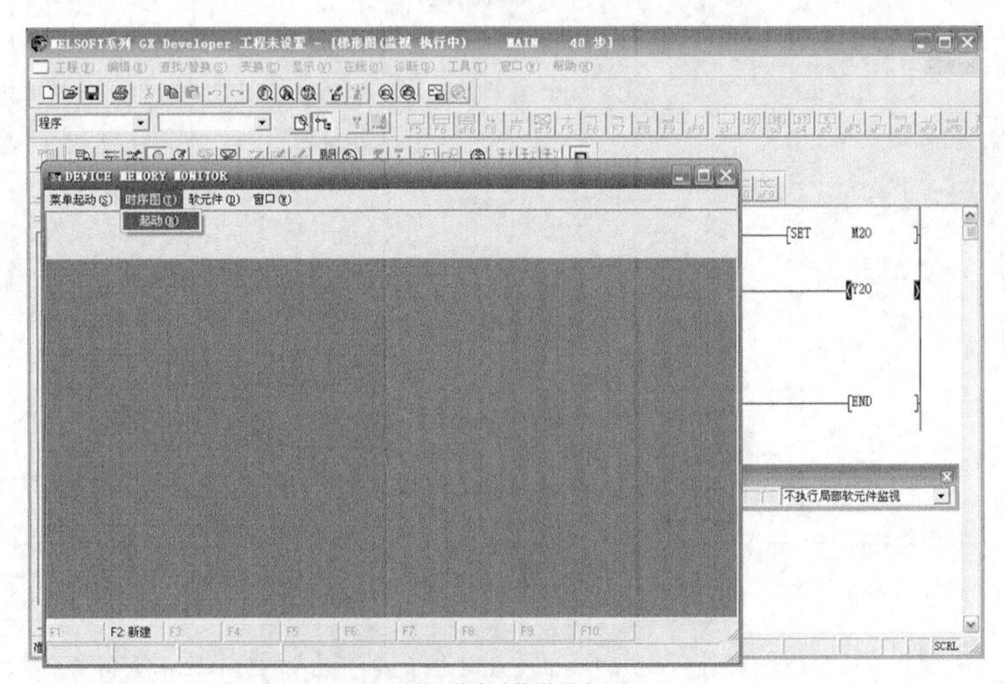

图6.37 仿真功能说明（三）

⑤ 等到出现如图 6.38 所示界面时，选择[监视]菜单中的[开始/停止]命令，或直接按[F3]键开始时序图监视。

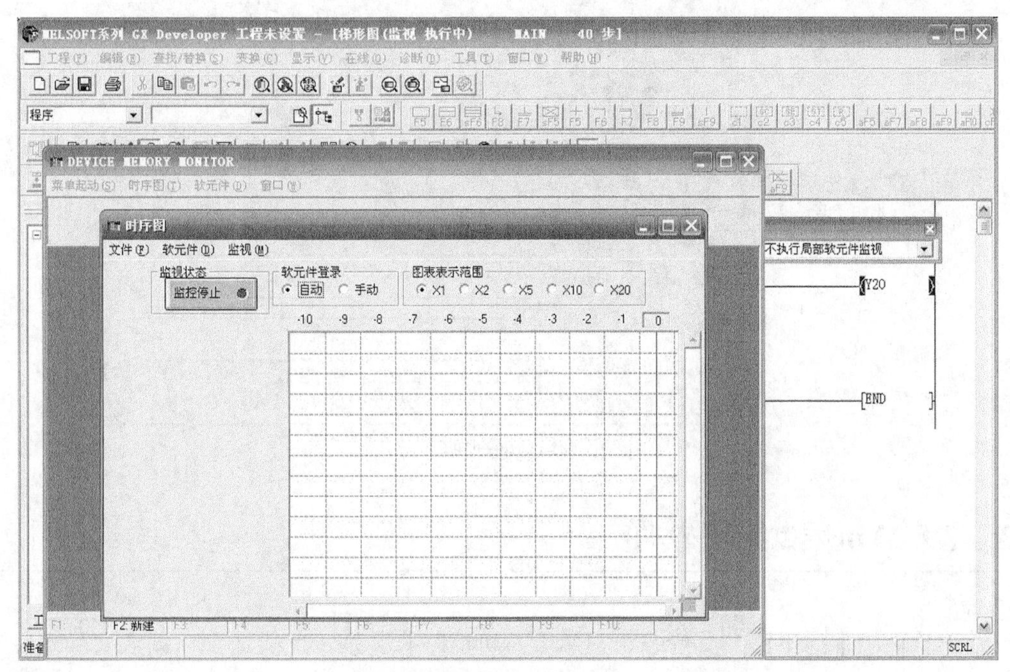

图6.38　仿真功能说明（四）

⑥ 此时，出现如图 6.39 所示的时序图界面，编程软元件若为黄颜色，则说明编程软元件当前状态为“1”，此时，可以通过 PLC 程序的启动信号启动程序。

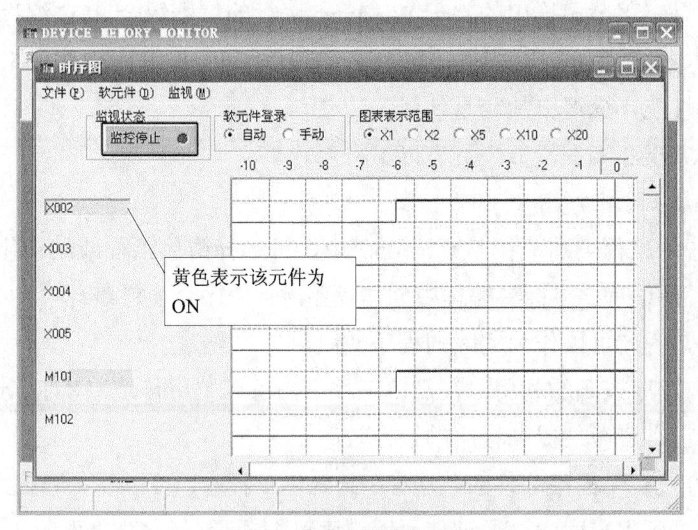

图6.39　仿真功能说明（五）

⑦ 图 6.40 为程序运行时的状态，若要停止运行，只要再次选择[监视]菜单中[开始/停止]命令或按[F3]键即可。

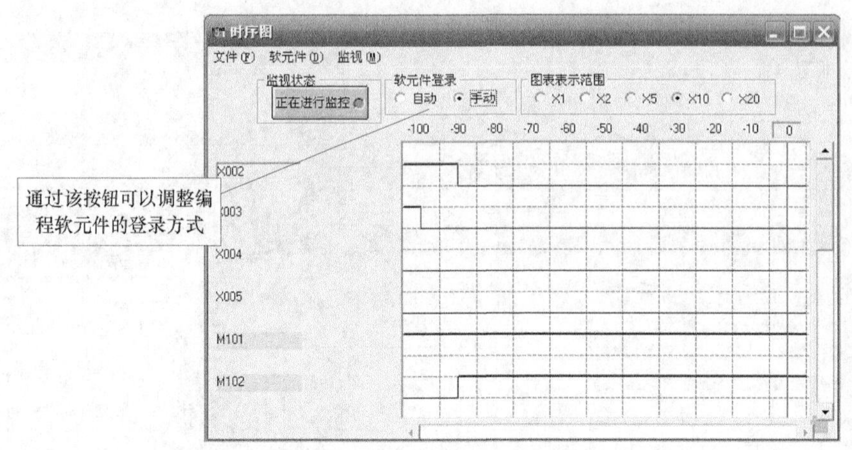

图6.40 仿真功能说明（六）

6.3 GX Works2 编程软件

由于软件版本的不同，其操作、显示方法可能略有区别，此类情况以读者实际安装的软件版本为准。

6.3.1 软件概述

1. GX Works2 的特点

GX Works2 是三菱公司推出的基于 Windows 运行的三菱综合 PLC 编程软件，是专用于 PLC 设计、调试、维护的编程工具。与传统的 GX Developer 编程软件相比，GX Works 提高了功能及操作性能，变得更加容易使用。

此外，GX Works2 编程软件还具有以下特点。

（1）软件特点

① 该软件中的工程类别：在 GX Works2 中，可选择简单工程或结构化工程。

② 使用标签的编程：在标签编程中创建程序时，程序会通过编译自动分配软元件，无须考虑软元件号，因此可以作为实际的程序使用。

③ 提高已有程序资源的利用：在简单工程中，可以引用传统 GX Developer 中创建的工程，通过利用已有资源，提高程序的设计效率。

④ 以库化方法实现程序部件的共用：在结构化工程中，可以将频繁使用的程序及全局标签、结构体登录到用户库中。通过使用用户库可缩短程序创建时间。

⑤ 拥有丰富的程序语言：通过丰富的程序语言，可以在 GX Works2 中根据控制选择最合适的程序语言。

⑥ 离线调试：通过模拟功能可以在 GX Works2 中进行离线调试。因此，可以在不连

接 PLC 的 CPU 的状况下，对创建的顺序控制程序进行调试以确认能否正常动作。

⑦ 用户可自主进行界面排列：通过拖动悬浮窗口，可以对 GX Works2 的界面排列进行自由更改。

⑧ 可以在 Windows 10、Windows 8、Windows 7、WindowsVista、Windows 2003、Windows XP、Windows 2000 系统下运行。

（2）技术特点：

在 GX Works2 中，以工程为单位对各个 PLC 的 CPU 的程序及参数进行管理，GX Works2 中主要有以下功能。

① 程序创建：通过简单工程可以与传统 GX Developer 一样进行编程，通过结构化工程进行结构化编程。在简单工程中，可以使用梯形图、顺序功能图和结构化文本语言编程；在结构工程中，可以使用梯形图、结构化梯形图、顺序功能图和结构化文本语言编程。（注：对于 FX CPU，简单工程时不支持结构化文本语言，结构化工程时不支持梯形图语言、顺序功能图语言）。

② 参数设置：可以对 PLC CPU 的参数及网络参数进行设置。此外，也可对智能功能模块的参数进行设置。

③ PLC CPU 的写入/读取功能：通过 PLC 读取/写入功能，可以将创建的顺序控制程序写入/读取到 PLC CPU 中。此外，通过 RUN 中写入功能，可以在 PLC CPU 处于运行状态下对顺序控制程序进行更改。

④ 监视/调试：将创建的顺序控制程序写入 PLC CPU 中，可对运行时的软元件值等进行离线/在线监视。

⑤ 诊断：可以对 PLC CPU 的当前出错状态及故障履历等进行诊断。通过诊断功能，可以缩短恢复作业的时间。此外，通过系统监视[QCPU(Q 模式)/LCPU 的情况下]，可以了解智能功能模块等的详细信息，由此可以减少发生出错时的恢复作业所需时间。

2. GX Works2 与 GX Developer 的区别

这里主要就 GX Works2 编程软件和 GX Developer 编程软件操作、使用的不同进行简单说明。

（1）软件适用范围不同

GX Developer 编程软件适用于 Q 系列、QnA 系列、A 系列（包括运动控制 SCPU）、FX 系列所有类型的 PLC，但是三菱公司新一代 PLC 软件 GX Works2，具有简单工程（Simple Project）和结构化工程（Structured Project）两种编程方式，支持梯形图、指令表、顺序功能图、结构化文本及结构化梯形图等编程语言，可实现程序编辑，参数设定，网络设定，程序监控、调试及在线更改，智能功能模块设置等功能，适用于 Q、QnU、L、FX 等系列 PLC，兼容 GX Developer 软件，支持三菱公司工控产品 iQ Platform 综合管理软件 iQ Works，具有系统标签功能，可实现 PLC 数据与 HMI、运动控制器的数据共享。

（2）软件运行不同

① GX Works2 运行缓慢，GX Developer 速度尚可。

② GX Works2 可以保存为 GX Developer 格式的文件，但不支持保存为 FX-Win 格式，而 GX Developer 支持保存为 FX-Win 格式。

③ GX Developer 只是 PLC 的编程软件。GX Works2 是人机界面全系列编程软件。

3. 操作界面

图 6.41 为 GX Works2 编程软件的操作界面，该操作界面由下拉菜单栏、工具栏、程序编辑区、工程数据列表、状态栏等部分组成。同 GX Developer 编程软件一样，在 GX Works2 中也称编辑的程序为工程。

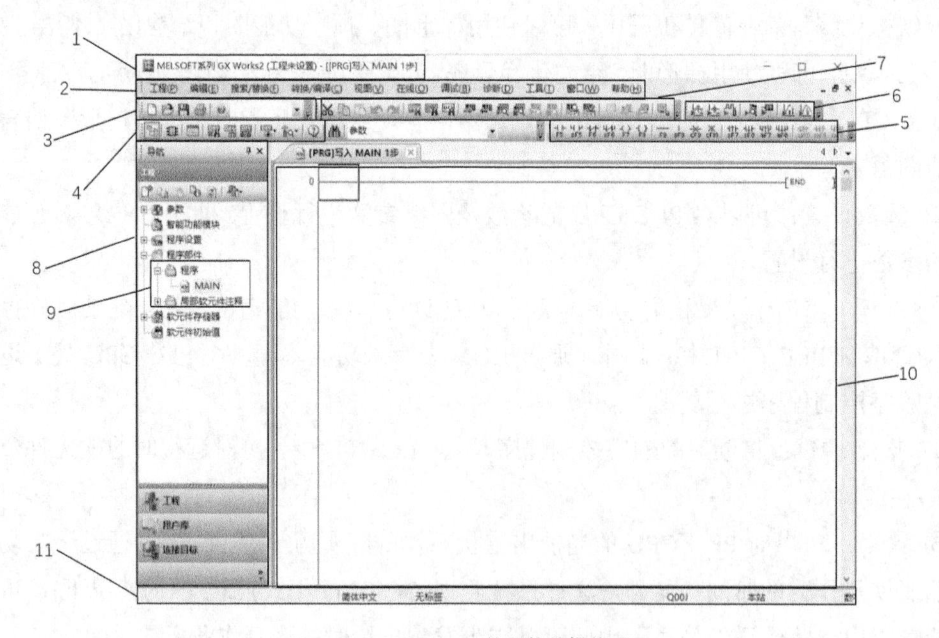

图6.41　GX Works2 编程软件操作界面

图 6.41 中引出线所指示的名称、内容说明见表 6.3。

表 6.3　　图 6.41 中引出线所指示的名称、内容说明

序号	名称	内容
1	标题栏	显示工程名称等
2	下拉菜单栏	包含工程、编辑、搜索/替换、转换/编译、视图、在线、调试、诊断、工具、窗口、帮助，共 11 个菜单
3	标准工具栏	用于工程的创建、打开和关闭等操作
4	窗口操作工具栏	用于导航，部件选择、输出以及软元件使用列表、监视等窗口的打开/关闭操作
5	梯形图工具栏	包含用于梯形图编辑的常开/常闭触点、线圈、功能指令、画线、删除线、边沿触发触点等按钮；用于软元件注释编辑、声明编辑、注解编辑、梯形图放大/缩小等操作的按钮；具有触点、线圈、功能指令，边沿触发触点，画线及删除等功能

续表

序号	名称	内容
6	智能模块工具栏	用于特殊功能模块的操作
7	程序通用工具栏	用于梯形图的剪切、复制、粘贴、撤销、搜索，以及 PLC 程序的读写、运行监事等操作
8	工程数据列表	显示程序、编程软元件注释、参数、编程软元件内存等内容，可实现这些项目的数据的设定
9	顺序控制程序	显示顺序控制程序的程序本体、局部标签
10	程序编辑区	完成程序的编辑、修改、监控等的区域
11	状态栏	提示当前的操作，显示 PLC 类型及当前操作状态等

6.3.2　软件的安装

1. 开始安装

解压下载好的压缩包，在 GX Works2 安装程序文件夹中找到 setup.exe 安装文件，并双击运行该文件。桌面显示安装窗口，显示[欢迎]对话框，如图 6.42 所示。

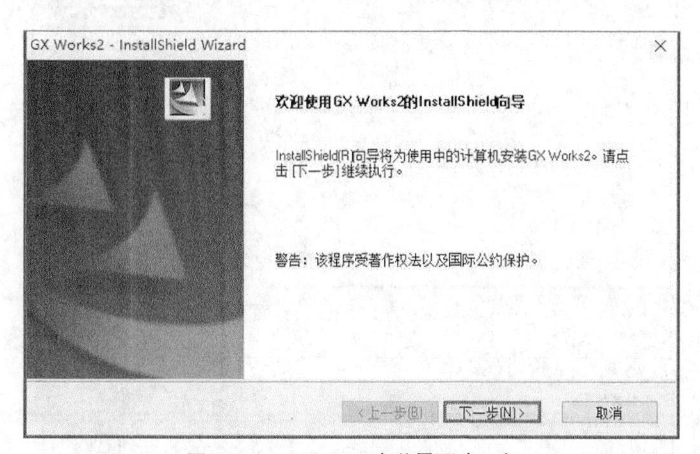

图6.42　GX Works2安装界面（一）

同安装 FX-GP/WIN-C 一样，为保证程序安装的顺利进行，此时对话框建议退出其他运行中的 Windows 程序，避免安装失败。准备就绪后，单击[下一步]按钮。

2. 填写用户信息

完成上一步操作后，进入用户信息界面，如图 6.43 所示，这里要求用户填写用户姓名、公司名称等信息，填写完毕后，单击[下一步]按钮，进入下一步操作。在此步骤中，任意填写姓名和公司名，并在产品 ID 部分分别填写产品 ID 的前后两段数字即可。

3. 选择软件安装路径

图 6.44 中安装程序的目标地址默认为 C 盘，一般建议修改为其他磁盘分区，避免过多占用操作系统内存空间。用户也可以根据实际情况，单击[更改]按钮，选择其他目标地址，完成设定后单击[下一步]按钮，进入下一步操作，如图 6.45 所示。

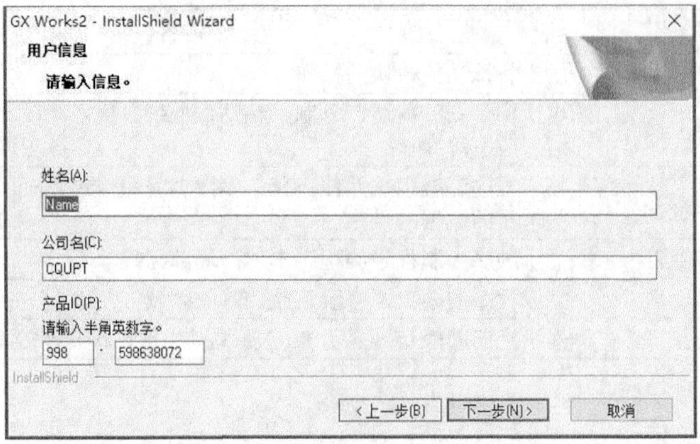

图6.43　GX Works2安装界面（二）

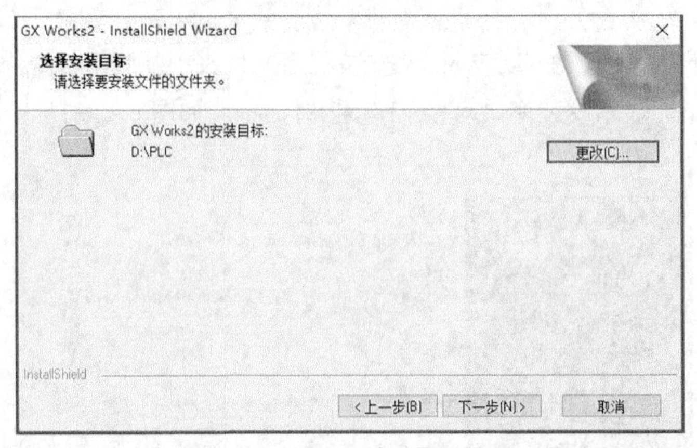

图6.44　GX Works2安装界面（三）

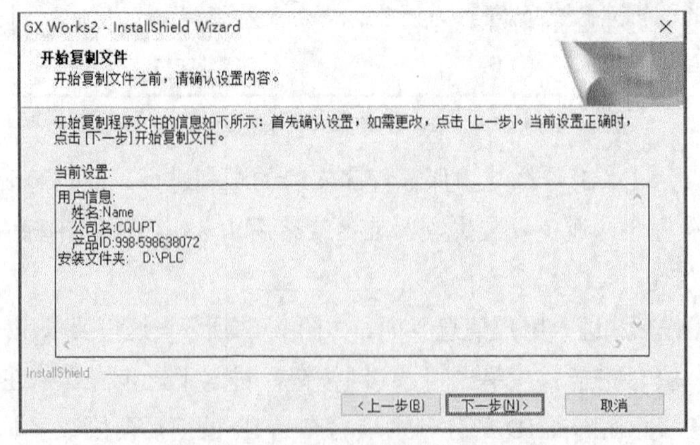

图6.45　GX Works2安装界面（四）

4. 自动安装

完成上一步操作后，安装软件开始按照用户设定的安装路径进行自动安装，并显示安装进程，如图 6.46 所示。

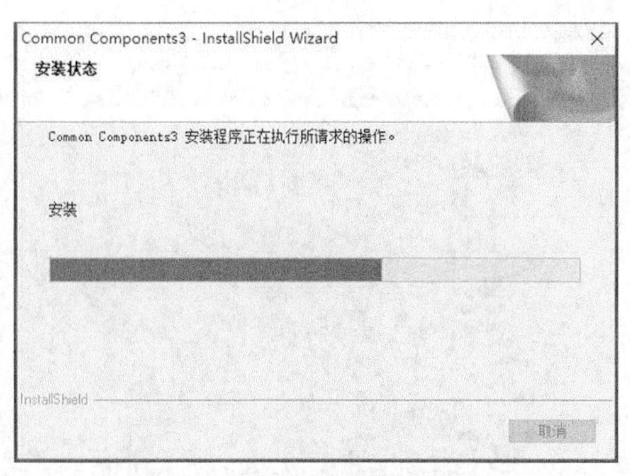

图6.46 GX Works2安装界面（五）

5. 安装完成

这里主程序已经安装完成，如图 6.47 所示。

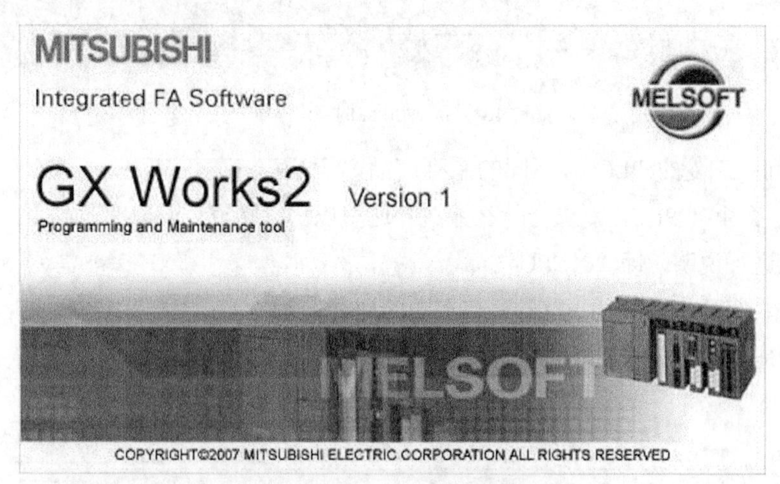

图6.47 GX Works2安装界面（六）

6.3.3 梯形图编辑

梯形图在编辑时的基本操作步骤和操作的含义与 GX Developer 和 FX-GP/WIN-C 编程软件类似。

1. 梯形图的创建

（1）启动 GX Works2

打开安装的 GX Works2 的软件，打开之后，GX Works2 的初始界面如图 6.48 所示。

（2）创建新工程

选择[工程]菜单中的[新建工程]命令，打开[新建工程]对话框，如图 6.49 所示。其相关内容介绍如下。

工程类型：本例中选择“简单工程”选项。

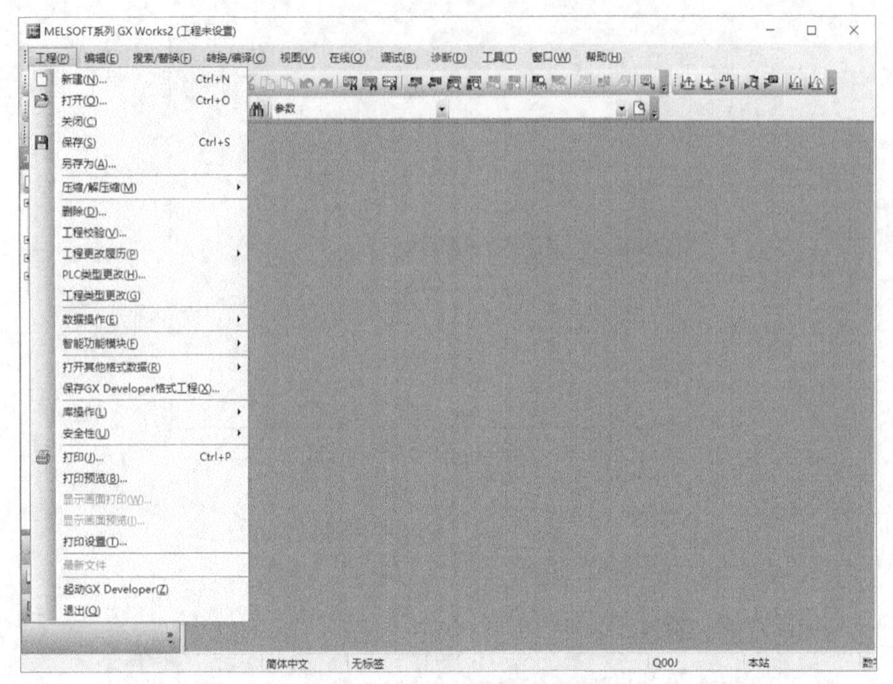

图6.48　GX Works2的初始界面

PLC 系列：三菱的 PLC 有不同的系列产品，读者使用的是什么系列 PLC，就选择什么系列；这里以 FX 系列为例进行说明，即“XCPU”。

PLC 类型：每一个系列的 PLC，又有不同的型号，本例使用的是 FX_{1S} 型号的 PLC，所以这里选择“FX1S”选项。

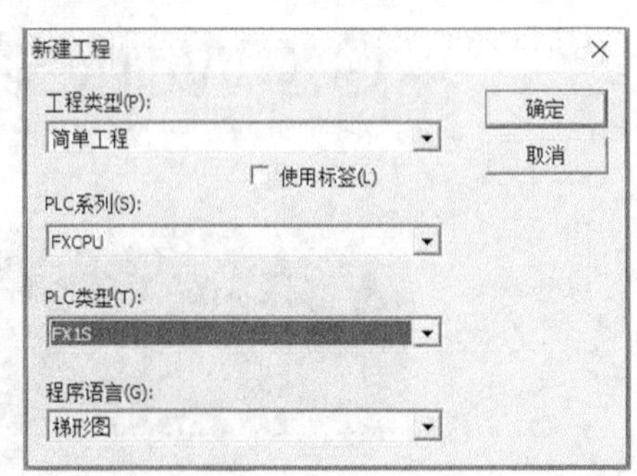

图6.49　“新建工程”对话框

程序语言：一般简单的 PLC 程序，使用梯形图编写比较方便，所以这里选择“梯形图”选项；选择完以上选项之后，单击[确定]按钮，一个新的工程就建立好了。

（3）编写梯形图程序

① 单击工具栏中的[常开触点]按钮，或按[F5]键，打开[梯形图输入]对话框，输入“X1”，然后单击[确定]按钮，如图 6.50 所示。这里使用的输入端是 X1，因此输入 X1。

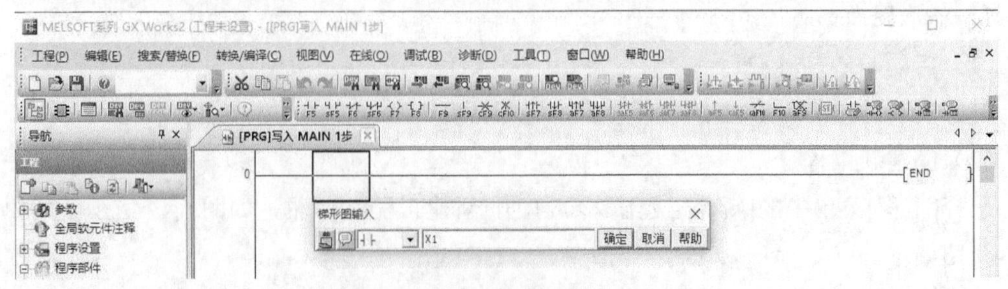

图6.50　GX Works2梯形图输入（一）

② 单击工具栏中的[线圈]按钮，或按[F7]键，再次打开[梯形图输入]对话框，这次输入"Y1"，然后单击[确定]按钮，如图 6.51 所示。

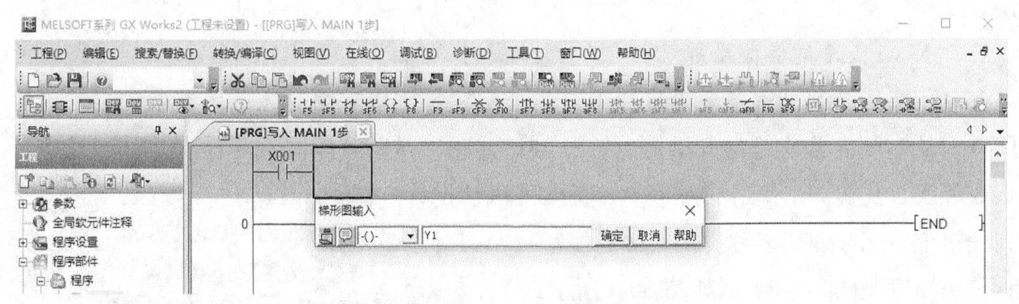

图6.51　GX Works2梯形图输入（二）

这时，本例实现点动控制的程序就编好了，编好的梯形图程序如图 6.52 所示。

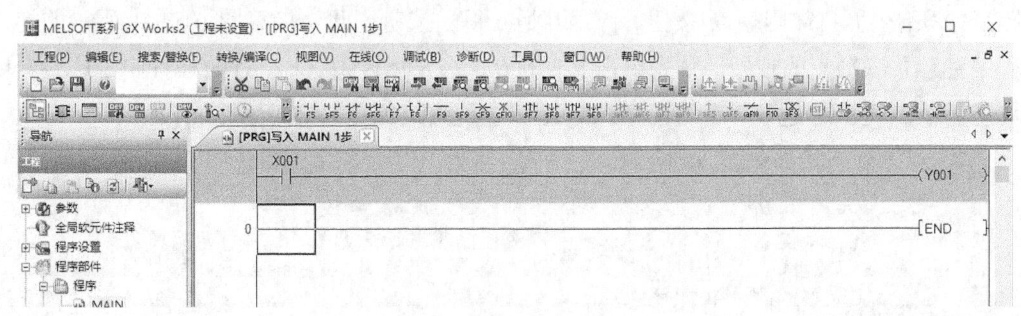

图6.52　编好的梯形图程序

③ 编写好程序后，还要把梯形图转换为 PLC 可以识别的程序，将程序输入 PLC 之后，PLC 才可以按照编写的程序进行工作。梯形图的转换很简单，只有选择[转换/编译]菜单中的[转换（所有程序）]命令就可以了，如图 6.53 所示。

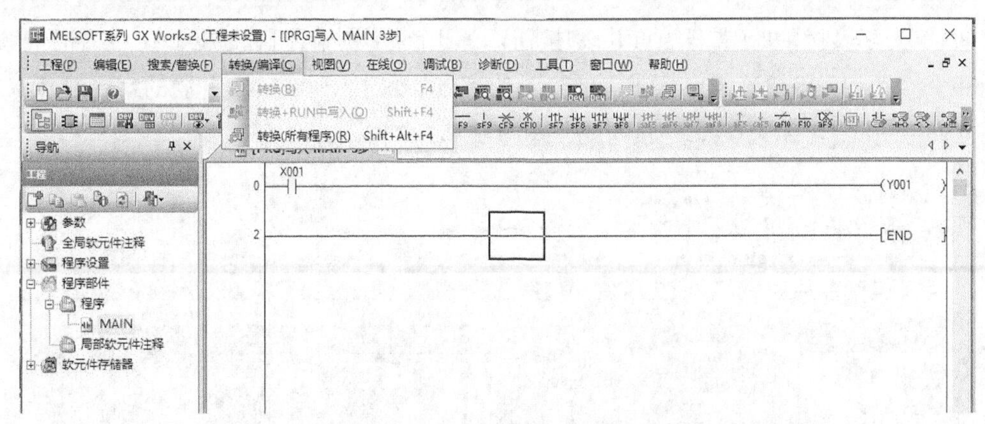

图6.53　GX Works2梯形图程序转换/编译

GX Works2 梯形图的转换使用梯形图工具栏中的触点、线圈、功能指令及画线工具，在程序编辑区编辑程序。如果不知道某个功能指令的正确用法，可以按[F1]键调用帮助信息。编辑好程序后，执行变换编译操作。变换的过程就是检查编辑的程序是否符合规范要求的过程。梯形图程序尤其要避免出现双线圈错误，而顺序功能图程序却可以忽略双线圈错误。

2. GX Works2 的其他功能

在编写梯形图的过程中，工具栏中有几个按钮是比较常用的，下面重点介绍。这几个常用按钮从左到右依次是常开触点、常开触点并联、常闭触点、常闭触点并联、线圈、应用指令等等。其实，在使用的过程中，直接将鼠标指针移到按钮上，就会弹出名称提示，如竖线输入，同时还提示其快捷键是[Shift+F9]，如图 6.54 所示。

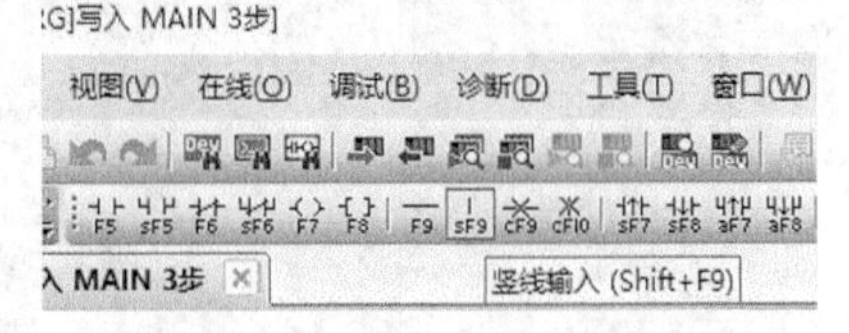

图6.54 GX Works2界面常用按钮

（1）并联触点的使用：

① 在图 6.54 的按钮中，有[常开触点]按钮，还有[常开触点并联]按钮、[常闭触点]按钮、[常闭触点并联]按钮。此处接着图 6.53 中所示的梯形图程序讲解并联触点的使用。首先单击 X1 下方，将光标转到 X1 下方的一行中，这时选中的块呈蓝色，表示这是下一个将要插入软元件的地方，如图 6.55 所示。

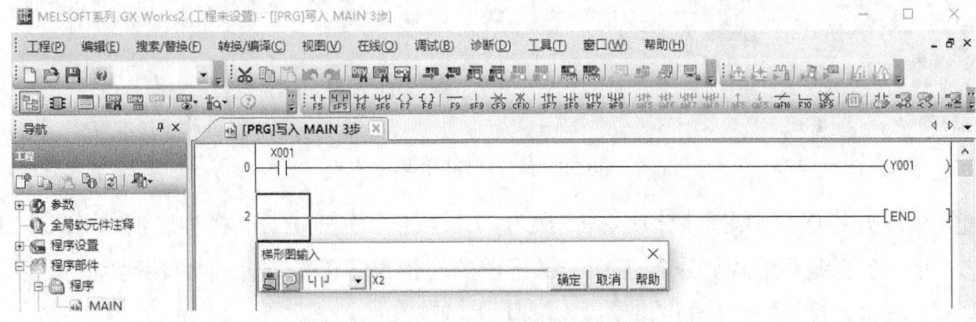

图6.55 GX Works2并联触点的使用（一）

② 单击工具栏中的[常开触点并联]按钮，弹出[梯形图输入]对话框，在对话框中输入软元件“X2”，并单击[确定]。这样就在 X1 的下方插入了一个与 X1 并联的常开触点 X2，如图 6.56 所示。[常闭触点并联]按钮的使用方法和此类似。

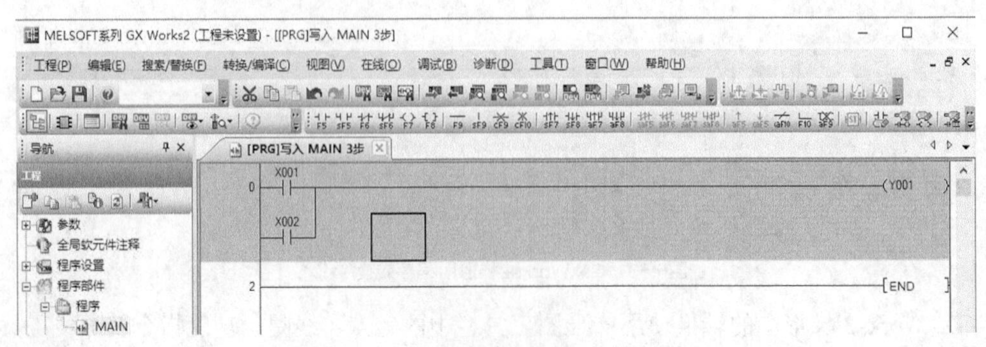

图6.56 GX Works2并联触点的使用（二）

（2）竖线与横线的使用

在上述的梯形图图 6.55、图 6.56 中，演示了并联触点的使用。其实，除了使用并联触点来画上面的 X2 之外，还可以使用竖线来画这个梯形图。

① 插入竖线：先画出如图 6.57 所示的形式。然后将光标放置于 X2 的右上角，即图 6.57 中的框线位置，单击[竖线输入]按钮或按[Shift+F9]键，打开[竖线输入]对话框，在这里只需要 1 段竖线就可以了，所以输入“1”，单击[确定]按钮，就可以画出图 6.56 中的梯形图了，如图 6.58 和图 6.59 所示。

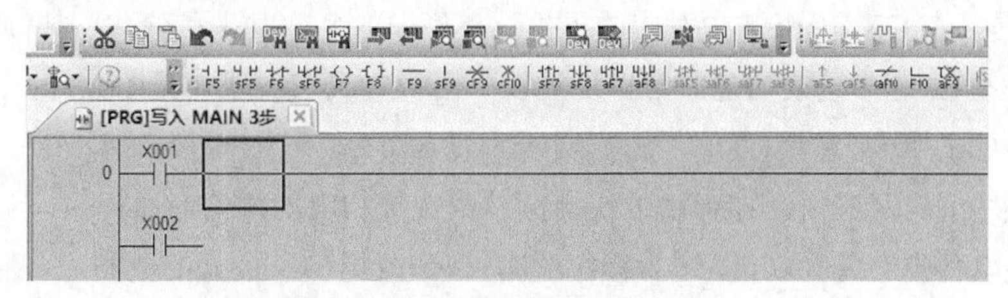

图6.57 GX Works2插入竖线（一）

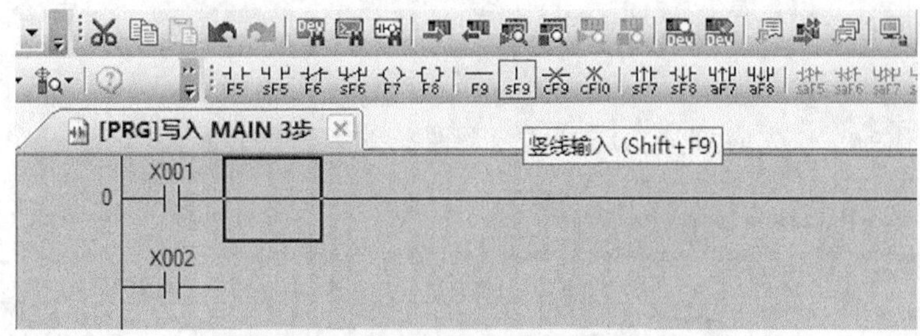

图6.58 GX Works2插入竖线（二）

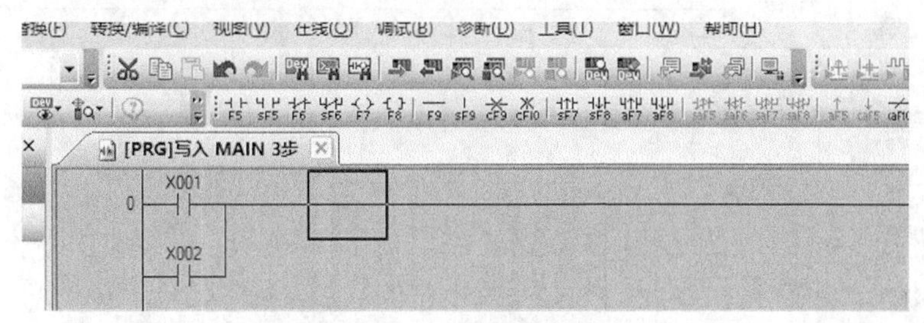

图6.59 GX Works2插入竖线（三）

② 删除竖线：竖线的删除与插入竖线的方法差不多，将光标放在想要删除的竖线的右上角，然后单击[删除竖线]按钮（快捷键[Ctrl+F10]），在打开的[竖线删除]对话框中输入想要删除的竖线段数即可。

③ 插入横线：在编辑梯形图的过程中，有时会删除不需要的软元件，这样原来放置软元件的地方就会成为空白，需要使用横线来补充它。横线的使用就更简单了，将光标放在想要插入横线的地方，然后单击[横线输入]按钮（快捷键[F9]），在打开的[横线输入]对话框中输入想要插入的横线段数即可。

④ 删除横线：想要删除横线，只要将光标放在要被删除的横线最右边的一段，然后单击[删除横线]按钮（快捷键[Ctrl+F9]），输入要删除的段数，单击[确定]按钮即可。也可以选中要删除的横线，然后直接按[Delete]键。

6.3.4 搜索及注释

1. 搜索/替换

与 GX Developer 编程软件一样，GX Works2 编程软件也为用户提供了查找功能，但是需要注意的是，在 GX Works2 中对应的下拉菜单栏中的名称发生了变化，如[查找/替换]变成了[搜索/替换]。选择搜索功能时可以通过以下两种方式来实现（见图 6.60）。

① 通过单击[搜索/替换]菜单，选择相应的搜索命令。

② 在程序编辑区右击，在弹出的快捷菜单中选择相应的搜索命令。

此外，该软件也有替换功能，这为程序的编辑、修改提供了极大的便利。三菱 GX Works2 作为 PLC 编程软件，各项功能集成度也比较高，使用者在编程的时候，会遇到批量替换的问题，下面给读者介绍如何批量替换软元件和指令。

（1）软元件和指令替换

在进行操作前，首先应打开 GX Works2 软件，进入程序。

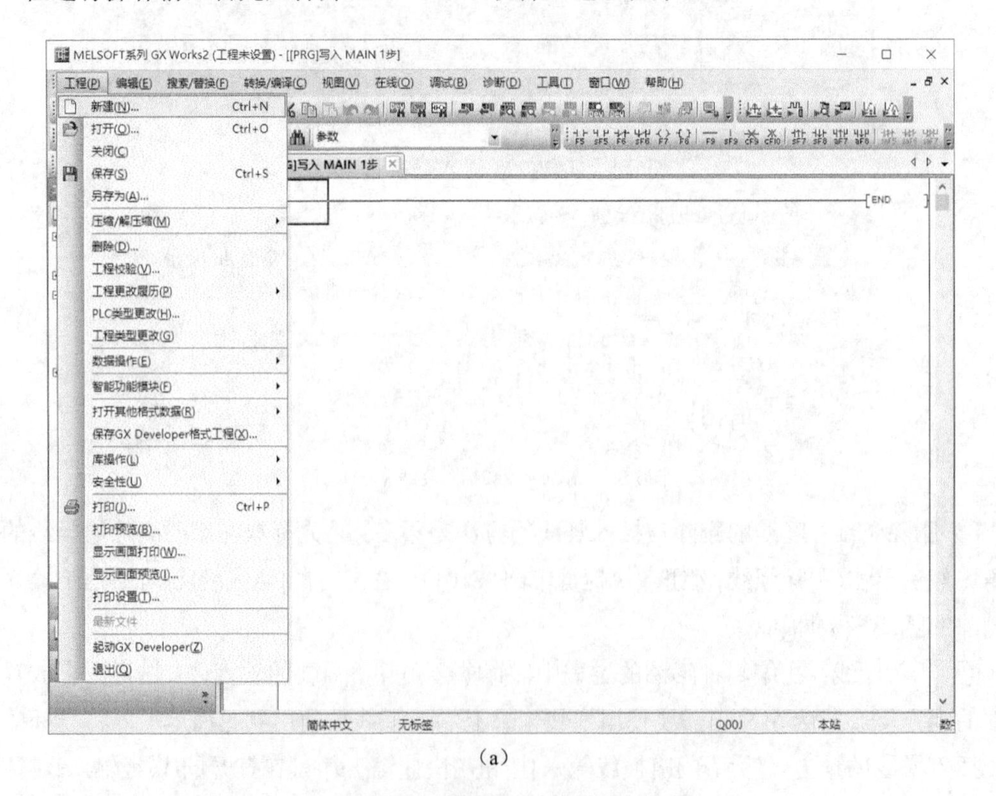

（a）

图6.60 选择搜索指令的两种方式

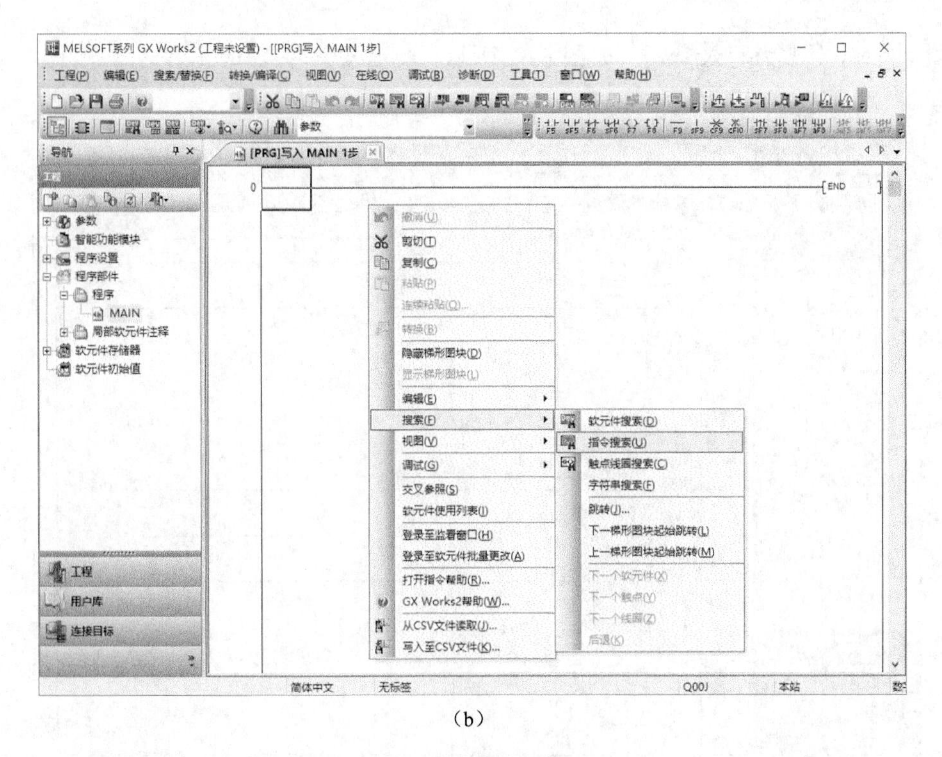

（b）

图6.60　选择搜索指令的两种方式（续）

操作步骤如下。

① 找到想要替换的软元件，如图 6.61 所示。

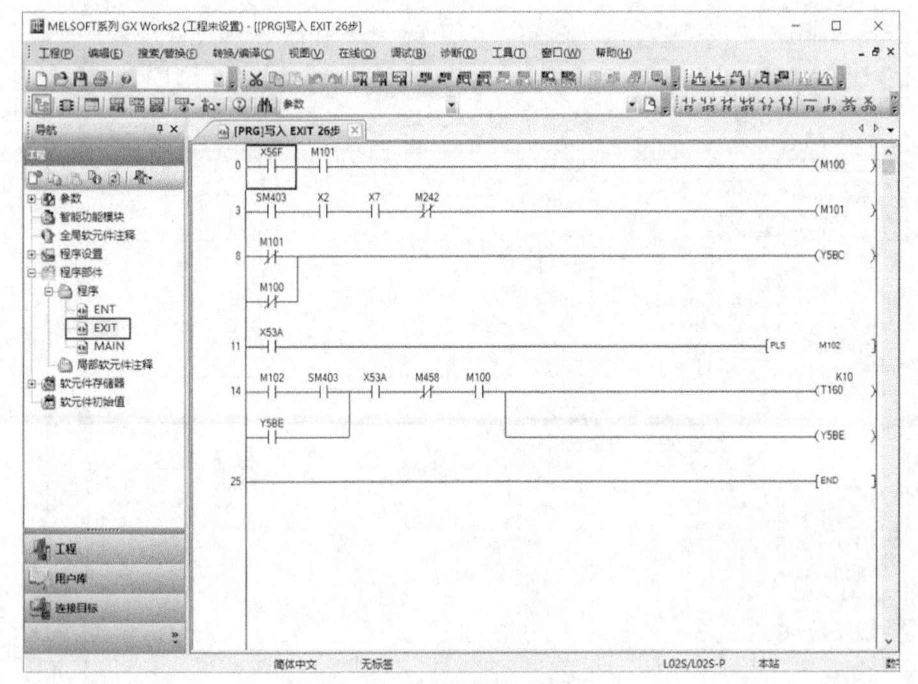

图6.61　替换软元件（一）

② 将程序更改为写入模式，如图 6.62 所示。

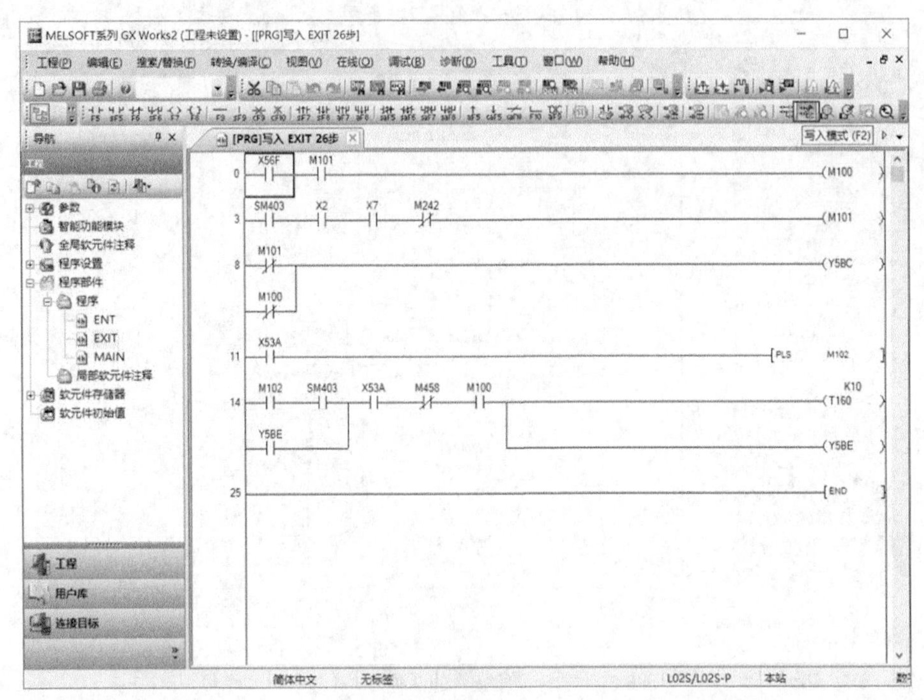

图6.62 替换软元件（二）

③ 单击[搜索/替换]菜单，选择[软元件替换]命令，如图 6.63 所示。

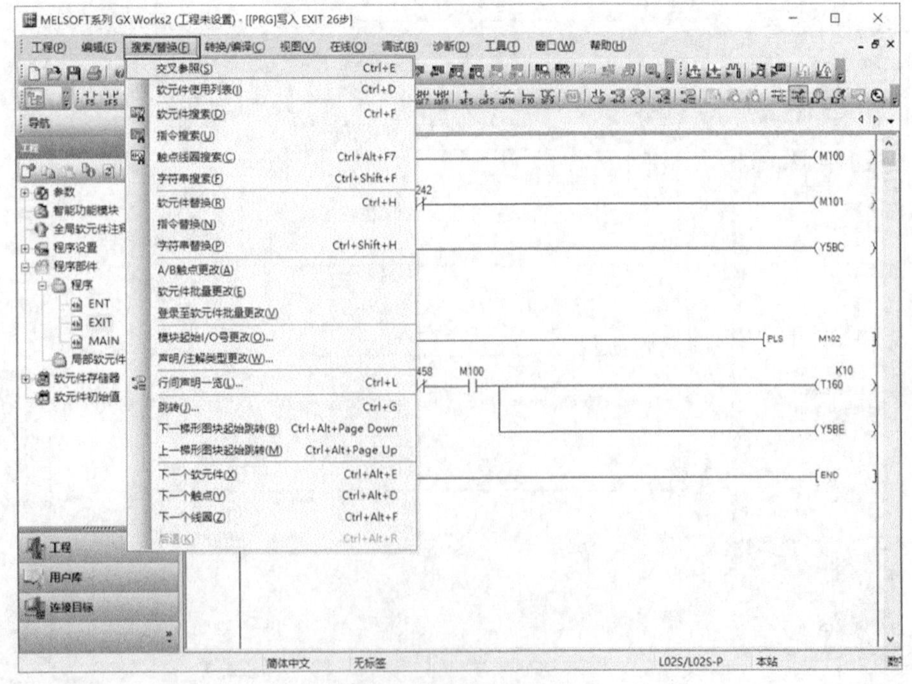

图6.63 替换软元件（三）

④ 打开[搜索/替换]对话框，软元件替换可实现单个替换和全部替换，如图 6.64 所示。

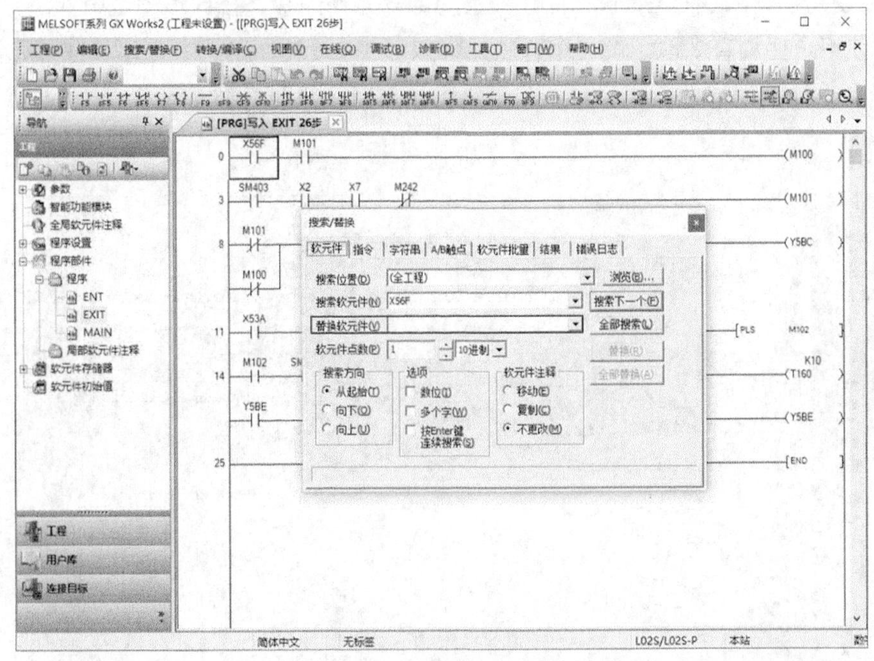

图6.64　替换软元件（四）

⑤ 选择[指令]选项卡，可以将程序中想要替换的指令换掉，这一点在实际编程中使用比较多，如图 6.65 所示。

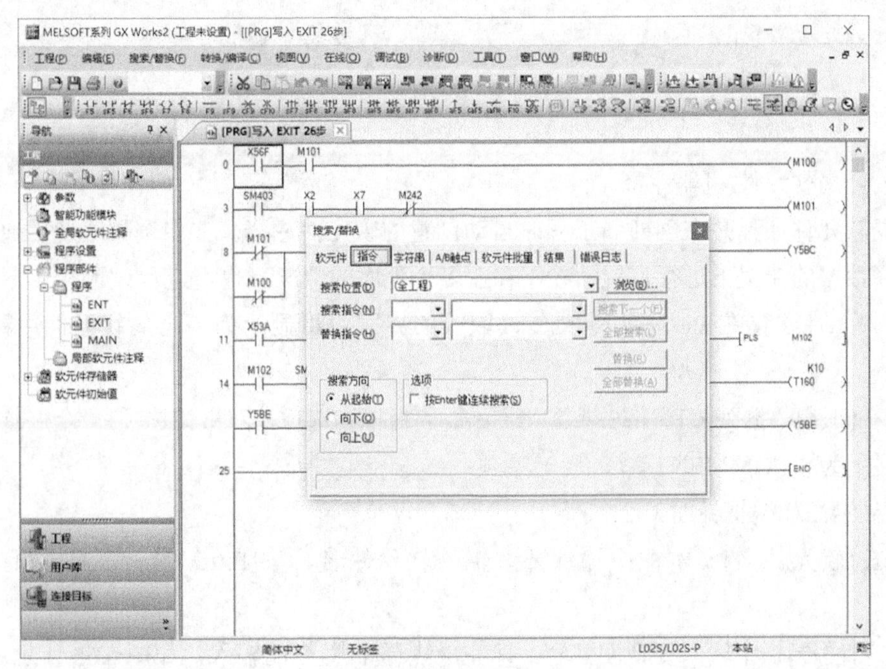

图6.65　替换指令

2. 注释/机器名

在软元件注释中，有全局软元件注释及局部软元件注释，在梯形图中引入注释/机器名后，可以使用户更加直观地了解各编程软元件在程序中所起的作用。在示范注释方法之前，需要读者在当前工程下进行如下操作，创建注释文档，如图 6.66 所示。

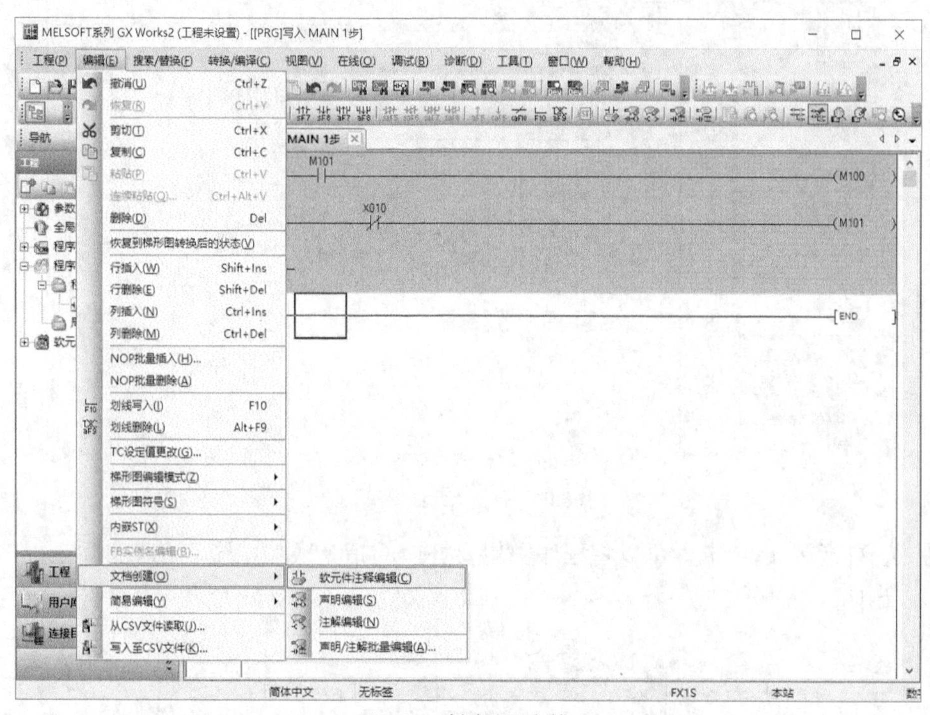

图6.66　创建注释文档

(1) 全局软元件/机器注释

全局软元件注释是在创建新工程时自动创建的软元件注释。在多个程序使用通用的软元件注释数据的情况下进行设置，在不存在多个程序的情况下也可进行设置。

① 软元件注释在 PLC 写入/PLC 读取等的界面中将显示为“全局软元件注释”（见图 6.67）。

② 在[工程数据列表]窗格中找到[全局软元件注释]选项，双击该选项，“全局软元件注释”会显示为“COMMENT”（注释）选项。

③ 显示注释编辑界面。

④ 在[软元件名]文本框中输入要编辑的软元件名，按[Enter]键，界面会显示编辑对象。

⑤ 在[注释]栏中输入要说明内容，即完成注释/机器名的输入，如图 6.68 所示。

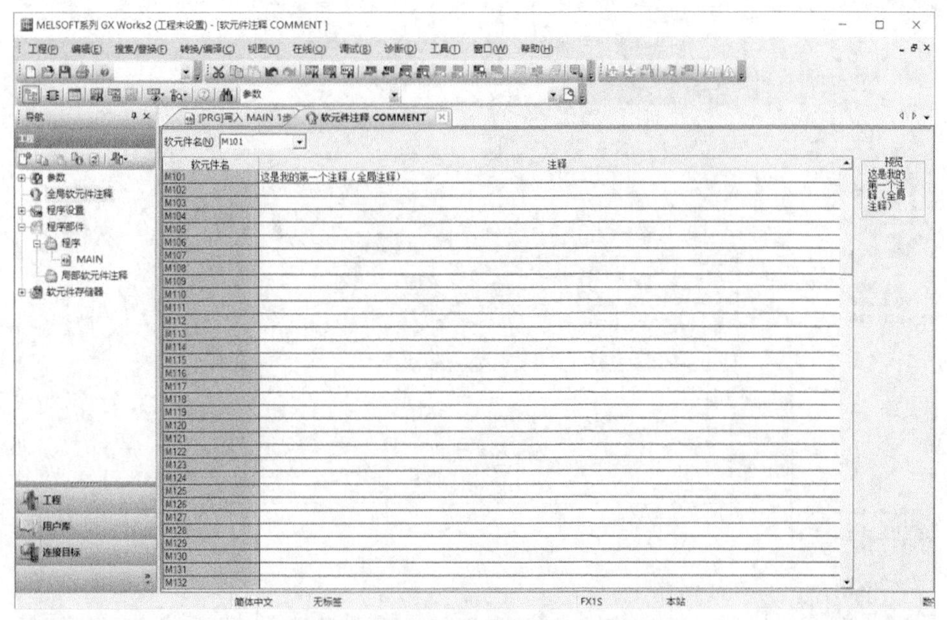

图6.67 全局注释/机器名输入操作说明

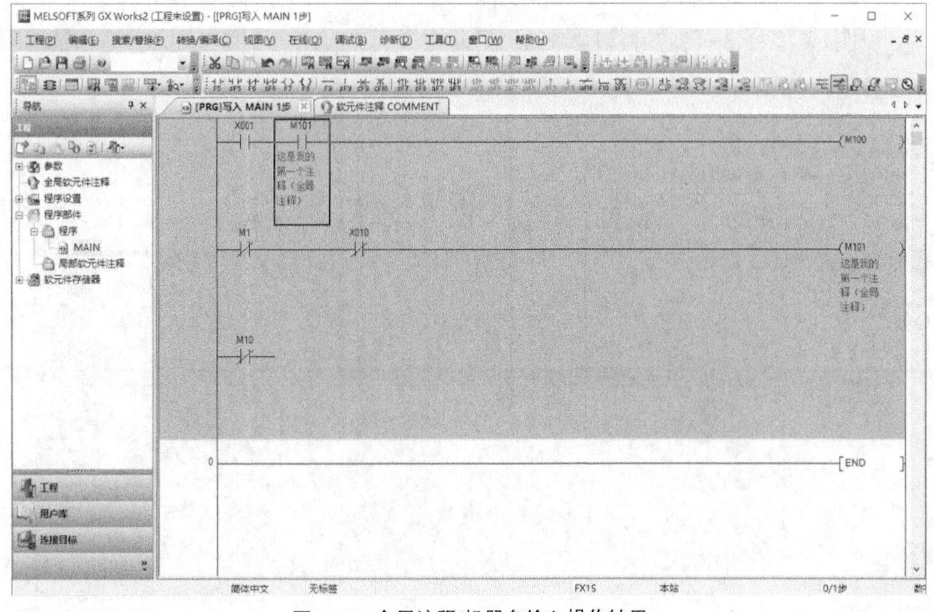

图6.68 全局注释/机器名输入操作结果

（2）局部软元件/机器注释

局部注释的方法比全局注释简单很多，直接在工作区双击软元件和注释即可，如图 6.69 所示。

（3）显示注释

用户定义完软元件注释和机器名，如果没有将注释/机器名显示功能开启，软件是不显示编辑好的注释和机器名的，进行下面操作可显示注释和机器名。

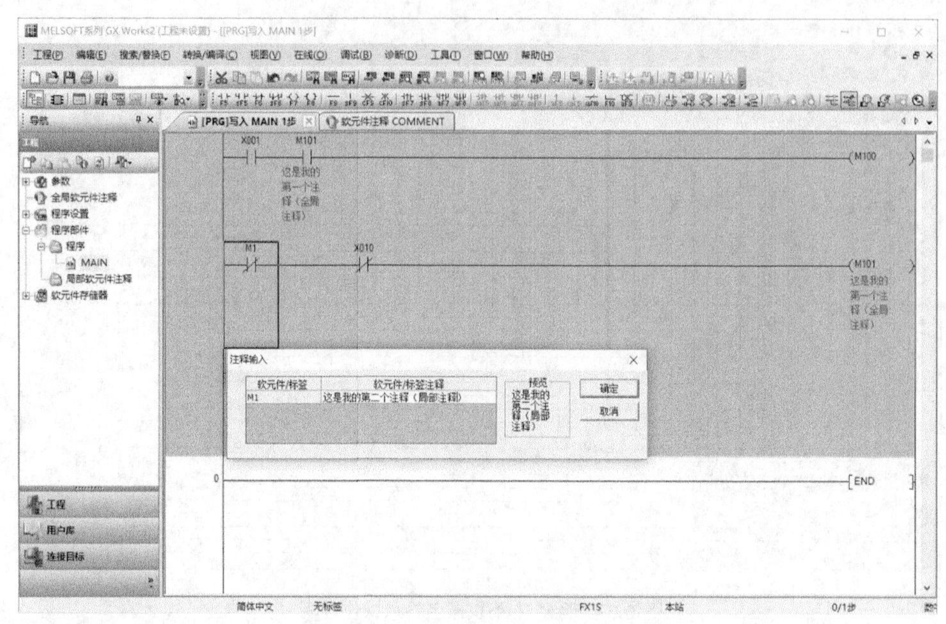

图6.69　局部注释/机器名输入操作说明

单示[视图]菜单，选择[注释/机器名显示]命令（可按[Alt+V]组合键），即可显示编辑好的注释/机器名，如图 6.70 所示。

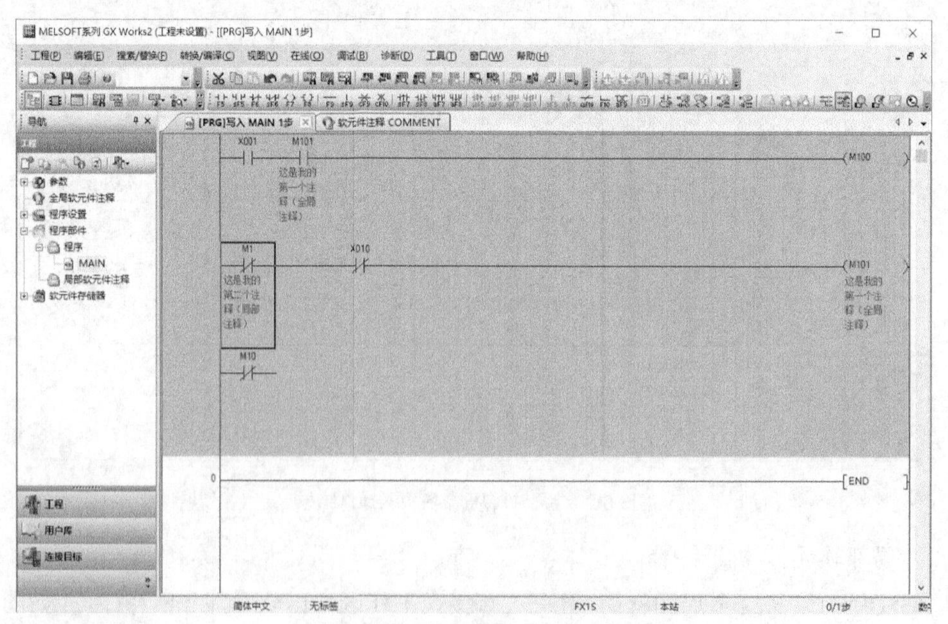

图6.70　局部注释/机器名输入操作结果

6.3.5　在线监控与仿真

GX Works2 软件提供了在线监控和仿真的功能。

1. 在线监控

所谓在线监控，主要是通过 GX Works2 编程软件对当前各个编程软元件的运行状态和当前性质进行监控，GX Works2 编程软件的在线监控功能与 FX-GP/WIN-C 编程软件的功能和操作方式基本相同，但操作界面有所差异，在此不再讲述。

2. 仿真

同 GX Developer 7C 软件一样，GX Works2 中也有 PLC 程序的离线调试功能，即仿真功能。通过该软件可以实现在没有 PLC 的情况下运行 PLC 程序，并实现程序的在线监控和时序图的仿真功能。

功能：不连接 PLC，实现程序的离线调试和状态监控。

操作步骤如下。

① 打开 GX Works2 软件，新建一个简单的工程。如果新建的程序进行了软元件和机器名的注释等操作要先进行转换/编译操作，再进行后续操作，如图 6.71 所示。

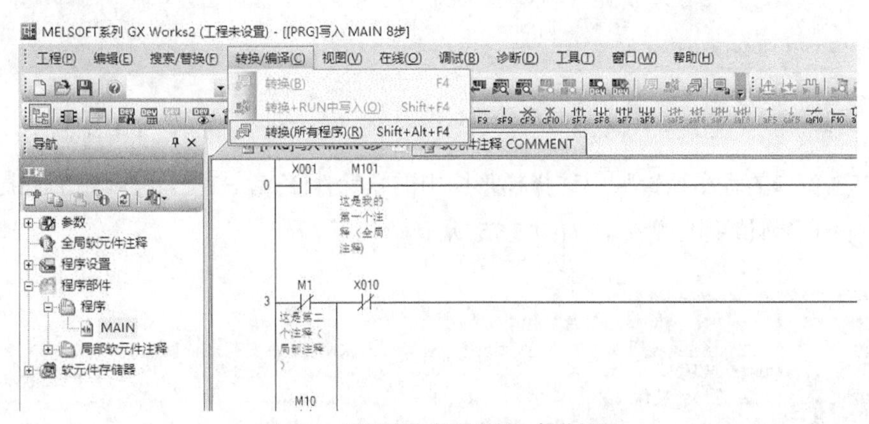

图6.71　局部注释/机器名输入操作结果

② 单击工具栏中的[模拟开始/停止]按钮，或单击[调试]菜单，选择[模拟开始/停止]命令，如图 6.72 所示。

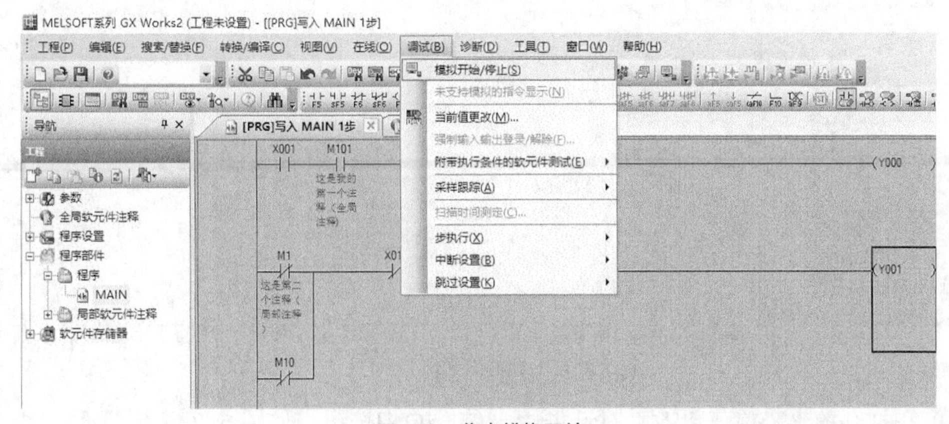

图6.72　仿真模拟开始

③ 打开“PLC 写入”对话框，等待写入完成后，单击[关闭]按钮，如图 6.73 所示。

④ 这时会看到如图 6.74 所示对话框，在对话框中选中[RUN]或[STOP]单选按钮可以启动或停止仿真。

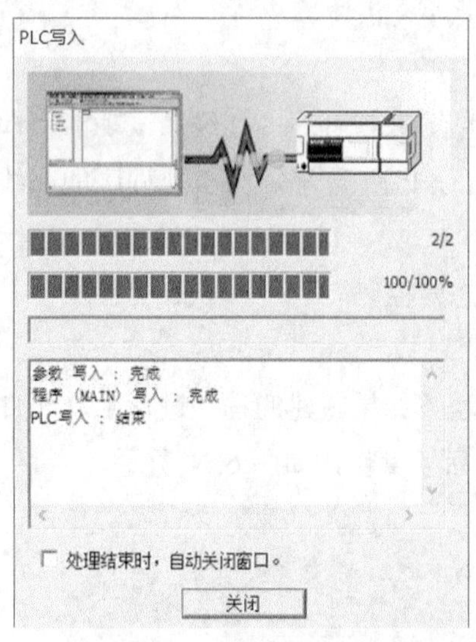

图6.73 “PLC写入”对话框

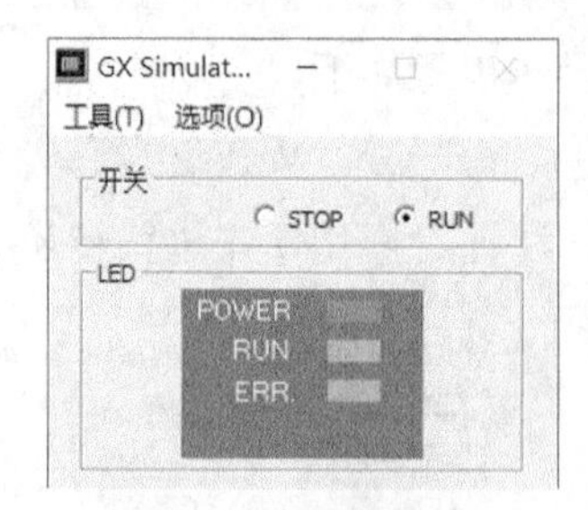

图6.74 仿真模拟运行

⑤ 在主窗口的程序编辑区中选择梯形图中的软元件[X0]，右击，在弹出的快捷菜单中选择[调试]→[当前值更改]命令，如图 6.75 所示。

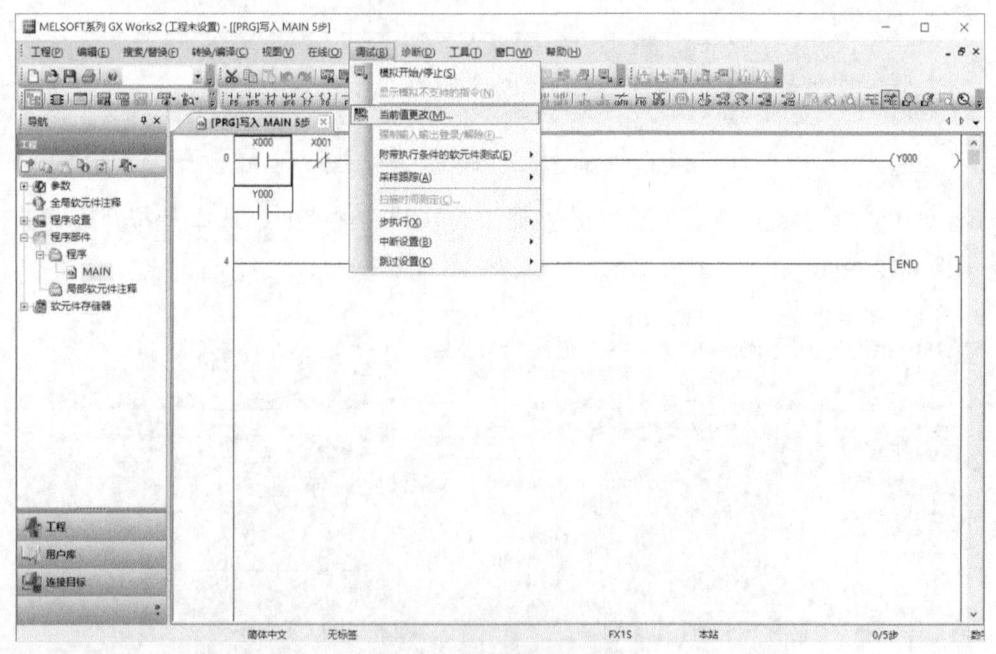

图6.75 当前值更改（一）

⑥ 在打开的“当前值更改”对话框中，单击[ON]按钮，如图 6.76 所示。

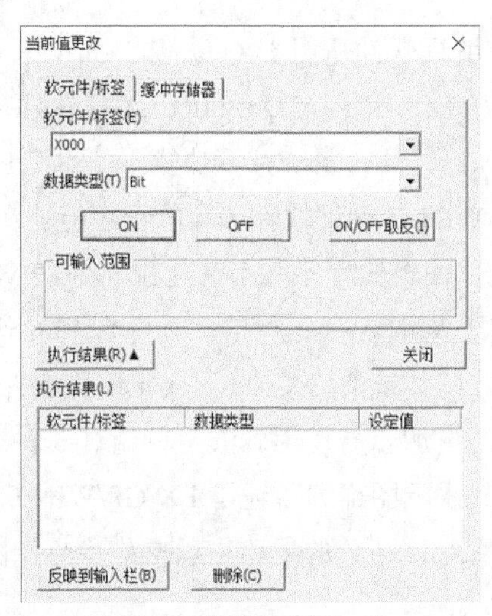

图6.76　当前值更改（二）

⑦ 可以看到，程序编辑区中的变化如图 6.77 所示。

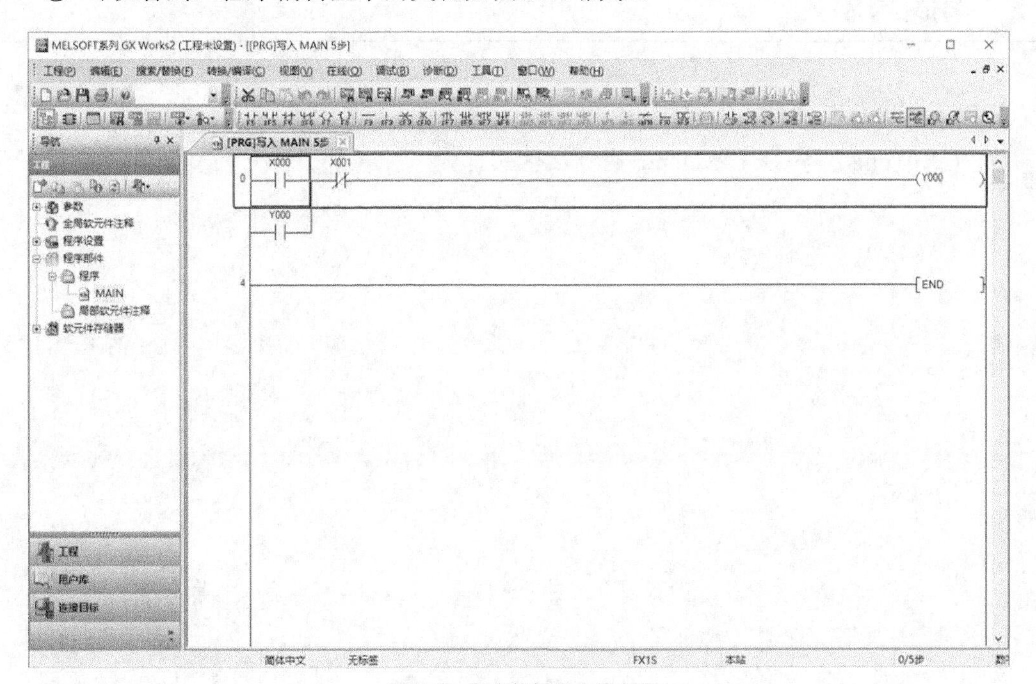

图6.77　程序编辑区中的变化

这样，就可以应用仿真模式来进行工程调试，修改设计中的错误，达到预期设计的效果。

6.4　本章小结

本章主要介绍了 3 种主流的三菱 PLC 编程软件——FX-GP/WIN-C 编程软件、GX Developer 编程软件和 GX Works2 编程软件。FX-GP/WIN-C 编程软件是 FX 系列 PLC 的专用编程软件，GX Developer 编程软件适用于 Q 系列、QnA 系列、A 系列（包括运动控制 SCPU）、FX 系列所有类型的 PLC，而 GX Developer 编程软件，支持三菱公司工控产品 iQ Platform 综合管理软件 iQ Works，具有系统标签功能，可实现 PLC 数据与 HMI、运动控制器的数据共享。使用 FX-GP/WIN-C 编程软件编辑的程序能够在 GX Developer 中运行，但是使用 GX Developer 编程软件编辑的程序并不都能在 FX-GP/WIN-C 编程软件中打开。GX Works2 是三菱公司推出的基于 Windows 运行的三菱综合 PLC 编程软件，是专用于 PLC 设计、调试、维护的编程工具。与传统的 GX Developer 编程软件相比，GX Works 编程软件提高了功能及操作性能，变得更加容易使用。书中首先对 3 种编程软件的操作环境、操作界面等内容做了简单介绍，其次配图详细讲述了 FX-GP/WIN-C 和 GX Works2 两种软件安装过程和基本操作，讲解采用对比区分的思路，以操作步骤加图形和注释相结合的方式加以说明，使之更通俗易懂。

6.5 习题与思考

1．三菱 PLC 有几种编程软件？

2．GX Works2 与 GX Developer 有什么区别？

第 7 章 PLC 码垛机器人控制系统

本章利用 PLC 实现码垛机器人控制系统，包括结构设计、总体设计、相关元件选型、系统功能设计、空间四轴脉冲坐标系确定及系统软件设计的内容。

7.1 结构设计

7.1.1 应用环境介绍

如图 7.1 所示，新型码垛机器人主要用于工厂、仓库等室内场合。由于码垛对象的不同，因此需要考虑粉尘、油污对机体运动的影响；又由于新型码垛机器人适合在生产线、流水线上工作，因此要考虑各种电气设备之间的兼容和抗干扰的问题。

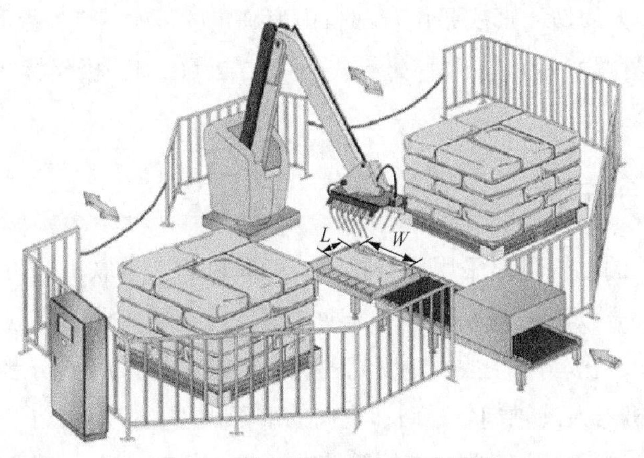

图7.1 新型码垛机器人的工作环境

另外，根据具体的应用环境，新型码垛机器人还需要有一定的实时监控能力。如果其应用在流水线上，需要对输送设备的工作状态进行监控，如来料是否到位、码放完毕后码垛区域是否及时更新以继续工作；一旦设置完成，码垛机器人一般需要进行长时间的工作，在工作的过程中，码垛区域是不允许有人进入的，这就涉及安全工作的问题，也就是需要实时监控码垛区域的状态以及时暂停工作。

7.1.2 结构和运动形式

常见码垛机器人结构形式，如图 7.2 所示。

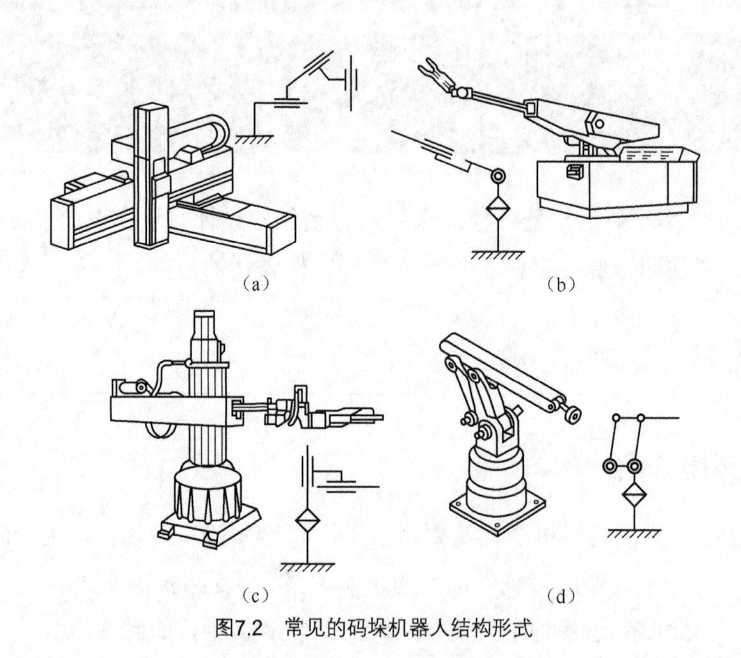

图7.2 常见的码垛机器人结构形式

一般来说，机器人的结构形式是由臂部自由度确定的，如图 7.2 所示，主要分为以下 4 类：直角坐标式[见图 7.2（a）]、圆柱坐标式[见图 7.2（b）]、极坐标式[见图 7.2（c）]、关节式[见图 7.2（d）]、。

7.1.3 机构原理分析

新型码垛机器人的结构可以采用串联机构或并联机构。串联机构虽然结构简单，但系统刚性差，精度低，难以满足码垛机器人长期、稳定、准确作业的实际需求。新型码垛机器人采用并联机构，突出其刚性强、精度高的优点，特别是采用了仿形四边形平衡吊结构（见图 7.3)，实现了机器人的轴向、径向和垂向的准确运动。仿形四边形平衡吊结构具有高效、节能、轻巧、稳定、结构简单、使用简捷、维护方便等优点。整个机械臂安装在一个可 360° 转动的底座上，从而可以完成圆柱坐标系中的空间运动。手臂部分采用了平行四连杆机构，由若干刚性构件低副连接而成，具有 2 个自由度。这种机构具有传递运动、放大位移、改变位移的性质，水平轴和垂直轴的运动相互独立，水平轴和垂直轴的位移与抓手端的对应位移严格成比例，也为控制提供了便利。由于采用了闭式链机构，因此其比一般关节机器的形式链机构有更好的稳定性和刚性。

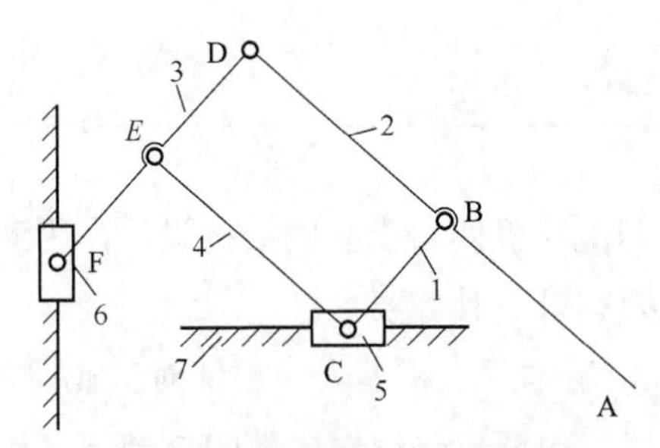

图7.3 新型码垛机器人的机构原理图

1～4. 平行四连杆机构；5. 水平移动部分；6. 垂直移动部分；7. 底座旋转部分。A、C、E、F对应四个机械结构，手爪旋转部分及其驱动装置A；底座旋转部分及其驱动装置C；水平移动部分及其驱动装置E；垂直移动部分及其驱动装置F；B、D对应仿四边形结构的另外两处连接结构

7.1.4 机械结构分析

根据新型码垛机器人作业特点及7.1.3节所述选用的结构形式，新型码垛机器人三维造型设计示意图如图7.4所示。该机器人主体机构的优点在于无论机器人空载还是负载，在工作范围内的任何位置都可以随意停下并保持静止不动，即达到随意平衡状态。由于机器人具有相互独立的4个自由度，相应的机械结构也可分为4个部分，即底座旋转部分及其驱动装置、水平移动部分及其驱动装置、垂直移动部分及其驱动装置、手爪旋转部分及其驱动装置。码垛机器人机械系统的4个自由度的传动机构包括滚珠丝杠、导轨、谐波齿轮等部件。抓手的旋转轴为1号轴，负责垂直运动的电动机轴为2号轴，负责水平直线运动的电动机轴为3号轴，负责主体转动的主转动轴标定为4号轴。各轴具体结构为4号轴通过谐波齿轮减速器、一个圆锥滚子轴承和一个深沟球轴承与底座相连接，实现水平面内的转动，同时起到支撑、固定整个机器人本体的作用。大、小臂是由滚珠丝杠带动连杆机构实现其运动的，小臂与大臂铰接，大臂由两个平行的杆组成，两个杆一端分别与小臂铰接，同时另一端分别铰接在两个滑块上，两个滑块通过滚珠丝杠和带轮与2号、3号电动机轴相连，分别进行垂直方向和水平方向的运动，手爪能通过转动调节位置。每一个轴安装一个行程开关，并在每一个轴固定安装两个限位块，对轴的行程进行限位，一是为了安全，二是可以进行回零操作。机械系统减速比是新型码垛机器人控制程序编写的基础。

图7.4 新型码垛机器人三维造型设计示意图

1～4. 平行四连杆机构；5. 水平移动部分；6. 垂直移动部分；7. 底座旋转部分；8. 手爪旋转部分

7.2 控制系统总体设计

新型码垛机器人采用了四电动机四自由度的结构设计，因此控制系统除了需要具有四轴协调控制的能力以外，还要有以下具体要求：

① 高可靠性和稳定性，由于本码垛机器人主要针对工业用途，因此对控制系统的可靠性和稳定性有更高的要求，同时也要求采用更成熟的控制硬件和控制算法。

② 本控制系统要求具有良好的可扩展性和可维护性，可与多种电动机配合使用，可以采用多种不同的反馈输入形式。

③ 良好的运动控制性能，保证运动轨迹控制的准确性和平滑性。

④ 较高的数据处理能力，这有利于提高控制系统的实时性，能够独立完成大量的运动分析计算，使其主要完成各任务的协调分配、人机交互界面处理及通信等任务。

7.2.1 控制器的选择

虽然采用基于 PC 的运动控制器和基于 DSP 运动控制器能够实现机器人的运动控制，但很难满足高性能工业机器人的各种要求，同时电路设计及编程复杂，需要有较高的理论基础，且系统价格和可靠性并不是很理想，而采用 PLC 的控制接线简单，只需通过运动控制指令便可实现对机器人的运动控制，同时由于 PLC 在多轴运动协调控制、网络通信方面功能的强大，对机器人的控制成为现实。由 PLC 构成机器人控制器，硬件配置的工作量较小，无须制作复杂的电路板，只需在端子之间接线。PLC 可以支持工业机器人的控制和管理，它的功能是接收输入装置输入的加工信息，经处理与计算，发出相应的脉冲给驱动装置，通过电动机，使工业机器人按预定的轨道运动，以完成多轴伺服电动机的控制。通过对比 3 种典型的工业机器人控制系统，并充分分析新型码垛机器人控制系统设计要求，本章所论述的新型码垛机器人控制器采用 PLC。

7.2.2 驱动方式的选择

工业机器人常用驱动方式有气压驱动、液压驱动、电气驱动 3 种类型，其特点见表 7.1。对机器人运动驱动装置的一般要求如下。

① 驱动装置的质量尽可能要小，单位质量的输出功率（即功率质量比）要高，效率也要高。

② 反应速度要快，即要求力质量比和力矩惯量比要大。

③ 动作平滑，不产生冲击。

④ 控制尽可能灵活，位移偏差和速度偏差要小。

⑤ 安全可靠。

⑥ 操作和维护方便。

⑦ 对环境无污染，噪声要小。

⑧ 经济上合理，尤其是要尽量减少占地面积。

表 7.1　工业机器人常用驱动方式特点的比较

<table>
<tr><th colspan="2">种类</th><th>特点</th></tr>
<tr><td colspan="2">气压驱动</td><td>成本低，出力小，噪声大，控制简单，常用 PLC 控制。但难以准确地控制位置和速度</td></tr>
<tr><td colspan="2">液压驱动</td><td>功率质量比高，低速平稳，需液压动力源。漏油和油性变化影响系统特性，成本较高，用于易爆环境</td></tr>
<tr><td rowspan="3">电气驱动</td><td>步进电动机</td><td>功率小，开环控制，控制简单，但可能失步，精度很难控制</td></tr>
<tr><td>直流电动机</td><td>调速性能好，功率较大，效率较高，但换向器需要维护，不宜用于易爆、多粉尘环境</td></tr>
<tr><td>交流电动机</td><td>维护简单。使用环境不受限制，成本较低，调速性能随着交流驱动技术的发展赶上并超过直流电动机，成为机器人电气驱动中的主要方式</td></tr>
</table>

工业机器人出现的初期，大功率交流伺服驱动技术还不成熟，因此多用液压或气压驱动方式。但是随着，电气伺服驱动技术的日益成熟和大量高性能新型机械传动部件的出现，由于电气伺服驱动容易获得能量来源，干净无污染，容易调控和变换，具有特别好的控制灵活性。随着微电子技术、电力电子技术和特种电动机材料技术的发展，电气伺服控制方式得到了越来越广泛的应用。伺服系统的发展经历了由液压到电气的过程，机器人的关节驱动部分常用的是电气伺服系统。这种电气伺服系统能忠实地跟踪控制命令，得到优良的控制品质，电气驱动机器人所占比例不断增大。如今机器人大多采用电气驱动方式，只有在要求输出力很大、运动精度不高、有防爆要求的场合，液压、气压驱动才会应用。 综上所述，新型码垛机器人关节驱动方式采用交流电动机驱动的伺服系统，抓取货物的抓手采用气压方式驱动，相比于电气、液压驱动方式具有动作迅速、维护简单、工作清洁、过载保护等优点。这样组成的驱动方案能够充分满足控制要求，同时又能使各种驱动方式得到有效的利用。

7.2.3　关节位置控制系统设计

对码垛机器人控制其实就是对关节电动机进行控制，根据码垛机器人的具体工作方式可知，主要是对机器人进行位置控制。位置伺服控制包括位置控制环、速度控制环和电流控制环，这样的三环系统响应速度快，调速范围广，加减速性能好，控制精度高，具有位置控制环的系统才是真正完整意义的伺服系统。

1. 位置伺服环的基本原理

位置伺服系统主要实现机械执行机构对位置指令的准确跟踪，系统输出量一般是负载的空间位移，当给定位置指令变化时，输出量也应能准确无误地跟踪给定量的变化并能复现给定量。位置控制环是伺服系统的外环，接收控制装置插补器将每个插补采样周期发出的指令作为位置环的给定，同时接收每个位置采样周期测量反馈装置测出的实际位置值，然后与给定值进行比较（给定值减去反馈值）得出位置误差。根据伺服系统各环节增益（放大倍数）、倍率及其他要求，对位置环的给定、反馈和误差信号还要进行处理。

数字脉冲比较是构成闭环和半闭环位置控制的一种常用方法。图 7.5 为数字脉冲比较位置控制的半闭环伺服系统。该系统中位置环包括光电脉冲编码器、脉冲处理电路和比较环节等。在半闭环伺服系统中，经常采用由光电脉冲编码器等组成的位置检测装置；在闭环伺服系统中，多采用光栅、磁栅及其电路作为位置检测装置。位置环的工作按负反馈、误差原理工作，有误差就运动，没误差就停止。机器人控制的目的就是按预定性能要求保持机械臂的动态响应，由于机械结构造成其惯性力、耦合反应力和重力负载等都随运动空间的变化而变化，因此要对它进行高精度、高速、高动态品质的控制是相当复杂和困难的。本码垛机器人采用的控制方法是把机械手上的每一个关节都当作一个单独的伺服机构，由于本身的结构特点，各关节间相互独立，因此可以对每一个单独的系统采用 PID 闭环控制，这种方法对码垛机器人来说基本满足实际要求了。机器人运动过程中，为了保证对轨迹的跟踪，位姿特性和轨迹特性是很重要的。位姿特性包括位姿准确度、位姿重复性，轨迹特性包括轨迹准确度、轨迹重复性等。一般来说，机器人的运动轨迹应能通过示教方式和离线编程两种方式来控制，当采用示教方式来控制时，位姿重复性和轨迹重复性至关重要；当采用离线编程方式控制时，位姿准确度和轨迹准确度起重要作用。

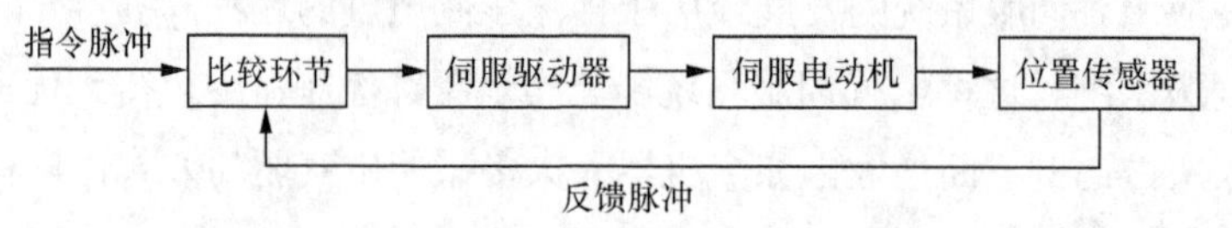

图7.5 数字脉冲比较位置控制的半闭环伺服系统

2. 新型码垛机器人关节位置控制实现

交流伺服电动机位置控制系统，从定位要求来看，将位置传感器直接安装在要定位的机械上是理想的方案，实现所谓的全闭环控制。但实际上，实现在抓手上安装传感器并将位置信息进行反馈比较困难，主要原因是机械安装不便，而且空间位置难以捕捉，在绝大多数的关节式机器人中，很少采用这种闭环方式。因此，本章采用了不同的闭环控制的方案，实际应用中在交流伺服电动机轴的非负载端，可以安装位置传感器，取得反馈信息，构成闭环控制，从而实现位置伺服控制，反馈信息检测点到实际执行机构之间的位置就依靠机械装置本身的精度来保证。由于机器人的结构所限，在运动过程中，各电动机的负载是随时变化的，为了保护电动机和电路，保持运动过程的相对平稳，需要在运动过程中对电流进行控制。本系统采用如图 7.6 所示的三层闭环回路来实现机器人的位置控制。内部是电流环，电流环外面是速度环，最外面一层是位置环。根据机器人变负载的特点，有可能会产生电流的突变及机器人的振动等问题，解决这一问题理想的方法就是进行动力学计算，计算机器人运动过程中任意时刻的力矩，并对力矩进行控制。但这种方法运算量大，很难保证实时性的要求，实际的机器人控制中应用的较少。另一种方法就是在机器人的闭环控制中加入电流环检测，可以有效地解决这个问题。

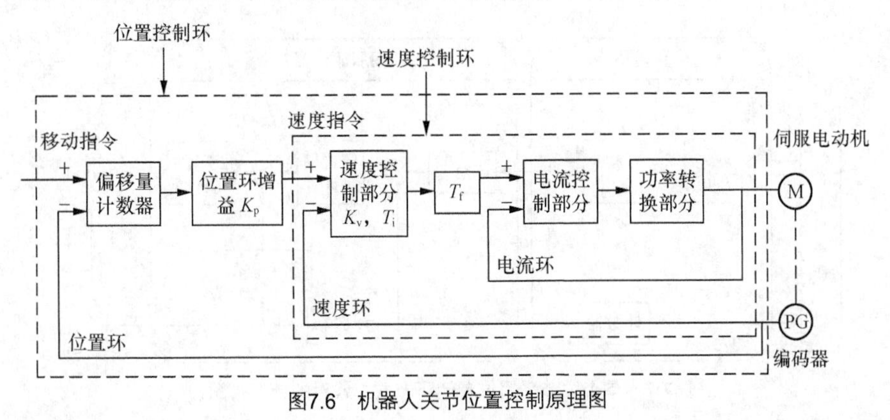

图7.6　机器人关节位置控制原理图

图 7.6 中 K_p 为位置环增益，K_v 为速度环增益，T_i 为速度环积分时间常数，T_f 为转矩指令滤波器时间常数。

在本章选择的交流伺服驱动器内已经做了电流闭环，以有效控制电流的突变，可以使电枢绕组中的电流在幅值和相位上都得到有效控制，从而达到保护设备，提高机器人运行稳定性的目的。交流伺服电动机的控制形式不尽相同，主要有转矩控制、速度控制、位置控制 3 种形式，针对特定的应用场合选择适当的控制方式。稳定的速度可以提高机器人作业质量，速度控制主要是为了使其在定位时不产生振荡。在伺服系统中，为了进行位置控制，要求速度环能有快速响应微动指令的能力，并能在稳态时具有良好的硬度特性，对各种扰动具有良好的抑制作用，提高定位的稳定性。本系统的伺服驱动器也内置了速度闭环，它采用的是比例积分控制规律，比较指令对通过光电编码器获得的电动机的实际速度产生控制量，用户可以根据不同系统的控制要求，通过驱动器调整增益和积分时间来获得满意的位置闭环特性。本系统中，位置环作为外层的控制闭环，是由 PLC 的运动模块来实现的。位置环的 PID 参数可以根据具体需要调节，根据系统的不同伺服要求可在一定范围内设定。基于以上分析，实现了机器人的闭环控制，可满足机器人关节运动控制要求。

3. 结合伺服调谐的驱动方案

伺服单元具有决定伺服响应特性的伺服增益，伺服增益由用户参数设定。交流伺服系统的性能通过调节 PID 参数进行优化。比例系数越大刚性越好，但过大会由于过度反应而产生误差；调节积分系数可以消除系统稳态误差；调节微分系数提供系统稳定所需的阻尼；调节速度前馈作用可减少由阻尼引起的跟随误差，此误差与速度成正比；调节加速度前馈可以减少或消除由系统惯性引起的跟随误差，此误差与加速度成正比。图 7.7 为单个关节采用位置闭环方式工作时的结构示意框图。首先，计算机按绝对坐标或相对坐标方式将目标位置送给运动控制器，然后发送运动开始命令，控制器接到运动开始命令后，根据当前的加速度和速度设置进行运动轨迹计算，给出每一时刻应达到的理想位置坐标，PID 控制部分负责实际位置对理想位置的跟踪控制，跟踪过程直至达到目标位置，或被计算机发出的新的位置目标及运动开始命令所更新时结束。

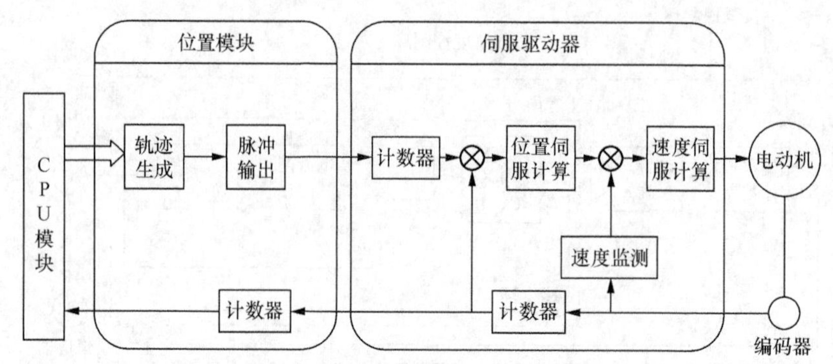

图7.7　单个关节采用位置闭环方式工作时的结构框图

控制系统中采用的驱动器，具有自动调谐功能，可以十分方便地调整位置环及速度环的相应参数。驱动器自动调谐流程图如图 7.8 所示。

本设计中，新型码垛机器人的技术性能指标要求机器人能够连续运转时间不小于 24 小时，并且连续运转 8 小时累积误差不超过±5mm。整个控制系统的误差不仅仅来自于电动机，机械传动机构也是重要的误差来源，电动机的输出经过了带传动和丝杠传动两级传动，这就不可避免地产生了误差的累积，这里采用闭环交流伺服驱动技术来消除系统的误差积累。数字式交流伺服系统调试、使用简单，伺服系统的驱动器对电动机轴后端部的光电编码器进行位置采样，在驱动器和电动机之间构成位置和速度闭环控制系统。一般情况下，这种数字式交流伺服系统大多工作在半闭环的控制方式，即伺服电动机上的编码器反馈既作速度环又作位置环。这种控制方式不能克服或补偿传动结构上的间隙及误差。为了获得更高的控制精度，应在传动结构的运动输出端安装高精度的检测元件，如光栅尺、磁栅尺、光电编码器等，实现闭环控制，其控制原理如图 7.9 所示。

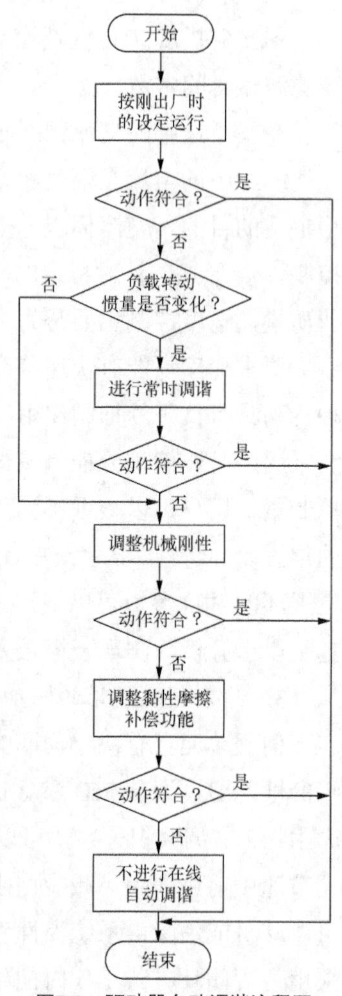

图7.8　驱动器自动调谐流程图

该系统克服了前面提到的半闭环控制系统的缺陷，伺服驱动器直接对装在后一级机械运动传动部件上的光电编码器进行采样，作为位置环，而电动机上的编码器反馈此时仅作为速度环。这样伺服系统就可以消除机械传动存在的间隙（如齿轮或带轮间隙、丝杠间隙等），补偿机械传动件的加工误差

（如丝杠螺距误差等），实现真正的闭环位置控制功能，获得较高的定位精度。

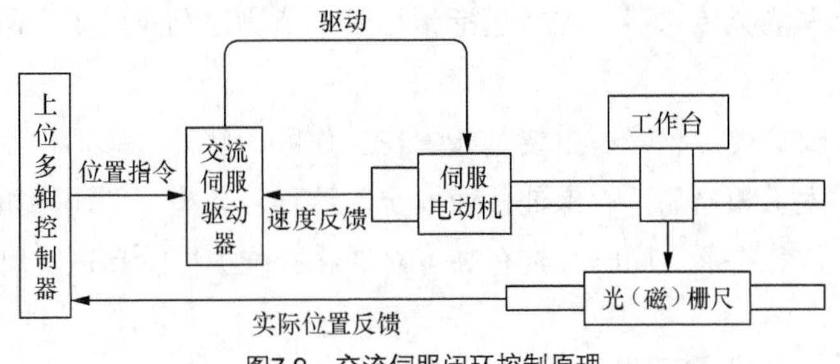

图7.9 交流伺服闭环控制原理

7.2.4 控制系统综述

新型工业码垛机器人控制系统总体方案如图7.10所示。整个控制系统的核心是PLC，主要完成伺服电动机驱动、示教功能及其他外部I/O量的处理等任务。PLC采用模块化设计，可以根据不同任务需求采用不同的模块。本机器人需要采用电源模块、CPU模块、数字量模块、位置控制模块、通信模块等。其中，位置控制模块根据来自CPU模块的命令，生成位置定位用的轨迹，以脉冲串的形式输出位置命令值。按照输出的脉冲串的数量指定电动机的旋转角度，按照频率指定电动机的旋转速度。人机交互设备（触摸屏）接收来自使用者的控制指令，通过与PLC的通信线，控制PLC向电动机发送指令，从而完成码垛任务。示教器主要用于初始示教。PC用于完成PLC控制程序的编写及传输。另外，现场设置安防系统，增加码垛机器人系统安全性及可靠性。执行机构选择交流伺服电动机及驱动器，同时采用编码器反馈，构成闭环控制，从而保证系统运动的精度和准确度。另外，为增强新型码垛机器人的使用功能，机器人须安装3类传感器：

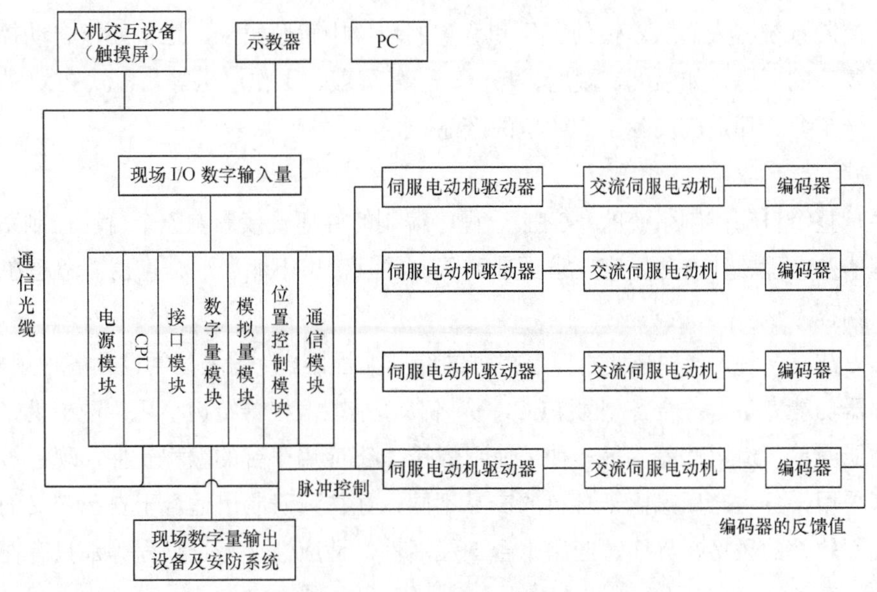

图7.10 新型工业码垛机器人控制系统总体方案

（1）机械部件保护类传感器，主要有机械运动的行程开关等。

（2）货物到位探测类传感器，主要包括传送带上货物检测及码盘上码垛高度检测的光电开关。

（3）人身安全保护类传感器，主要是布置在工作区的红外传感器，用于检测意外进入机器人工作区域的人员和物品，以保证作业安全。这样，新型工业码垛机器人的整个控制系统就能达到设计任务需求，同时又具有高可靠性和可维护性，真正实现工业现场应用。

7.3 PLC相关元件选型

PLC是以微处理器为核心，综合计算机技术、自动控制技术和通信技术发展起来的一种新型工业控制装置，在工业生产中获得了极其广泛的应用。目前，PLC成为工业自动化领域中最重要、应用最多的控制装置。众多生产厂家的各种类型PLC各有优缺点，能够满足用户的各种需求，但与计算机相比，PLC在标准化方面较差，各种PLC的产品互不兼容。所以，PLC的正确选择是非常重要的，可以通过以下几方面的比较，挑选到适合的产品。

1. 控制点数

在自动控制系统设计之初，就应该对控制点数（数字量及模拟量）有一个准确的统计，这往往是选择PLC的首要条件，一般选择比控制点数多10%～30%的PLC。这有以下几方面的考虑：

① 可以弥补设计过程中遗漏的点。

② 能够保证在运行过程中个别点有故障时，可以有替代点。

③ 将来增加点数的需要。

2. 工作环境

自动控制系统将人们从繁忙的工作和恶劣的环境中解脱出来，这就要求自动控制系统能够适应复杂的环境，如温度、湿度、噪声、信号屏蔽、工作电压等。各款PLC的功能不尽相同，一定要选择适应实际工作环境的产品。

3. 编程

程序是整个自动控制系统的“心脏”，程序编制的好坏直接影响整个自动控制系统的运作。编程器及编程软件有些厂家要求额外购买，并且价格不菲，这一点也需考虑在内。

（1）编程方法

编程方法有两种，一种是使用厂家提供的专用编程器。专用编程器也分各种规格型号，大型编程器功能完备，适合各型号PLC，价格高；小型编程器结构小巧，便于携带，价格低，但功能简单，适用性差。另一种是使用依托PC应用平台的编程软件，现已被大多数生产厂家采用。各生产厂家由于各自的产品不同，往往只研制出适合于自己产品的编程软件，而编程软件的风格、界面、应用平台、灵活性、适应性、易于编程等都只有在用户操作之后才能给予评价。

（2）编程语言

编程语言较为复杂，多种多样，看似相同，但不通用。常用的编程语言可以划分为以下 5 类：

① 梯形图，这是 PLC 厂家采用较多的编程语言，最初是由继电器控制图演变过来的，比较简单，对离散控制和互锁逻辑最为有用。

② 顺序功能图，它提供了总的结构，并与状态定位处理或机器控制应用相互协调。

③ 功能块图，它提供了一个有效的开发环境，并且特别适用于过程控制应用。

④ 结构化文本，这是一种类似用于计算机的编程语言，它适用于对复杂算法及数据处理。

⑤ 指令表，它为优化编码性能提供了一个环境，与汇编语言非常相似。

（3）存储器

PLC 存储器是保存程序和数据的地方，一定要根据实际情况选取足够大的存储器，并且要求有一部分空余作为缓存。

PLC 存储器按照类型可分随机存取存储器（RAM）、只读存储器（ROM）、可擦除只读存储器（EPROM）等。RAM 可以任意读写，在失电后程序只能保持一段时间，最适合于在自动控制系统调试时使用。ROM 只能读不能写，程序是由厂家或开发商事先固化的，不能更改，即使失电也不丢失。EPROM 与 ROM 的区别只是 EPROM 通过特殊的方式（如紫外线）可以擦除再写，适合于应用在长时间工作而改动不大的系统中。

（4）是否有专用模块

部分生产厂家的 PLC 产品提供一些专用模块，如通信模块、PID 控制模块、计数器模块、模拟 I/O 模块等。在软件上也提供了与此相对应的程序块，往往只是简单的输入一些参数就能实现，便于用户编程。

4. 售后服务与技术支持

（1）选择好的公司产品。

（2）选择信誉好的代理商。

（3）是否有较强的售后服务与技术支持。

5. 性价比

相对来说，自动控制系统性能的好坏优先于价格的选择。只是在前面几项比较接近，又不易选择时，才考虑价格因素，选择性价比比较高的产品。

在实际选型过程中，往往受到多方面的制约，不一定要考虑以上全部方面，但其中有些项是必须考虑的，而存在的问题也必须通过其他替代方式加以解决。

7.4 系统功能设计

新型码垛机器人软件系统设计的主要目的和基本任务就是在规范、合理的操作流程的前提下实现机器人作业功能。软件系统设计主要包括PLC程序设计及人机交互系统的设计。软件的规划主要包括以下几个方面。

1. 路径规划程序的编写

为了使新型码垛机器人的工作具有足够的灵活性，路径的产生可以有不同的方法，在实际应用中，通过示教器进行路径规划，是直观、简单的方式，不同的示教点的选取将产生不同的运动路径，适应不同的工作要求。

2. PLC 控制程序的编写

PLC 程序设计主要完成对 4 个关节电动机的运动控制，以及外部 I/O 量的处理。除了对伺服电动机的控制，还包括在电动机运行过程中对电动机运行状态的监控，及时返回当前的工作情况。另外，在电动机运动的过程中，还需要对工作环境中的触发信号及时响应，这些均是控制程序的一部分。

3. 人机交互程序的编写

本设计针对工业应用的码垛机器人，要充分考虑现场作业的实际情况和实际操作者的操作习惯，首先人机交互界面要友好、简单、直观，操作步骤简练；提高灵活性，充分考虑工厂实际应用需求；实时监控示教过程及记录的参数，并对所记录的数据与选定的工作方式参数进行校对，具备自检功能，提高使用可靠性，减少人为使用错误；对系统工作情况实时监控并进行记录和显示，方便维护管理。

在进行码垛机器人软件系统设计之前，需要首先分析码垛机器人作业要求，提出码垛机器人作业基本功能，完善操作流程，这样软件系统才能够真正达到设计要求。

7.4.1 轴系数的计算

新型码垛机器人机械臂负载端在柱坐标系中 4 个方向上的运动与 4 个电动机轴的运动是直接关系的，通过负载端与电动机轴之间的减速装置和传动机构可以推出两者之间的关系，我们把这个关系称为轴系数。下面分别推导 4 个轴的轴系数。

1. 1 号电动机轴

1 号电动机轴是抓手的旋转轴，以度（°）为单位，1 号电动机安装减速比为 1:100 的减速机，电动机驱动器的缩放系数设置为 2 048cts/转，因此对于抓手来说是 2 048×100cts/转，即 2 048×100/360cts/° ≈568.9cts/°。

2. 2 号电动机轴

2 号电动机轴负责抓手的垂直方向运动，以毫米（mm）为单位，采用滚珠丝杠＋同步带的减速装置，丝杠导程为 12mm，带轮减速比为 1:3，电动机驱动器的缩放系数设置为 32 768cts/转，传动机构放大倍数为 5 倍，轴系数为 32 768×3/(12×5) cts/mm＝1 638.4cts/mm。

3. 3 号电动机轴

3 号电动机轴负责抓手的水平方向运动，以毫米（mm）为单位，采用滚珠丝杠＋同步带的减速装置，丝杠导程为 10mm，带轮减速比为 1:3，电动机设置为 32 768cts/转，传动机构放大倍数为 6 倍，轴系数为 32 768×3/(10×6)cts/mm＝1 638.4cts/mm。

4. 4 号电动机轴

4 号电动机轴为主旋转轴，以度（°）为单位，采用谐波减速器和带轮传动，谐波减速器的减速比为 1:120，同步带减速比为 2:5，电动机设置为 32 768cts/转，因此轴系数为 32 768×120×5/(2×360)cts/° ≈27 306.7cts/°。

7.4.2 码垛作业流程综述

新型码垛机器人作业流程：启动后，各个机械臂进行回零复位，检测相关工作状态信息后，进行工作数据的输入。自检无误后进行路径规划，然后开始工作。新型码垛机器人作业流程图如图 7.11 所示。整个作业流程中涉及回零复位、示教、路径规划等几个主要的分功能，可以根据作业流程提出新型码垛机器人的功能树。

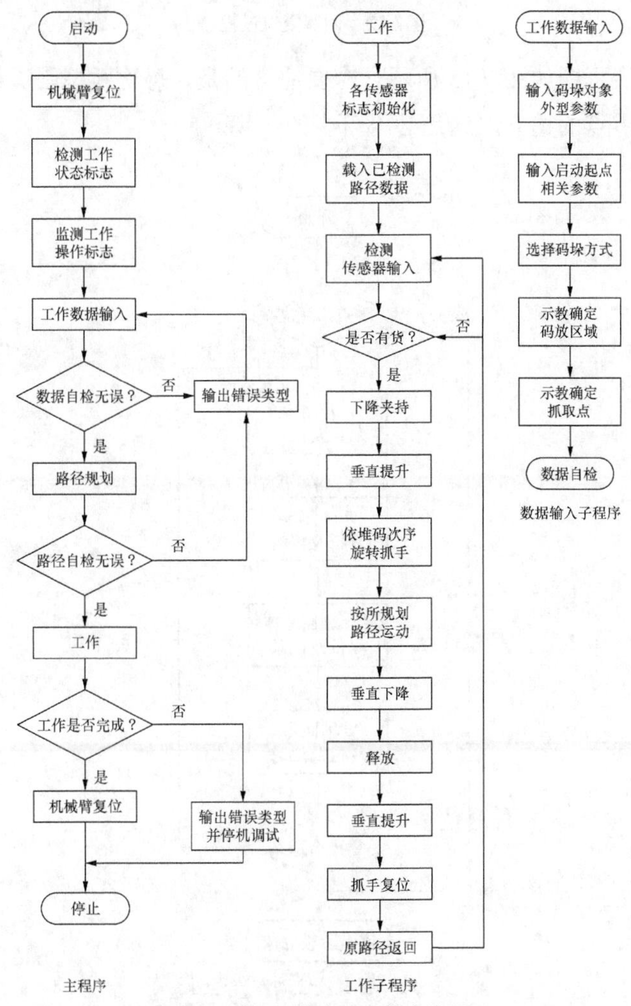

图7.11　新型码垛机器人作业流程图

7.4.3 回零复位流程分析

新型码垛机器人在进行码垛作业前需要进行回零复位，建立零点，从而方便后续工作的进行。回零复位原理：开始后，各轴向负方向运动，直到触碰到负行程开关，然后以较低速度向正方向运动一定的脉冲数，停止后，所在位置即为零点位置。这样零点位置建立后，其他运动均以此零点作为基础。回零复位过程如图 7.12 所示。

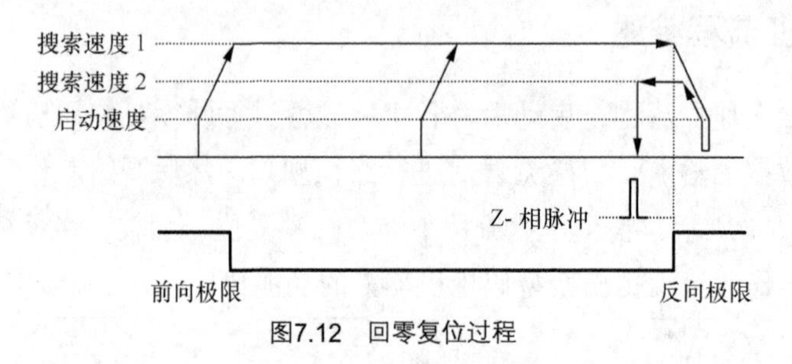

图7.12 回零复位过程

回零复位动作流程图如图 7.13 所示。需要注意的是，每次新型码垛机器人上电后，均需要在作业前进行零点的建立，这是必不可少的一步。

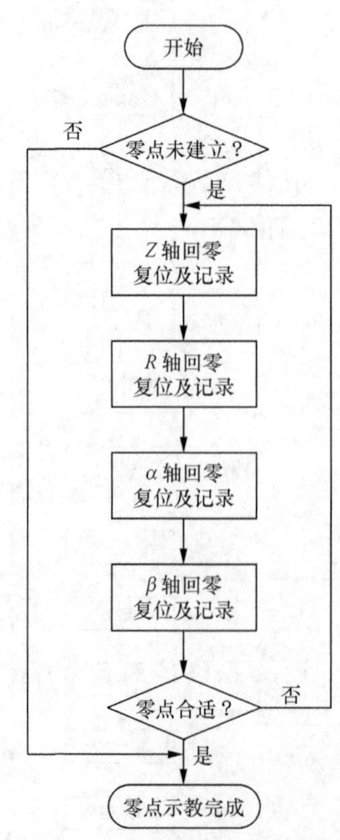

图7.13 回零复位动作流程图

7.4.4　结合示教功能的路径规划分析

路径规划是指给定机器人的初始位姿及机器人末端的目标位姿，在移动机器人各广义坐标的工作范围内寻找一条无碰撞路径。本章设计的新型码垛机器人面向工业应用，要求机器人的工作易于控制，尽量简化操作者的工作步骤。工作步骤的简化也从另一方面减少了误操作的可能性，提高了稳定性和可靠性。因此，这里采用了结合示教的路径规划方法，并以简化工作过程为目的设计路径规划算法。工业上操作机器人一般有示教编程和语言编程两种方式，示教编程更直观、更简单易学。考虑实际的工作环境，本设计采用示教盒示教。采用示教盒可以使操作更直观、简便，降低对操作者的培训难度，节省操作空间，适应特殊的码垛对象和工作环境。对于新型码垛机器人来说，码垛作业对机器人的起止点位姿有要求，在路径中间只有速度、加速度和空间限制，点位控制只要求满足起止点位姿，在轨迹中间只有关节的几何限制、速度和加速度约束；为了保证运动的连续性，要求速度连续，各轴协调。所以，点位控制即可满足新型码垛机器人的控制要求。我们选择结合示教的点位路径规划方法，实现新型码垛机器人的点位控制。在示教之前，需要通过触摸屏输入码垛对象的相关参数，之后只需通过示教盒操纵机器人确定抓取点和放置点，即可根据特定算法形成路径如图 7.14 右图所示①～②，而不需要像传统示教那样，需要提取运动路径上的多个点（图 7.14 左图①～⑧个点）的位置信息，再对其进行插补确定具体路径，从而大大简化示教过程，如图 7.14 所示。

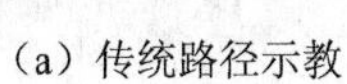
（a）传统路径示教

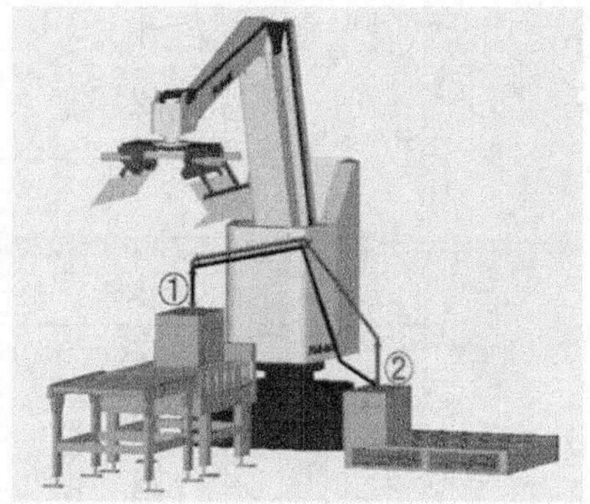

（b）简化路径示教

图7.14　传统路径示教与简化路径示教对比

结合示教的路径规划流程图如图 7.15 所示，码垛对象的外形参数包括其形状和尺寸参数，启动起始点相关参数包括启动时抓手低点距堆垛平面的距离、抓手几何中心至传送带端面距离、抓手的爪钩间距、释放高度等，码放区域的确定只需要通过示教确定该区域的对角线的两个端点即可，由此可以根据码垛方式及之前的输入参数确定路径的终止点，这样就可以确定一条路径。

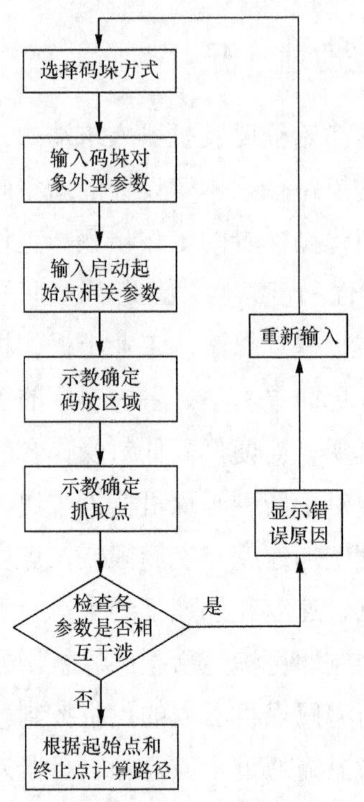

图7.15　结合示教的路径规划流程图

7.4.5　新型码垛机器人基本功能树

码垛机器人的基本功能可以分为 4 大部分：示教、码垛作业、系统设置、维护。其中，系统设置包括出厂默认设置功能，在用户初次使用时需进行用户初始化设置，主要内容有设定用户密码、零点示教等。新型码垛机器人基本功能树如图 7.16 所示。

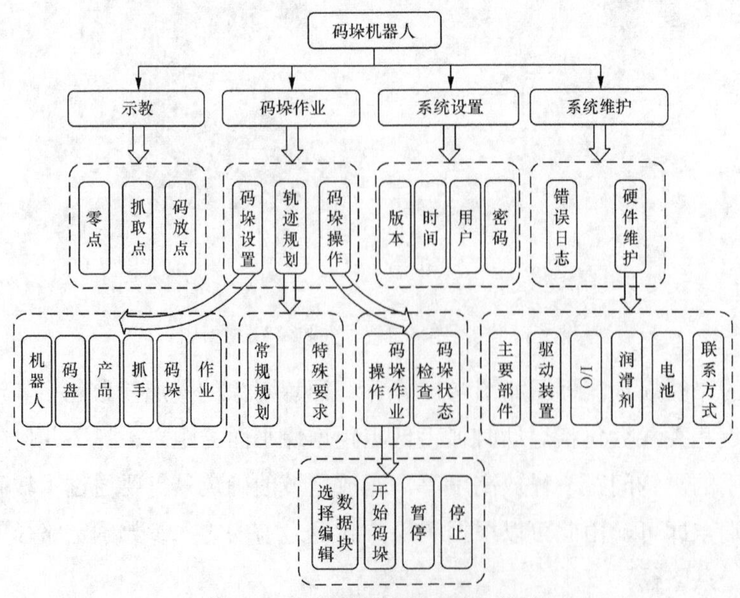

图7.16　新型码垛机器人基本功能树

7.5　空间四轴脉冲坐标系确定

码垛机器人为了实现货物的出入库动作，需要在空间几个固定点（如出库端、原点、各仓格点等）之间来回运行，对其各轴的运动轨迹并无要求，也不需要进行插补运算，所要求的只是不要与仓库发生干涉并快速高效地移动。因此，这里提出“空间四轴脉冲坐标系”的概念，以简单直白的形式实现码垛机器人的出入库动作编程。

所谓空间四轴脉冲坐标系，就是以直角坐标系为原型，建立以各轴脉冲量为坐标的空间坐标系来确定码垛机器人末端的空间位置。

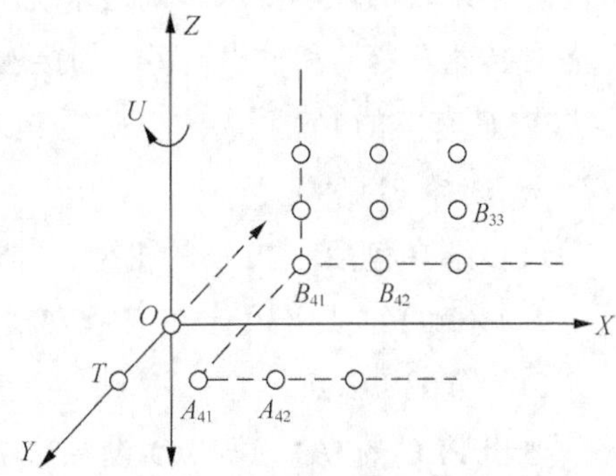

图7.17　空间直角坐标系

首先建立以码垛机器人四轴为基准的空间直角坐标系，如图 7.17 所示。其中 U 轴为旋转轴，只有 3 个状态：复位（0°）、仓库 1（90°）、仓库 2（–90°），分别定义其坐标为（0）、（1）、（–1）。O 点为坐标原点，也是码垛机器人的复位原点，即各轴的原点开关位置，T 点为出入库端点，A_{41}、A_{42} 分别为仓库 1 的四行一列和四行二列（其余各仓格没有列出），B_{41}、B_{42}、B_{33} 分别为仓库 2 的四行一列、四行二列和三行三列（其余各仓格没有列出）。码垛机器人和仓库安装时的相对位置是固定的，所以可以分别给出各点的空间四轴直角坐标：O（0，0，0，0）、T（0，250，0，1）、A_{41}（350，250，0，1）、A_{42}（600，250，0，1）、B_{41}（350，–250，0，–1）、B_{42}（600，–250，0，–1）、B_{33}（850，–250，250，–1），其中 X、Y、Z 坐标单位都是 mm。

因为伺服电动机每转 12 800 个脉冲（Pulse），伺服电动机通过联轴器与滚珠丝杠直连，传动比为 1，丝杠导程为 10mm，所以每移动 10mm 需要 12 800p，脉冲数与移动距离之间的换算就是 1 280p/mm。U 轴比较特殊，采用的是蜗轮蜗杆传动，脉冲数与角度之间的换算是 12 800p/°，所以 U 轴的 3 个坐标（0）、（1）、（–1）分别对应的脉冲量是（0）、（1 152 000）、（–1 152 000）。

根据以上换算关系，将空间直角坐标转换成脉冲量，就得到了空间四轴脉冲坐标系，该坐标系下，每个空间位置都用码垛机器人四轴的脉冲量来唯一表示，只要将脉冲坐标指令发送给伺服电动机，码垛机器人就会移动到该坐标相应的空间位置，实现精确定位。

在空间四轴脉冲坐标系下，以上几个点的脉冲坐标分别为 O（0，0，0，0）、T（0，3 200 00，0，1 152 000）、A_{41}（448 000，32 000，0，1 152 000）、A_{42}（768 000，320 000，0，1 152 000）、B_{41}（448000，–320 000，0，–1 152 000）、B_{42}（768 000，–320 000，0，–1 152 000）、B_{33}（1 088 000，–320 000，320 000，-152 000），坐标单位都是 p（脉冲量）。

7.6　PLC 系统软件设计

基于 PLC 控制系统设计的 8 大步骤介绍如下。

1．分析被控对象并提出控制要求

详细分析被控对象的工艺过程及工作特点，了解被控对象机、电、液之间的配合，提出被控对象对 PLC 控制系统的控制要求，确定控制方案，拟定设计任务书。

2．确定 I/O 输出设备

根据系统的控制要求，确定系统所需的全部输入设备（如按钮、位置开关、转换开关及各种传感器等）和输出设备（如接触器、电磁阀、信号指示灯及其他执行器等），从而确定与 PLC 有关的 I/O 设备，以确定 PLC 的 I/O 点数。

3．选择 PLC

PLC 选择包括对 PLC 的机型、容量、I/O 模块、电源等的选择，详见 7.2 节。

4．分配 I/O 点并设计 PLC 外部硬件线路

（1）分配 I/O 点

画出 PLC 的 I/O 点与 I/O 设备的连接图或对应关系表，该部分也可在“确定 I/O 设备”时进行。

（2）设计 PLC 外部硬件线路

画出系统其他部分的电气线路图，包括主电路和未进入 PLC 的控制电路等。

由 PLC 的 I/O 连接图和 PLC 外部电气线路图组成系统的电气原理图。到此为止，系统的硬件电气线路已经确定。

5．程序设计及模拟调试

（1）程序设计

根据系统的控制要求，采用合适的设计方法来设计 PLC 程序。程序要以满足系统控制要求为主线，逐一编写实现各控制功能或各子任务的程序，逐步完善系统指定的功能。除此之外，程序通常还应包括以下内容：

① 初始化程序。在 PLC 得电后，一般要做一些初始化的操作，为启动做必要的准备，避免系统发生误动作。初始化程序的主要内容有对某些数据区、计数器等进行清零，对某些数据区所需数据进行恢复，对某些继电器进行置位或复位，对某些初始状态进行显示等。

② 检测、故障诊断和显示等程序。这些程序相对独立，一般在程序设计基本完成时再添加。

③ 保护和联锁程序。保护和联锁是程序中不可缺少的部分，必须认真加以考虑。它可以避免由于非法操作而引起的控制逻辑混乱。

（2）程序模拟调试

程序模拟调试的基本思想是，以方便的形式模拟产生现场实际状态，为程序的运行创造必要的环境条件。根据产生现场信号的方式不同，模拟调试有硬件模拟法和软件模拟法两种形式。

① 硬件模拟法是使用一些硬件设备（如用另一台 PLC 或一些输入器件等）模拟产生现场的信号，并将这些信号以硬接线的方式连到 PLC 系统的输入端，其时效性较强。

② 软件模拟法是在 PLC 中另外编写一套模拟程序，模拟提供现场信号，其简单易行，但时效性不易保证。模拟调试过程中，可采用分段调试的方法，并利用编程器的监控功能。

6. 硬件实施

硬件实施方面主要进行控制柜（台）等硬件的设计及现场施工。其主要内容如下。

① 设计控制柜和操作台等部分的电气布置图及安装接线图。

② 设计系统各部分之间的电气互连图。

③ 根据施工图纸进行现场接线，并进行详细检查。

由于程序设计与硬件实施可同时进行，因此 PLC 控制系统的设计周期可大大缩短。

7. 联机调试

联机调试是将通过模拟调试的程序进一步进行在线统调。联机调试过程应循序渐进，从 PLC 只连接输入设备，再连接输出设备，再接上实际负载等逐步进行调试。若不符合要求，则对硬件和程序进行调整。通常只需修改部分程序即可。

全部调试完毕后，交付试运行。经过一段时间运行，如果工作正常、程序不需要修改，应将程序固化到 EPROM 中，以防程序丢失。

8. 整理和编写技术文件

技术文件包括设计说明书、硬件原理图、安装接线图、电气元件明细表、PLC 程序及使用说明书等。

第 8 章　PLC 液体混合控制系统

在炼油、化工、制药等行业中，多种液体混合不仅是必不可少的工序，还是其生产过程中十分重要的组成部分。在多种液体的混合控制中，较常用的控制方式有 PLC 控制、单片机控制和继电器系统控制等。传统的控制方式为继电器控制，该控制系统的接线较为复杂，故障率高，并且经常由于触点接触不良等原因更换继电器。单片机控制程序固化，扩展性能差，不利于控制系统的改进升级。以往常采用传统的继电器接触器控制，使用硬连接电器多，可靠性差，自动化程度不高。国内许多地方的此类控制系统主要采用 DCS，这是由于液位控制系统的仪表信号较多，采用此系统性价比相对较好。随着电子技术的不断发展，PLC 在仪表控制方面的功能已经不断强化，用于回路调节和组态画面的功能不断完善，而且 PLC 的抗干扰的能力也非常强，对电源的质量要求比较低。目前，已有许多企业采用先进控制器对传统接触控制进行改造，大大提高了控制系统的可靠性和自控程度，为企业提供了更可靠的生产保障，PLC 在工业控制系统中得到了良好的应用。采用 PLC 对容器中的液位进行监控控制，其电路结构简单，设备投资少，监控系统不仅自动化程度高，还具有在线修改功能，灵活性强等优点，适用于多段液位控制的监控场合。本章介绍 PLC 液体混合控制系统。

8.1　整体控制要求

本系统由计算机、生产线现场控制柜、搅拌电动机、位置检测装置及报警装置组成。上位计算机安装在控制室，用以收发并显示液体混合生产线的信号，记录、存储、显示和控制现场的运行状态。液体混合生产线现场控制柜安装在生产线现场，在控制柜上可以手动操作，也可以自动操作，电动机及位置传感器等安装在生产线上，受现场控制柜控制。控制系统框图如图 8.1 所示。

多种液体混合装置的原理图如图 8.2 所示。电磁阀 YV1 控制液体 A 在容器内的注入量，电磁阀 YV2 控制液体 B 在容器内的注入量，电磁阀 YV3 的作用是待液体 A、B 在容器内搅拌完毕后导出，使之进入下一环节操作。液位传感器分别为 SL1、SL2 和 SL3，用于测量加入的液体的量。

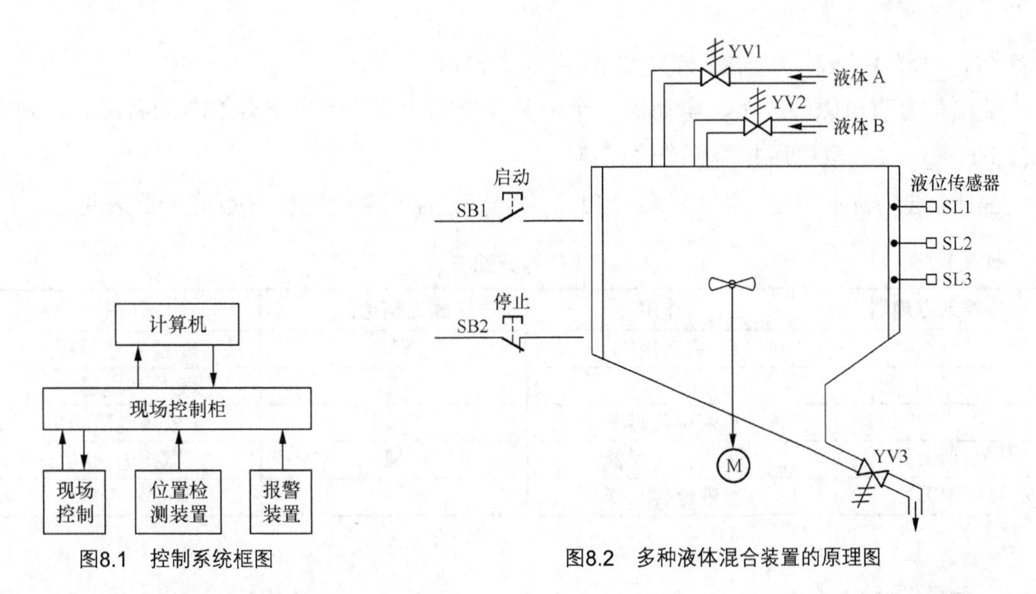

图8.1 控制系统框图

图8.2 多种液体混合装置的原理图

整个控制系统的工作过程如下。

（1）初始状态

容器为空，内部无液体。电磁阀YV1、YV2、YV3和搅拌电动机M为OFF关断状态，液位传感器 SL1、SL2、SL3均为OFF状态。液面高度关系：SL1＞SL2＞SL3。

（2）启动操作

按下启动按钮SB1，首先液体A、B阀门关闭，混合液阀门打开20s将容器放空后关闭。

然后液体混合装置按照以下给定规律操作：

YV1=ON，液体A将流入容器，液面上升；当液面达到SL2处时，SL2=ON，使YV1=OFF，YV2=ON，即关闭液体A阀门，打开液体B阀门，停止液体A流入，液体B开始流入，液面上升。

当液面达到SL1处时，SL1=ON，使YV2=OFF，M=ON，即关闭液体B阀门，液体停止流入，开始搅拌。

搅拌电动机工作1min后，停止搅拌（M=OFF），放液阀门打开（YV3=ON），开始放液，液面开始下降。

当液面下降到SL3处时，SL3由ON变到OFF，再过20s，容器放空，使放液阀门YV3关闭，开始下一个循环周期。

（3）停止操作

在任何时候按下停止按钮SB2后，要将当前容器内的混合工作处理完毕后（当前周期循环到底），才能停止操作（停在初始位置上），否则会造成浪费。

8.2 PLC相关元件选型

输入信号有按钮2个、液位传感器3个，共5个输入信号。考虑留有15%的备用点，即 5×(1＋15%)=5.75，取整数 6，因此共需 6 个输入点。

输出信号有电磁阀 3 个、电动机 1 个，共 4 个输出点，考虑留有 15%的备用点，则 4×(1＋15%)=4.6，取整后共需 5 个输出点。

因此，选用日本三菱电机 FX 系列 PLC 完全满足控制系统要求。I/O 点分配表见表 8.1。

表 8.1 I/O 点分配表

输入继电器	作用	输出继电器	作用
X0	启动按钮	YV1	液面 A 电磁阀
X1	停止按钮	YV2	液面 B 电磁阀
SL1	液位传感器	YV3	放液电磁阀
SL2	液位传感器	M	搅拌电动机
SL3	液位传感器		

8.3 硬件设计

基于日本三菱电机 FX 系列 PLC 实现多种液体自动混合装置控制系统的 I/O 接线图，如图 8.3 所示。

图 8.3 中，PLC 外部接线图左边一排为输入，其中 X0、X1、X2、X3、X4 分别与 SB1、SB2、SL1、SL2、SL3 相连；右边一排为输出，其中 Y0、Y1、Y2、Y3 分别与 YV1、YV2、YV3、M 相连。

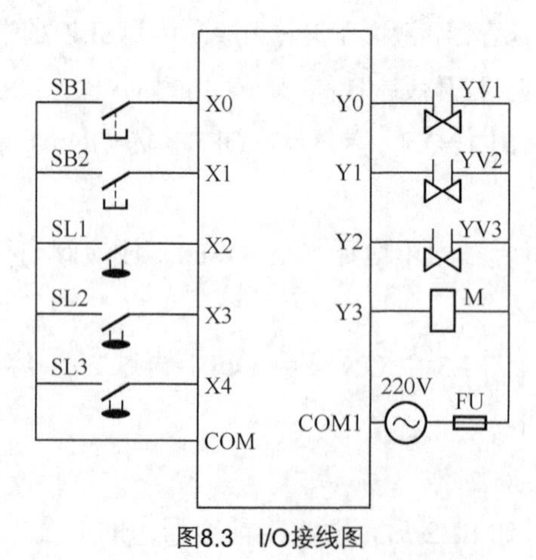

图8.3 I/O接线图

8.4 软件设计

采用 PLC 编程中常用的梯形图进行编译、调试和修改，并采用模块化、结构化的程序设计方法。根据控制接线原理、工艺控制流程及日本三菱电机 FX 系列 PLC 的编程规则，设计出系统控制顺序功能图，如图 8.4 所示，对应的控制程序梯形图如图 8.5 所示。

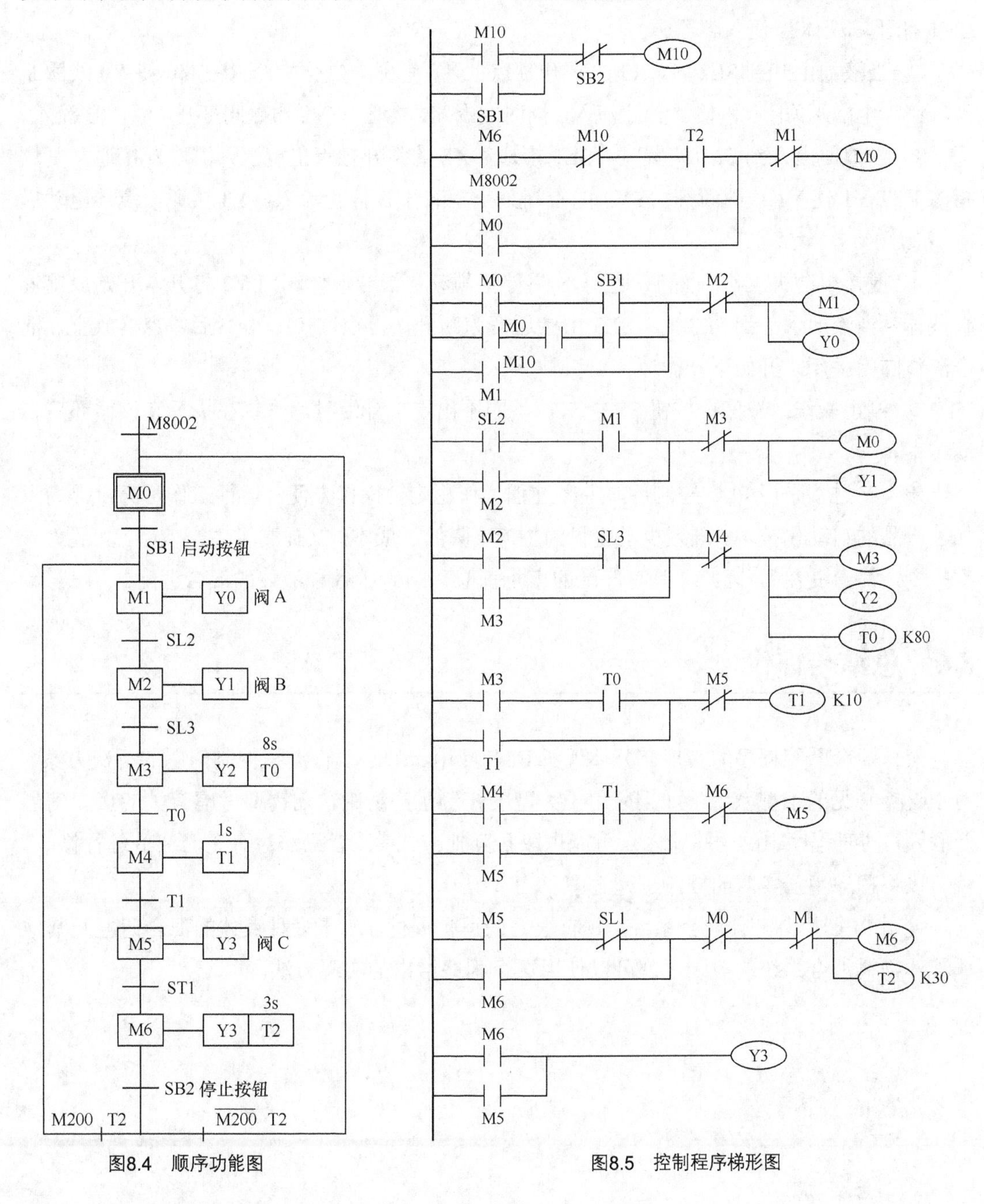

图8.4　顺序功能图　　　　图8.5　控制程序梯形图

8.5　系统运行与调试

程序运行说明如下。

① 启动操作：按启动按钮 SB1（X0），装置投入运行。首先液体 A、B 阀门关闭，混

合液阀门 Y2 打开 20s 将容器放空后关闭。20s 时间到，使 Y0 保持接通，液体 A 电磁阀 YV1 打开，液体 A 流入容器。

② 当液面上升到 SL2 时，X3 的常开触点上升沿接通，复位指令 RST Y0 使 Y0 线圈断开，YV1 电磁阀关闭，液体 A 停止流入，同时线圈 Y1 接通，YV2 电磁阀打开，液体 B 流入。

③ 当液面上升到 SL1 位置时，SL1 接通，X2 的常开触点出现上升沿触发接通，复位指令 RST Y1 使 Y1 线圈断开，YV2 电磁阀关闭，液体 B 停止流入。Y3 接通，搅拌电动机 M 开始搅匀。

④ 搅拌电动机工作时间 T0 达到 8s 后停止搅动；混合液体阀门 Y2 打开，开始放出混合液体。当液面下降到 SL3 时，SL3 由接通变为断开，再经过 T1（1s）后，容器放空，混合液体阀门关闭，开始下一循环。

⑤ 停止操作：按停止按钮 SB2（X1），即不出现上升沿时，系统在执行完该循环后自动结束。

该生产过程采用 PLC 控制后，生产过程工作稳定，操作方便，运行工作可靠，提高了加工产品的自动化技术。既减少了废料的生产，降低了成本，又提高了生产效率，可谓“一次投资，终身受益”。因此，具有广阔的市场前景，适合于各种液体的混合调配。

8.6 总结与评价

液体混合系统程序的实现充分体现了 PLC 应用于顺序动作过程控制问题的解决方案。对于这类常见的小型系统，如果应用于大型的控制生产线中，还需要考虑有关的接口信号及联锁，同时程序中的一些输入点可能也取自其他方式，读者只需对有关的细节进行修改，就可以将程序用于实际的控制过程之中。

使用 PLC 控制液体混合系统，具有很好的可扩展性。对于多种液体的混合问题及其他非液体物料混合系统的控制，都可以使用这个程序给出的实现方法。

第 9 章　PLC 工业电镀流水线控制系统

本章主要介绍利用三菱 FX_{2N} 系列 PLC 来控制电镀自动生产线。上料时，采用 PLC 控制机械手自动上料，电镀过程用 PLC 控制行车来进行电镀，行车在前后运行及停车时采用能耗制动，以保证准确定位，并且行车在每个槽位停留的时间由定时器控制，可根据工艺需要由外部设定。机械手与行车有多种操作方式，根据实际生产的需要，主要有自动循环、单周期、单步操作、手动操作 4 种操作方式。采用 PLC 对专用行车的工作过程进行控制的方法，简化了控制系统的接线，提高了系统的可靠性和灵活性，在实际生产中减少了劳动力，提高了工作效率。

9.1　整体控制要求

9.1.1　控制要求

由于每个槽位之间的跨度较小，行车在前、后运行停车时要有能耗制动，以保证准确停位。电镀行车采用两台三相异步电动机分别控制行车的升降和进退，采用机械减速装置。电动机数据：J02-12-4，P=0.81kW，I=2A，n=1 410r/min，V=380V。

其控制要求：

① 电镀工艺应能实现 4 种操作方式：自动循环、单周期、步进操作、手动操作。

② 前、后运行和升降运行应能准确停位，前、后升降运行之间有互锁作用。

③ 该装置采用远距离操作台控制行车运行，要求有暂停控制功能。

④ 行车运行采用行程开关控制，并要求有过限位保护。

⑤ 行车升降，进退都采用能耗制动，升降电动机和进退运动电动机的制动时间都为 2s，1～5 号槽位的停留时间依次为 2.5s、2.6s、2.7s、2.8s、3s。

⑥ 在原位的装料由机械手来完成，机械手的操作方式和电镀自动生产线相同。

⑦ 利用现有的 PLC 及电气控制实验台进行接线调试，以满足设计要求。

9.1.2　控制方案

在电镀生产线一侧（原位），将待加工零件装入吊篮，并发出信号，专用行车便提升前进，到规定槽位自动下降，并停留一段时间（各槽停留时间预先按工艺设定）后自动提升，行至下一个电镀槽，完成电镀工艺规定的每道工序后，自动返回原位，卸下电镀好的工件重新用机械手自动装料，进入下一个电镀循环。

9.2 PLC 相关元件选型

9.2.1 机械结构

电镀专用行车采用远距离控制，起吊质量在 500kg 以下，起重物品是有待进行电镀或表面处理的各种产品零件。根据电镀加工工艺的要求，电镀专用行车的动作流程图如图 9.1 所示，图中 1～11 分别为去油槽、清洗槽、酸洗槽、清洗槽、预镀铜槽、清洗槽、镀铜槽、清洗槽、镀镍（铬）槽、清洗槽、原位槽。实际生产中，电镀槽的数量由电镀工艺要求决定，电镀的种类越多，槽的数量越多。图 9.1 具体槽位如下。

① 去油工位：具有电热升温的碱性洗涤液，用于去除工件表面的油污。大约需要浸泡 5min。此工位安装有可控温度的加热器。

② 清洗工位：是清水洗涤，清洗工件表面从上一个工位带来的残留液体。不需要浸泡，在此工位清洗一下即可。

③ 酸洗工位：液体用稀硫酸调制而成，用来去除工件表面的锈迹。大约需要浸泡 5min。

④ 清洗工位：是清水洗涤，清洗工件表面从上一个工位带来的残留液体。不需要浸泡，在此工位清洗一下即可。

⑤ 预镀铜工位：盛有硫酸铜液体的工位镀槽，在该工位要对工件进行预镀铜处理。大约需要浸泡 5min。

⑥ 清洗工位：是清水洗涤，清洗工件表面从上一个工位带来的残留液体。不需要浸泡，在此工位清洗一下即可。

⑦ 镀铜（亮镀铜）工位：盛有硫酸铜液体的工位镀槽，具有铜极板，由电镀电源供电，电压、电流连续可调，在该工位要对工件进行亮镀铜处理。大约需要浸泡 15min。具有可调温度的加热器。由于该工位时间较长（是其他工位的 3 倍），因此该工位平均分为 3 个相同的部分 7-1、7-2、7-3。

⑧ 清洗工位：是清水洗涤，清洗工件表面从上一个工位带来的残留液体。不需要浸泡，在此工位清洗一下即可。

⑨ 镀镍（铬）工位：液体用稀硫酸调制而成，具有镍（铬）极板，由电镀电源供电，电压、电流连续可调。具有可调温度的加热器。

⑩ 清洗工位：是清水洗涤，清洗工件表面从上一个工位带来的残留液体。不需要浸泡，在此工位清洗一下即可。

⑪ 原位：用于装卸挂件。

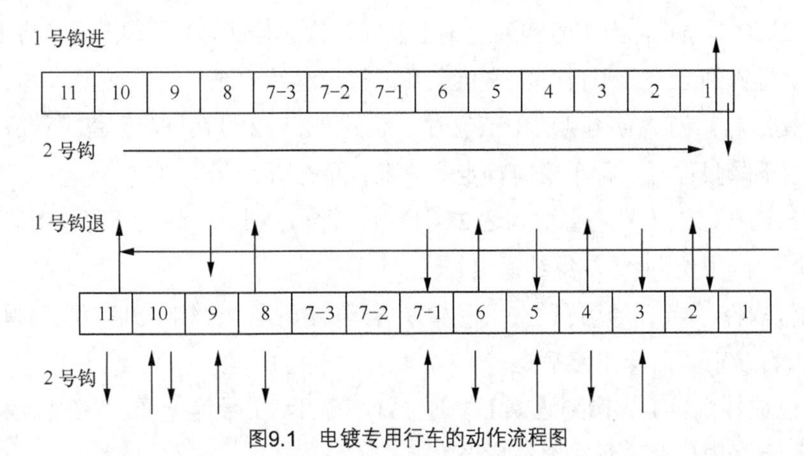

图9.1　电镀专用行车的动作流程图

电镀专用行车的结构图如图 9.2 所示。电镀专用行车的电动机与吊钩电动机装在个密封的有机玻璃盒子内，在盒子下方，有 4 个小轮来支撑行车的水平运动。图 9.2 中只画了 1 号钩的运动结构图，1 号钩在滑轮机构下方，通过一系列传动来拉动钢丝绳从而实现升降控制。2 号钩的运动结构图与 1 号钩的对称，其运动原理也是一样的，因此略过。在行车箱一旁，安有两个铁片，用于在工位处接触行程开关，使行车停止来完成此工位的工艺。

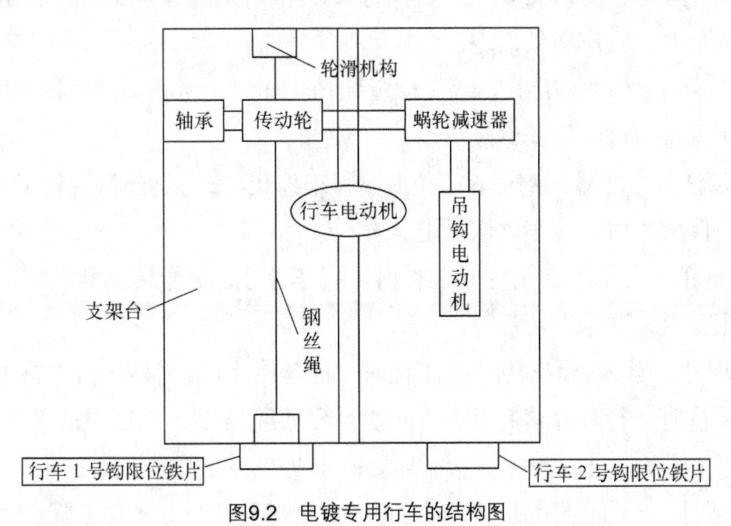

图9.2　电镀专用行车的结构图

9.2.2　工作过程

整个设备工作过程如下。

① 整个过程要用变频调速器来实现启动时的平稳加速。一台行车沿导轨行走，带动 1 号、2 号两个调钩来实现动作，即有 3 台电动机—行车电动机、1 号钩电动机、2 号钩电动机。

② 行车归位。按下启动按钮，无论行车在任何位置都要进行空钩动作，将两钩放置最低位置，行车回到原位停止。

③ 行车送件。2 号钩挂上挂件后，系统启动，2 号钩上升到达上升限位，行车快速向 1 工位前进，中途不停止，当 1 号钩到达 1 工位时，行车停止，1 号钩上升，将 1 工位的工件取出，当 1 号钩到达上升限位时，停止上升，行车继续前进。

④ 2 号钩放料。当 2 号钩到达 1 工位时，行车停止，2 号钩下降，将工件放入 1 工位，当 2 号钩到达下降限位时，行车反向行走——准备单循环。

⑤ 2 工位清洗。当 1 号钩再次到达 2 工位时，行车停止，1 号钩下降（到达下降限位）→上升（到达上升限位），行车继续后退。

⑥ 3 工位取件。当 2 号钩到达 3 工位时，行车停止，2 号钩上升，将工件取出，当 2 号钩到达上升限位时，行车继续后退。

⑦ 3 工位放件。当 1 号钩到达 3 工位时，行车停止，1 号钩下降，将工件放入 3 工位，当 1 号钩到达下降限位时，行车继续后退。

⑧ 4 工位清洗。当 2 号钩到达 4 工位时，行车停止，2 号钩下降，将工件放入 4 工位，当 2 号钩到达下降限位时，行车继续后退。

⑨ 4 工位取件。当 1 号钩到达 4 工位时，行车停止，1 号钩上升，将工件取出，当 1 号钩到达上升限位时，行车继续后退。

⑩ 5 工位取件。当 2 号钩到达 5 工位时，行车停止，2 号钩上升，将工件取出，当 2 号钩到达上升限位时，行车继续后退。

⑪ 5 工位放件。当 1 号钩到达 5 工位时，行车停止，1 号钩下降，将工件放入 5 工位，当 1 号钩到达下降限位时，行车继续后退。

⑫ 6 工位清洗。当 2 号钩到达 6 工位时，行车停止，2 号钩下降，将工件放入 6 工位，当 2 号钩到达下降限位时，行车继续后退。

⑬ 6 工位取件。当 1 号钩到达 6 工位时，行车停止，1 号钩上升，将工件取出，当 1 号钩到达上升限位时，行车继续后退。

⑭ 7 工位取件。当 2 号钩到达 7-1 工位时，行车停止，2 号钩上升，将工件取出，当 2 号钩到达上升限位时，行车继续后退。下一次循环要取出 7-2 工位中的工件，再下一次循环要取出 7-3 工位中的工件，再下一次循环要取出 7-1 工位中的工件。

⑮ 7 工位放件。当 1 号钩到达 7-1 工位时，行车停止，1 号钩下降，将工件放入 7-1 工位，当 1 号钩到达下降限位时，行车继续后退。下一次循环要放入 7-2 工位，再下一次循环要放入 7-3 工位，再下一次循环要放入 7-1 工位。

⑯ 8 工位清洗。当 2 号钩到达 8 工位时，行车停止，2 号钩下降，将工件放入 8 工位，当 2 号钩到达下降限位时，行车继续后退。

⑰ 8 工位取件。当 1 号钩到达 8 工位时，行车停止，1 号钩上升，将工件取出，当 1 号钩到达上升限位时，行车继续后退。

⑱ 9 工位取件。当 2 号钩到达 9 工位时，行车停止，2 号钩上升，将工件取出，当 2

号钩到达上升限位时，行车继续后退。

⑲ 9 工位放件。当 1 号钩到达 9 工位时，行车停止，1 号钩下降，将工件放入 9 工位，当 1 号钩到达下降限位时，行车继续后退。

⑳ 10 工位清洗。当 2 号钩到达 10 工位时，行车停止，2 号钩下降（到达下降限位）→上升（到达上升限位），行车继续后退。

㉑ 11 工位原位装卸挂件。当 2 号钩到达 11 工位时，行车停止，2 号钩下降（到达下降限位），卸下成品，装上被镀品。该动作时间由实际情况而定，一般为 20s，20s 后或重新启动后）系统执行第③步，进入循环。

㉒ 停。按下停止按钮，系统完成一次小循环回到原位。等待下一次循环，具有记忆性，接上一步骤开始。

9.3　硬件设计

9.3.1　电动机拖动设计

行车的前、后运动由三相交流异步电动机拖动，根据电镀专用行车的起吊质量，选用一台电动机进行拖动，用变频调速器来实现启动时的平稳加速。

主电路拖动控制系统如图 9.3 所示。其中，行车的前进和后退用与变频器连接的电动机 M1 来控制，两对吊钩的上升和下降控制分别通过两台电动机 M2、M3 的正转、反转来控制。

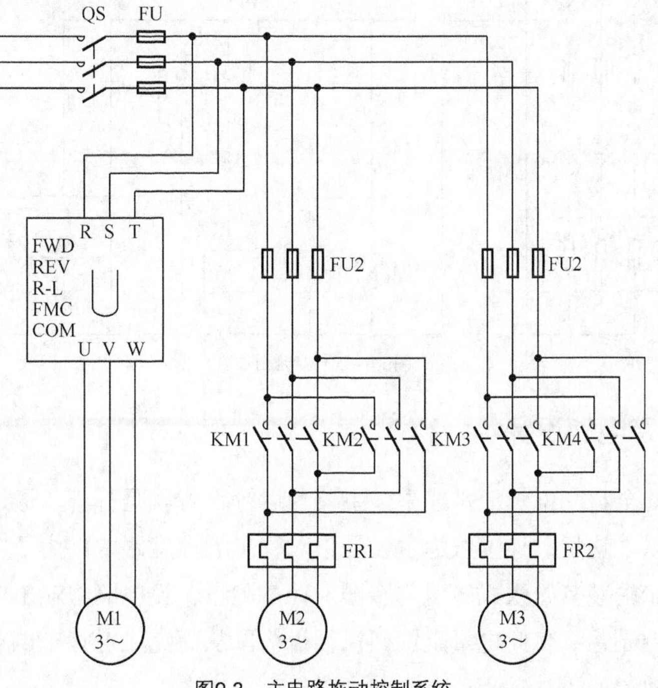

图9.3　主电路拖动控制系统

用变频器直接控制电动机 M1 来实现行车的平稳前进和后退，以及平稳的启动和停止;接触器 KM1、KM2 控制 1 号钩电动机 M2 的正转、反转，实现吊钩的上升和下降;接触器 KM3、KM4 控制 2 号钩电动机 M3 的正转、反转，实现吊钩的上升和下降。

9.3.2 恒温电路设计

在全自动电镀流水线中，电镀与去油工位都需要在特定的温度下来实现工位所要完成的工艺，这就需要一个恒温电路来控制这些工位达到特定工艺所需要的条件。需要加热的工位主要有 3 个：去油工位，需要加热到 60℃；镀铜工位，盛有硫酸铜液体的工位镀槽，具有铜极板，由电镀电源供电，电压、电流连续可调，在该工位要对工件进行亮镀铜处理；镀镍（铬）工位，即液体用稀硫酸调制而成，具有镍（铬）极板，由电镀电源供电，电压、电流连续可调，在该工位对工件进行镀镍（铬）处理。在恒温电镀中，根据温度控制的要求，在实现恒温的要求上，用 3 个可调温度的加热器来实现加热温度的控制与调节。恒温电路图如图 9.4 所示。在图 9.4 中，RDO 为热电阻感温元件，JRC 为电加热槽，ZK 为转换开关，DJB 为温度调节器。感温元件（如温包、电接点玻璃水银温度计及铂电阻温度计等）在溶液温度达到或低于整定值时，仪表自动发出指令，经中间继电器控制主电路接触器，使之断开或闭合，从而使加热器切断或接通电源，达到自动控制溶液温度的目的。

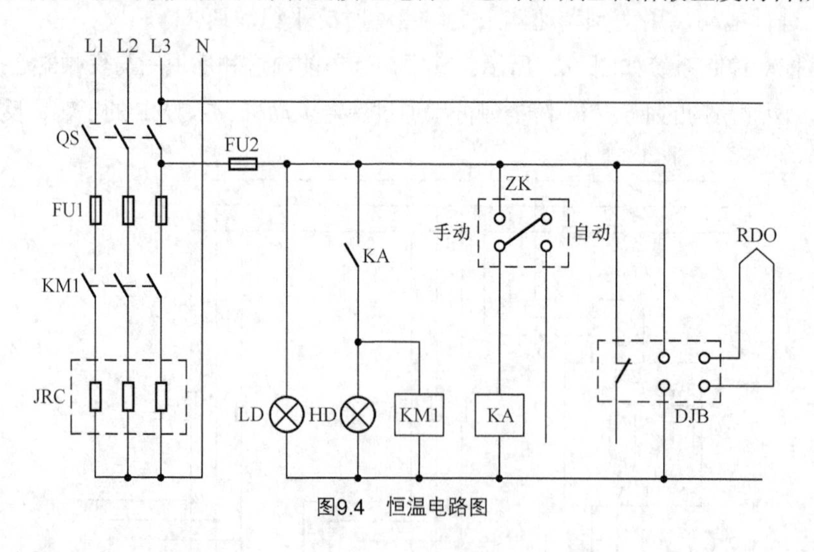

图9.4 恒温电路图

9.3.3 速度跟踪电路设计

在本章设计的全自动电镀流水线中，主要的运行设备就是行车，通过行车的进退来实现电镀工艺。所以，这里的速度跟踪主要是指对行车的速度跟踪。为了实现此功能，在行车电动机的输出轮端装有磁阻式转速传感器，经过测量转换电路将输出信号转化为电量信号，再通过反馈控制系统将此电量反馈到执行机构，从而完成对行车电动机的速度跟踪。速度跟踪电路原理图如图 9.5 所示。

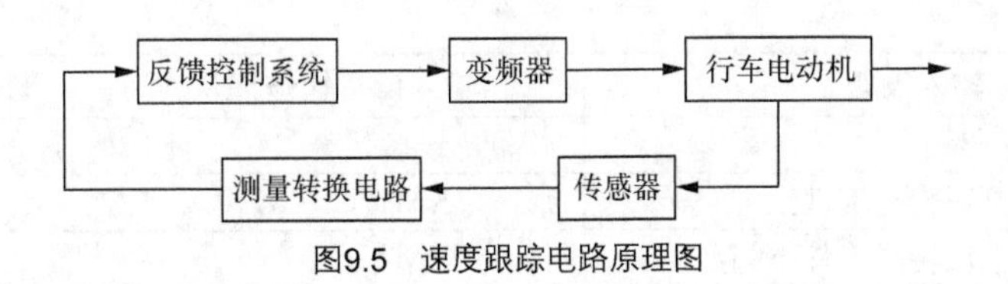

图9.5　速度跟踪电路原理图

9.3.4　PLC 选择及 I/O 分配

在本设计中，要求 PLC 控制系统具有可靠性好、安全性高、可控性好、性价比高等特点，PLC 的选择主要考虑在功能上满足系统的要求。

根据该电镀专用行车的控制要求，其输入信号有 21 个，输出信号有 6 个。实际使用时系统的输入都为开关控制量，加上 10%~15%的余量就可以了，要求 I/O 点为 40～48 点。因为所要实现的功能多，程序的步骤也会有所增加，这就要求系统有较短的响应速度，并无其他特殊控制模块的需要，拟采用三菱公司的 FX_{2N}-40MR 型 PLC。

输入设备：2 个控制开关、19 个接近开关。

输出设备：4 个交流接触器、2 个变频器方向控制信号。

电镀流水线控制系统 PLC 的 I/O 地址表见表 9.1。

表 9.1　　电镀流水线控制系统 PLC 的 I/O 地址表

输入设备	输入设备代号	输入地址编号
启动按钮	SB1	X0
停止/复位按钮	SB2	X1
1 工位接近开关	SJ1	X3
2 工位接近开关	SJ2	X4
3 工位接近开关	SJ3	X5
4 工位接近开关	SJ4	X6
5 工位接近开关	SJ5	X7
6 工位接近开关	SJ6	X10
7-1 工位接近开关	SJ7	X11
7-2 工位接近开关	SJ8	X12
7-3 工位接近开关	SJ9	X13
8 工位接近开关	SJ10	X14
9 工位接近开关	SJ11	X15
10 工位接近开关	SJ12	X16
11 工位接近开关	SJ13	X17
1 号钩上升限位接近开关	SJ14	X20
1 号钩下降限位接近开关	SJ15	X21
2 号钩上升限位接近开关	SJ16	X22
2 号钩下降限位接近开关	SJ17	X23
行车后退限位接近开关	SJ18	X24
行车前进限位接近开关	SJ19	X25

续表

输入设备	输入设备代号	输入地址编号
输出设备	输出设备代号	输出地址编号
1号钩电动机正转（工件上）	KM1	Y0
1号钩电动机反转（工件下）	KM2	Y1
2号钩电动机正转（工件上）	KM3	Y2
2号钩电动机反转（工件下）	KM4	Y3
接变频器行车电动机正转（行车前进）	UFWD	Y4
接变频器行车电动机反转（行车后退）	UREV	Y5

电镀流水线控制系统I/O接线图如图9.6所示。

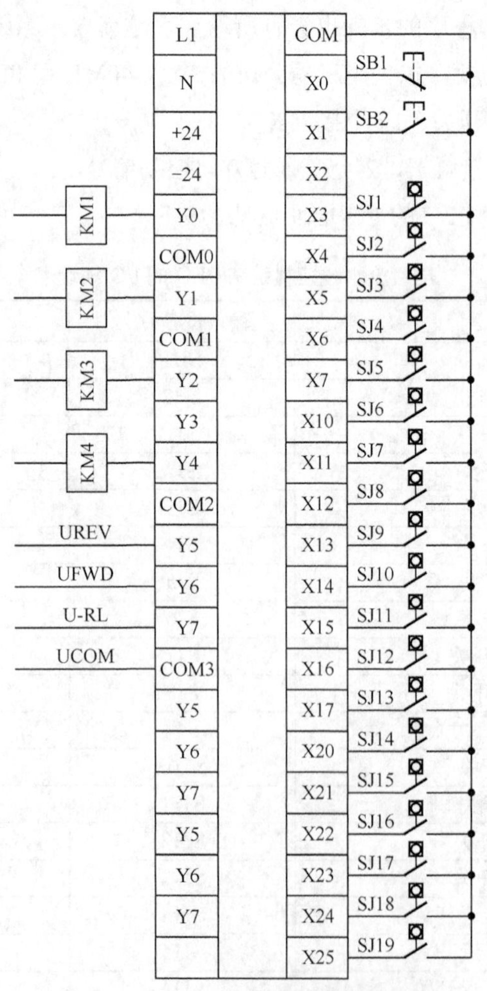

图9.6　电镀流水线控制系统I/O接线图

9.4　软件设计

电镀流水线采用专用行车，行车架上装有可升降的吊钩，行车和吊钩各由一台电动机拖动，行车的进退和吊钩的升降均由相应的接近开关 SJ 定位，编制程序如下。

① 行车在停止状态下，将工件放在原位（11 工位）处，按下启动按钮 SB1，X0 闭合，M6 得电动作，Y6 得电动作，从而行车前进。

② 当行车前进到 11 工位时，X17 的常闭触点断开，常开触点闭合，T2 清零，行车停止前进，Y2 得电动作，2 号钩上升，上升到上升限位，X22 动作，上升停止，C1 动作，行车继续前进。

③ 当行车前进到前进限位时，X25 动作，C1 清零，C0、C29、C30、C31 得电，行车停止前进，Y5 得电动作，行车开始后退，同时 C0 动作，M0 得电动作，其中 C29、C30、C31 分别控制吊钩在 7-1、7-2、7-3 时的升降动作。

④ 当行车 1 号钩后退到 1 工位时，X3 动作，M30 得电动作，行车停止后退，C0 清零，同时 Y0 得电动作，1 号钩上升，上升到上升限位，X20 动作，停止上升，M2 得电动作，Y5 得电动作，行车继续后退。

⑤ 当行车 2 号钩后退到 1 工位时，C2 动作，M4 得电动作，M31 得电动作，行车停止后退，同时 Y3 得电动作，2 号钩下降，将工件放到 1 工位槽中，下降到下降限位，X23 动作，M31 失电，行车继续后退。

⑥ 当行车 1 号钩后退到 2 工位时，X4 动作，M30 得电动作，行车停止后退，C2 清零，同时 Y1 得电动作，1 号钩下降，将工件放到清水槽中，下降到下降限位，X21 动作，T0 得电，1s 后 Y0 得电动作。1 号钩上升，将工件取出，上升到上升限位，X20 动作。M2 得电动作，M30 失电，行车继续后退。

⑦ 当行车 1 号钩后退到 3 工位时，X5 动作，M30 得电动作，行车停止后退，T0 清零，C3 清零，同时 Y1 得电动作，1 号钩下降，将工件放到酸洗槽中，下降到下降限位，X21 动作，停止下降，M3 得电动作，M30 失电，行车继续后退。

⑧ 当行车 2 号钩后退到 3 工位时，C4 动作，M31 得电动作，行车停止后退，同时 Y2 得电动作，2 号钩上升，将工件取出，上升到上升限位，X22 动作，停止上升，M5 得电动作，M31 失电，行车继续后退。

⑨ 当行车 1 号的后退到 4 工位时，X6 动作，M30 得电动作，行车停止后退，C4 清零，同时 Y0 得电动作，1 号钩上升，将工件取出，上升到上升限位，X20 动作，停止上升，M2 得电动作，M30 失电，行车继续后退。

⑩ 当行车 2 号钩后退到 4 工位时，C5 动作，M31 得电动作，行车停止后退，同时 Y3 得电动作，2 号钩下降，将工件放到清水槽中，下降到下降限位，X23 动作，停止下降，

M4 得电动作，M31 失电，行车继续后退。

⑪ 当行车 1 号钩后退到 5 工位时，X7 动作，M30 得电动作，行车停止后退，C5 清零，同时 Y1 得电动作，1 号钩下降，将工件放到预镀铜槽中，下降到下降限位，X21 动作，停止下降，M3 得电动作，M30 失电，行车继续后退。

⑫ 当行车 2 号钩后退到 5 工位时，C6 动作，M31 得电动作，行车停止后退，同时 Y2 得电动作，2 号钩上升，将工件取出，上升到上升限位，X22 动作，停止上升，M5 得电动作，M31 失电，行车继续后退。

⑬ 当行车 1 号钩后退到 6 工位时，X10 动作，M30 得电动作，行车停止后退，C6 清零，同时 Y0 得电动作，1 号钩上升，将工件取出，上升到上升限位，X20 动作，停止上升，M2 得电动作，M30 失电，行车继续后退。

⑭ 当行车 2 号钩后退到 6 工位时，C7 动作，M31 得电动作，行车停止后退，同时 Y3 得电动作，2 号钩下降，将工件放到清水槽中，下降到下降限位，X23 动作，停止下降，M4 得电动作，M31 失电，行车继续后退。

⑮ 当 C29 得电动作，行车 1 号钩后退到 7-1 工位时，X11 动作，M30 得电动作，行车停止后退，C7 清零，同时 Y1 得电动作，1 号钩下降，将工件放到镀铜槽中，下降到下降限位，X21 动作，停止下降，M3 得电动作，M30 失电，行车继续后退。

⑯ 当行车 2 号钩后退到 7-1 工位时，C8 动作，M31 得电动作，行车停止后退，同时 Y2 得电动作，2 号的上升，将工件取出，上升到上升限位，C22 动作，停止上升，M5 得电动作，M31 失电，行车继续后退。

⑰ 当行车 1 号钩后退到 8 工位时，X14 动作，M30 得电动作，行车停止后退，C8 清零，同时 Y0 得电动作，1 号钩上升，将工件取出，上升到上升限位，X20 动作，停止上升，M2 得电动作，M30 失电，行车继续后退。

⑱ 当行车 2 号钩后退到 8 工位时，C11 动作，M31 得电动作，行车停止后退，同时 Y3 得电动作，2 号钩下降，将工件放到清水槽中，下降到下降限位，X23 动作，停止下降，M4 得电动作，M31 失电，行车继续后退。

⑲ 当行车 1 号钩后退到 9 工位时，X15 动作，M30 得电动作，行车停止后退，C11 清零，同时 Y1 得电动作，1 号钩下降，将工件放到镍（铬）工位中，下降到下降限位，X21 动作，停止下降，M3 得电动作，M30 失电，行车继续后退。

⑳ 当行车 2 号钩后退到 9 工位时，C12 动作，M31 得电动作，行车停止后退，同时 Y2 得电动作，2 号钩上升，将工件取出，上升到上升限位，X22 动作，停止上升，M5 得电动作，M31 失电，行车继续后退。

㉑ 当行车 2 号钩后退到 10 工位时，X16 动作，直到 C13 动作，M31 得电动作，行车停止后退，同时 Y3 得电动作，2 号钩下降，将工件放到清水槽中，下降到下降限位，X23 动作，停止下降，T1 得电，1s 后，Y2 得电动作，2 号钩上升，将工件取出，上升到上升

限位，X22 动作，停止上升，M5 得电动作，M33 得电动作，M31 失电，行车继续后退。

㉒ 当行车 2 号钩后退到 11 工位时，T1 清零，C13 清零，C14 动作，M31 得电动作，行车停止后退，同时 Y3 得电动作，2 号钩下降将工件放到清水槽中，下降到下降限位，X23 动作，停止下降，M4 得电动作，M31 失电，行车继续后退。

㉓ 当行车后退到后退限位处，M4 动作，Y5 失电，行车停止后退，C14 和 C1 清零，M0 失电，T2 得电开始计时，将已经加工好的工件拿出来，将需要加工的工件再次放到原位槽中，20s 后 T2 通电，Y6 得电动作，行车继续前进，开始循环。

㉔ 按下停止/复位按键 SB2，M1 得电动作。行车停止前进，当行车没有碰到任何接近开关时，行车继续后退，直到碰到任何一个接近开关时，1 号钩 1 和 2 号钩都下降，然后行车后退到后退限位处，后退停止，一切都停止，直到按下启动按钮 X0，设备才能再次运行。电镀流水线控制系统程序如图 9.7～图 9.10 所示。

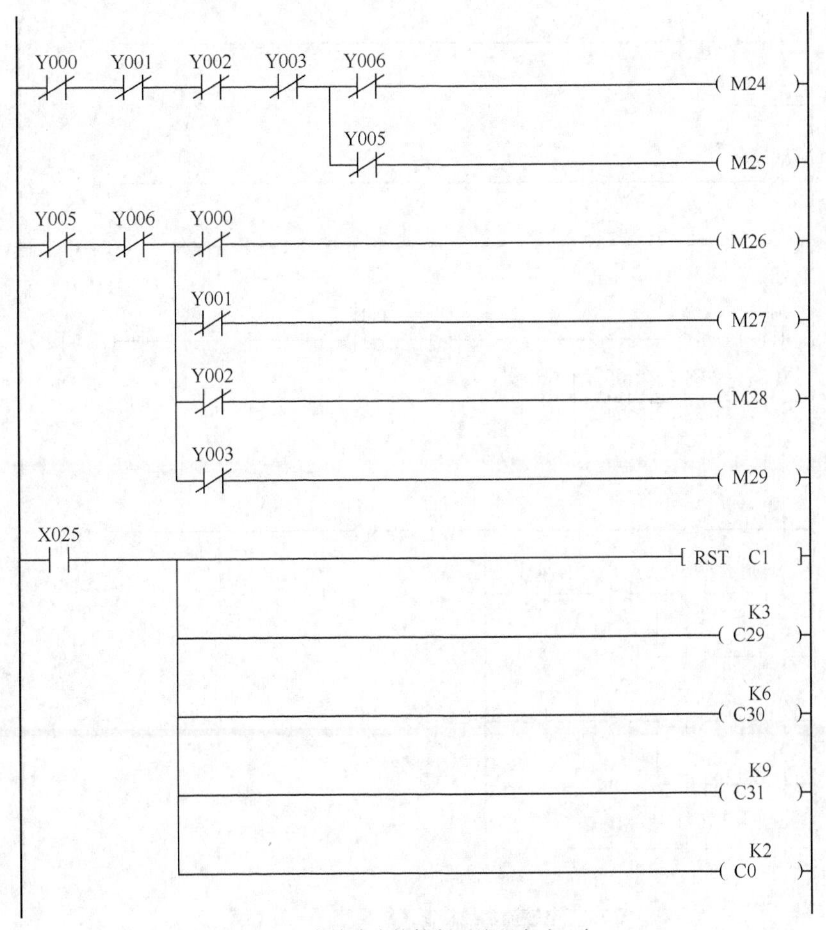

图9.7　电镀流水线控制系统程序（一）

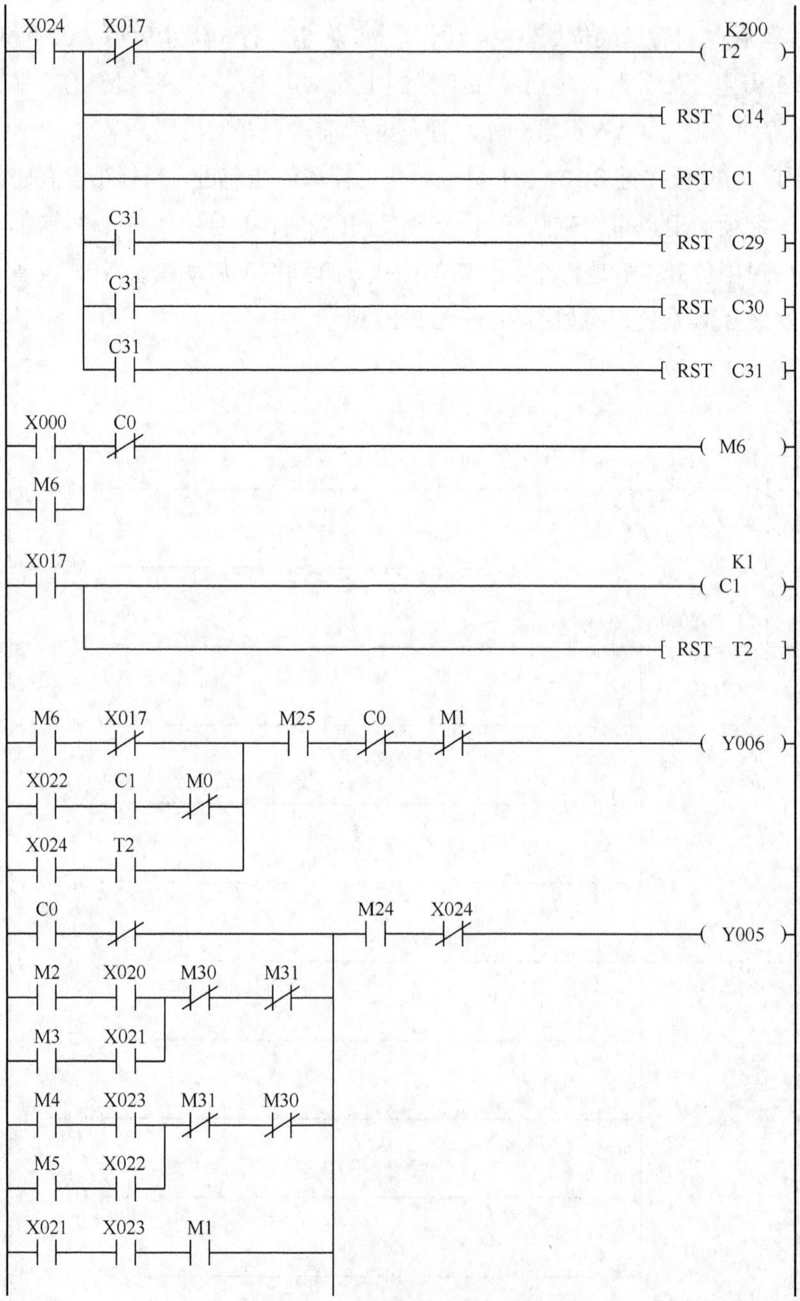

图9.7　电镀流水线控制系统程序（一）（续）

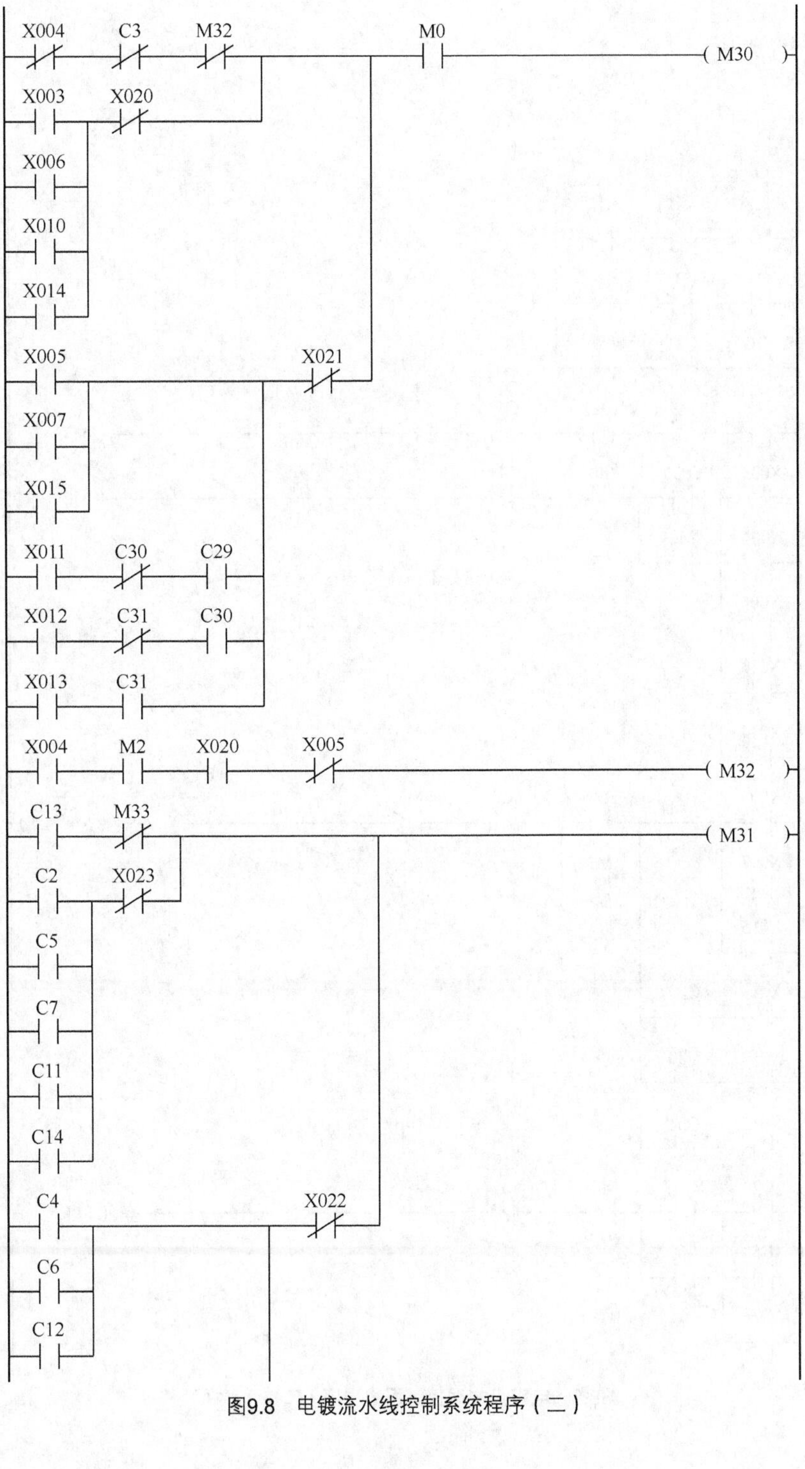

图9.8　电镀流水线控制系统程序（二）

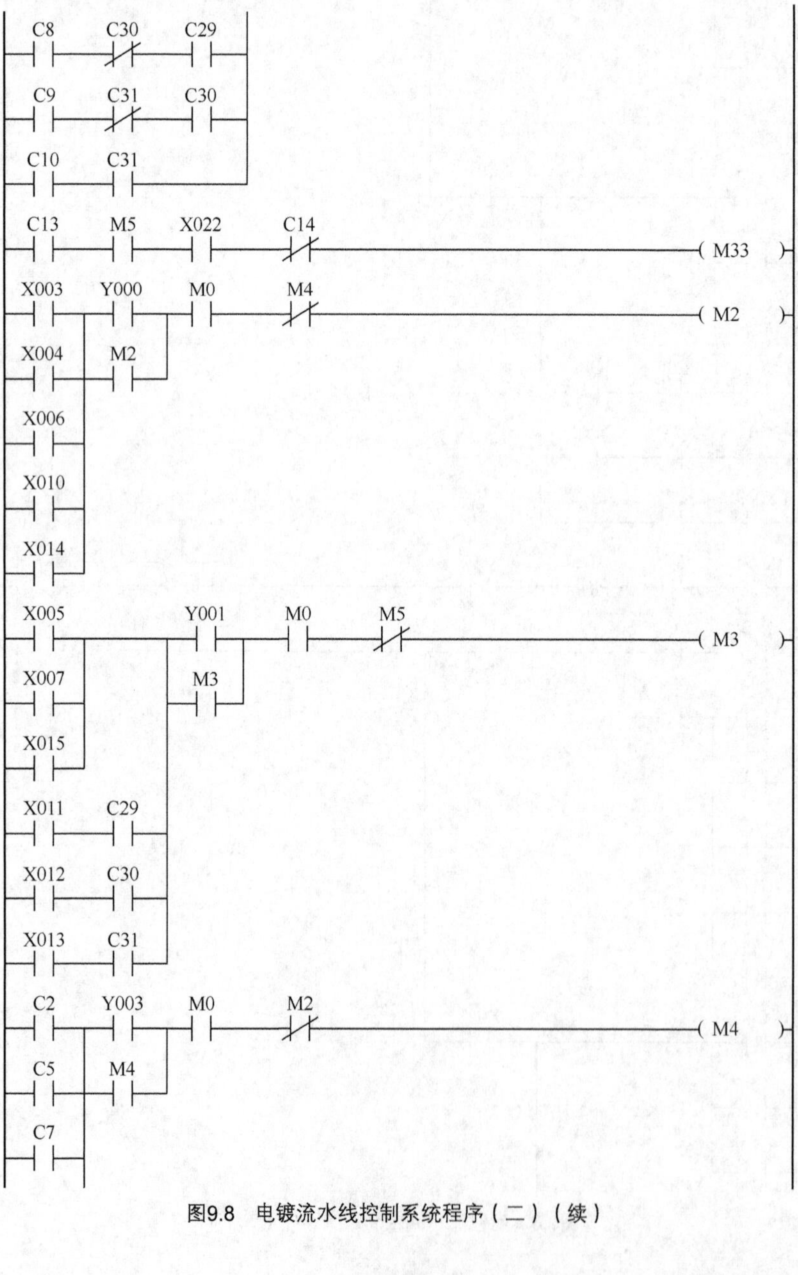

C8 C30 C29
C9 C31 C30
C10 C31
C13 M5 X022 C14 M33
X003 Y000 M0 M4 M2
X004 M2
X006
X010
X014
X005 Y001 M0 M5 M3
X007 M3
X015
X011 C29
X012 C30
X013 C31
C2 Y003 M0 M2 M4
C5 M4
C7

图9.8 电镀流水线控制系统程序（二）（续）

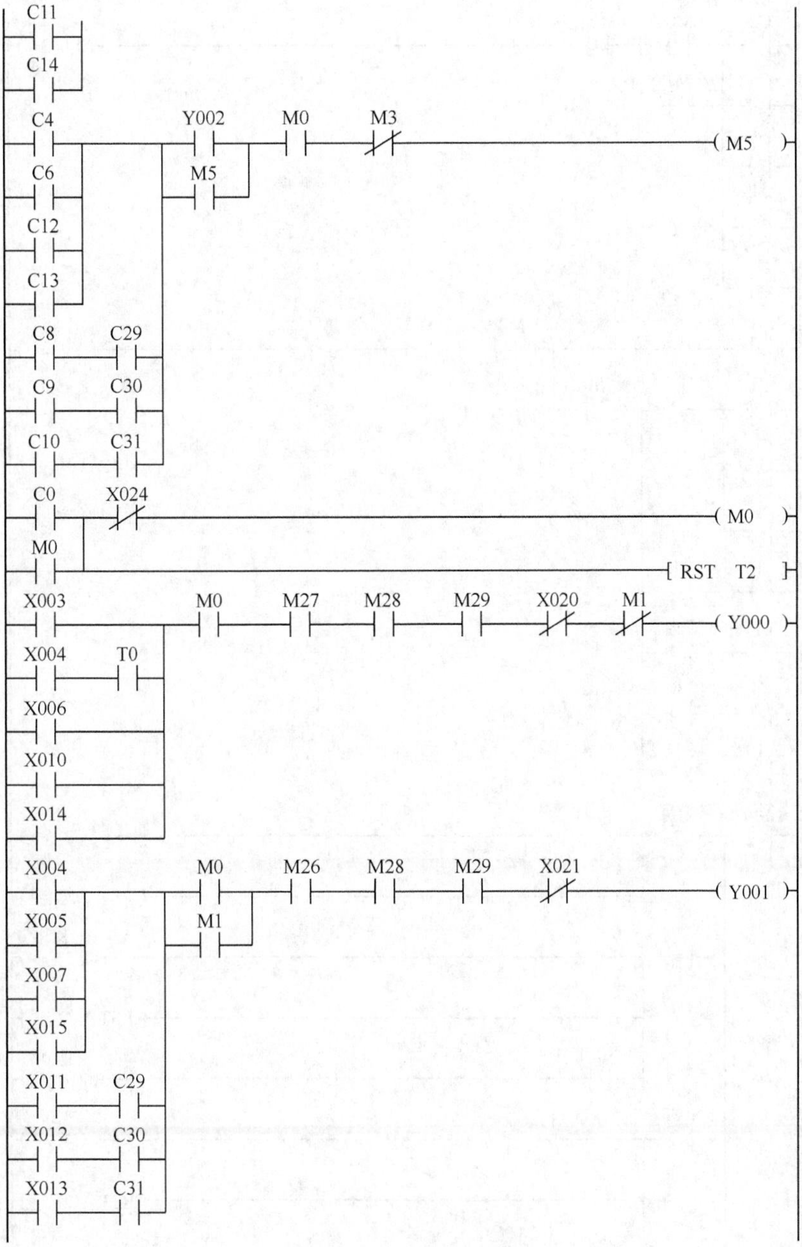

C11
C14
C4　Y002　M0　M3　(M5)
C6　M5
C12
C13
C8　C29
C9　C30
C10　C31
C0　X024　(M0)
M0　[RST　T2]
X003　M0　M27　M28　M29　X020　M1　(Y000)
X004　T0
X006
X010
X014
X004　M0　M26　M28　M29　X021　(Y001)
X005　M1
X007
X015
X011　C29
X012　C30
X013　C31

图9.9　电镀流水线控制系统程序（三）

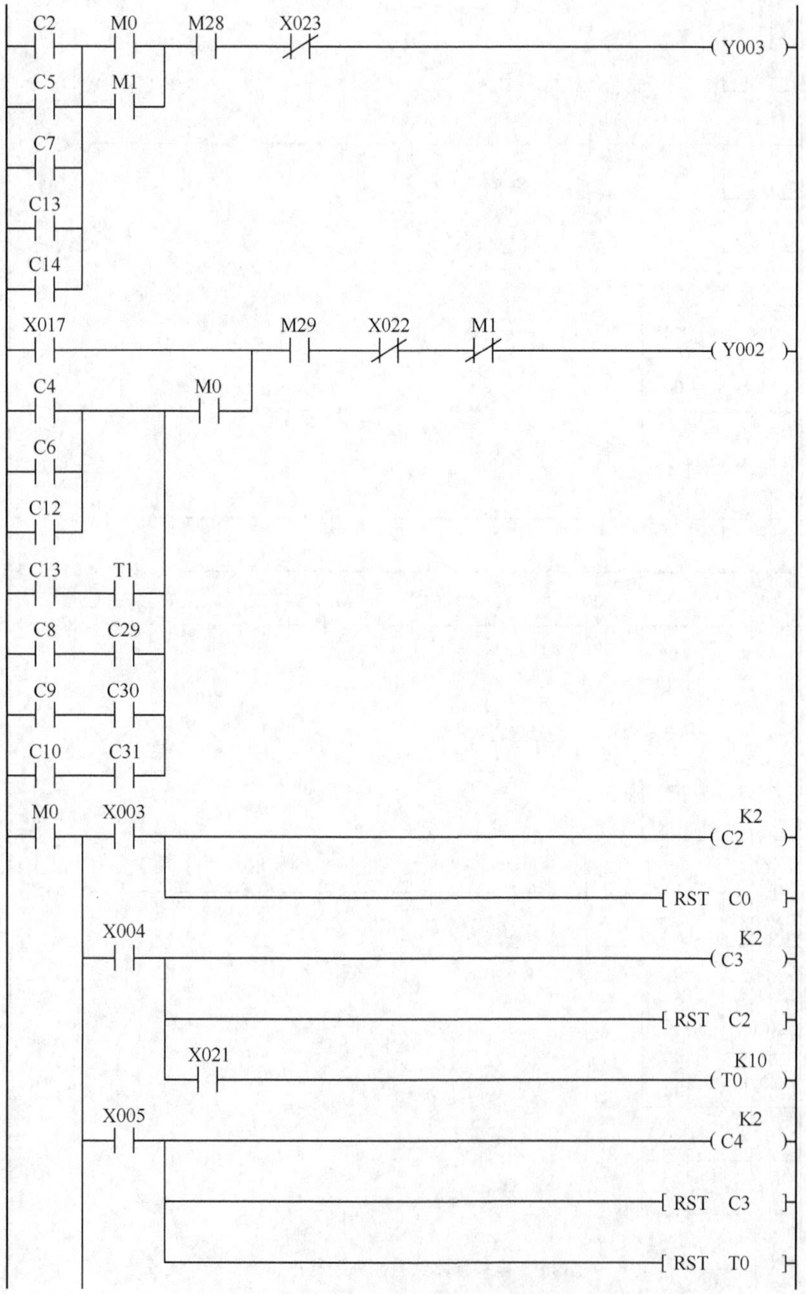

图9.9 电镀流水线控制系统程序（三）（续）

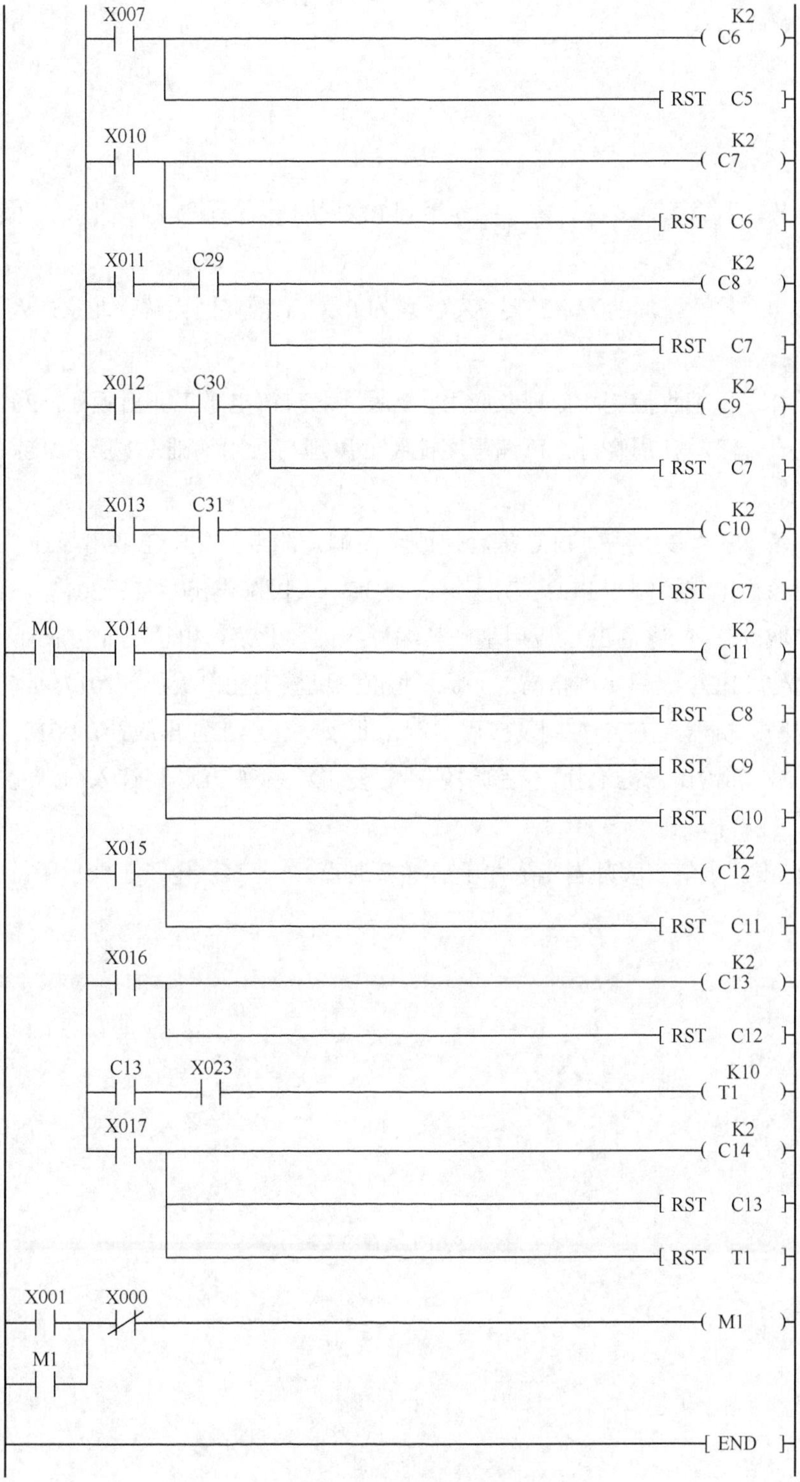

```
X007                              K2
-| |----------------------------( C6 )
      |---------------------[ RST C5 ]
X010                              K2
-| |----------------------------( C7 )
      |---------------------[ RST C6 ]
X011   C29                        K2
-| |---| |----------------------( C8 )
           |----------------[ RST C7 ]
X012   C30                        K2
-| |---| |----------------------( C9 )
           |----------------[ RST C7 ]
X013   C31                        K2
-| |---| |----------------------( C10 )
           |----------------[ RST C7 ]
M0     X014                       K2
-| |---| |----------------------( C11 )
            |---------------[ RST C8 ]
            |---------------[ RST C9 ]
            |---------------[ RST C10 ]
       X015                       K2
      -| |----------------------( C12 )
            |---------------[ RST C11 ]
       X016                       K2
      -| |----------------------( C13 )
            |---------------[ RST C12 ]
       C13    X023                K10
      -| |----| |---------------( T1 )
       X017                       K2
      -| |----------------------( C14 )
            |---------------[ RST C13 ]
            |---------------[ RST T1 ]
X001   X000
-| |---|/|----------------------( M1 )
M1   |
-| |-|
--------------------------------[ END ]
```

图9.10　电镀流水线控制系统程序（四）

参 考 文 献

1. 周丽芳，罗志勇，罗萍，等. 三菱系列 PLC 快速入门与实践. 北京：人民邮电出版社，2010.

2. 罗志勇，罗萍，周丽芳. 三菱 FX/Q 系列 PLC 工程实例详解. 北京：人民邮电出版社，2011.

3. 胡学林. 可编程控制器原理及应用. 2 版. 北京：电子工业出版社，2012.

4. 刘凤春，王林，周晓丹. 可编程序控制器原理与应用基础. 2 版. 北京：机械工业出版社，2016.

5. 韩相争. 三菱 FX 系列 PLC 编程速成全图解. 北京：化学工业出版社，2015.

6. 范国伟. 电气控制与 PLC 应用技术. 北京：人民邮电出版社，2013.

7. 李金城. 三菱 FX_{3U} PLC 应用基础与编程入门. 北京：电子工业出版社，2016.

8. 宋伯生. PLC 编程实用指南. 3 版. 北京：机械工业出版社，2017.

9. 黄志坚. 机器人 PLC 控制及应用实例. 北京：化学工业出版社，2018.

10. 初航，郭治田，王伦胜. 实例讲解：三菱 FX 系列 PLC 快速入门. 北京：电子工业出版社，2017.

11. 蔡杏山. 电气工程师自学成才手册（精通篇）. 北京：电子工业出版社，2018.